大学数学
系列规划教材

U0241141

概率论与数理统计

理工类

第3版

主 编 杜先能 胡舒合
副主编 王学军 汪宏健

北京师范大学出版集团
BEIJING NORMAL UNIVERSITY PUBLISHING GROUP

安徽大学出版社

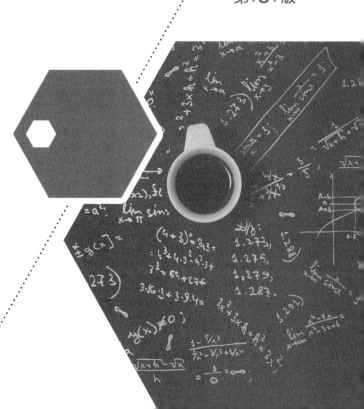

图书在版编目（CIP）数据

概率论与数理统计：理工类/杜先能，胡舒合主编．—3 版．—合肥：安徽大学出版社，2018.12(2024.1 重印)

大学数学系列规划教材

ISBN 978 - 7 - 5664 - 1634 - 6

Ⅰ.①概… Ⅱ.①杜… ②胡… Ⅲ.①概率论－高等学校－教材②数理统计－高等学校－教材 Ⅳ.①O21

中国版本图书馆 CIP 数据核字(2018)第 195790 号

概率论与数理统计
（理工类）（第 3 版） 杜先能 胡舒合 主编

出版发行：北京师范大学出版集团
安 徽 大 学 出 版 社
（安徽省合肥市肥西路 3 号 邮编 230039）
www. bnupg. com
www. ahupress. com. cn
印　　刷：合肥远东印务有限责任公司
经　　销：全国新华书店
开　　本：710 mm×1010 mm　1/16
印　　张：15.25
字　　数：310 千字
版　　次：2018 年 12 月第 3 版
印　　次：2024 年 1 月第 8 次印刷
定　　价：40.00 元
ISBN 978-7-5664-1634-6

策划编辑：刘中飞　张明举　　装帧设计：李伯骥　孟献辉
责任编辑：张明举　　　　　　美术编辑：李　军
责任印制：赵明炎

《大学数学系列规划教材》编写指导委员会

第 3 版前言

本书自 2012 年再版以来,已多次重印,在本科教学和人才培养中发挥了重要的作用.为了使本书能够体现最新的高等教育理念,拟对教材进行再次修订,试图在课程内容的安排、应用举例、习题的安排、表述方式的简洁性等方面进行提升.本次修订内容主要有以下几点:

1.本书面向理工类本科生,围绕理科和工程领域常用的概率统计的知识点进行教材内容的取舍,并注意案例选择的新颖性和实用性.

2.在习题安排上,注意一定的层次结构,注重学生循序渐进的学习规律.

3.介绍在概率论与数理统计方面做出突出贡献的学者,以激发大学生学习的兴趣.

4.为了适用于不同程度的读者,我们适当增添了典型的习题,并对一些课后习题增加了解答提示.

由于编者水平有限,再版后书中的错误和缺陷在所难免,恳切希望读者给予批评指正.

编　者

2018 年 11 月

第 2 版前言

本书自 2004 年出版以来,承蒙读者厚爱,先后印刷 8 次.在教学过程中,师生们发现了一些不足和错误,并不断提出了一些修改意见.

我们对全书进行了仔细的审阅,采纳了师生们提出的意见,在本书再版之际,对原书进行了适当的修改和补充.为了使本书在教学中更好地使用,修改的具体措施体现在下述几个方面:

(1)本书初版的结构受到一致的肯定,这次未加更改.

(2)对初版作了删繁就简的修改,如将第 1~3 章中性质的推导过程进行了简化,删去了第 4 章定理 6 的证明.

(3)为了使中学和大学知识更好地衔接,我们在第 1 章增添了排列组合的知识.

(4)为了适用于不同程度的读者,我们适当增添了典型的习题,并对一些课后习题增加了解答提示.

由于编者水平有限,再版后书中的错误和缺陷在所难免,恳切希望读者给予批评指正.

编 者

2012 年 9 月

第 1 版前言

概率论与数理统计是研究随机现象的统计规划的一门数学学科.它是数学中与现实世界联系密切、应用广泛的学科之一.随着人类进入 21 世纪这个信息时代,随机现象的数学理论、方法已在自然科学及人文社会的各个领域有着极其广泛的应用.概率论与数理统计与其他学科相结合形成了许多边缘性学科,如金融统计学、生物统计学、医学统计学、数量经济学、统计物理学、统计化学等等.

本书是依据教育部颁发的教学大纲,同时参考近年来《全国硕士研究生入学统一考试数学考试大纲》(概率论与数理统计部分),在编者多年教学与实践的基础上完成的.本书可作为高等学校理工科"概率论与数理统计"课程的教材或教学参考书.

全书共分七章:第一章至第四章为概率论部分,其内容有概率论的基本概念,一元与多元随机变量及其概率分布、数字特征,大数定律与中心极限定理等;第五章至第七章为数理统计部分,其内容有统计量及其概率分布、参数估计、假设检验等.

本书体现了编者在以下几方面的努力:

1. 通过例题细致地阐述了概率论与数理统计中的主要概念和方法及其产生的背景和思路,力求运用简洁的语言描述随机现象及其内在的统计规律性.

2. 对于书中的定理和结论,大多给出了简化、直观且严格的证明.对一些类似的结论给出了推导与证明的思路.有些结论用表格列出,便于对照、理解与掌握.

3. 按照国家标准,采用规范的概率统计用语.注重提高学生运用概率统计的理论与方法去解决实际问题的能力.书中例题与习题较丰富,包括大量的应用题,有助于培养学生分析问题与解决问题的能力.

本书的编写是在安徽大学、安徽师范大学、淮北煤炭师范学院三校数学系、教务处的领导和许多教师的大力支持下完成的.安徽大学出版社为本书的出版做了大量的工作,在此表示感谢.在本书的编写过程中,我们参阅了国内外许多教材,谨表诚挚谢意.

由于编者水平有限,书中的错误和缺陷在所难免,恳请同行、读者提出宝贵意见.

编 者
2003 年 12 月

目　录

第 1 章

随机事件及其概率

　　概率论与数理统计是数学的一个重要分支,它是研究随机现象统计规律性的一门学科,其应用广泛,是科技、管理、经济等工作者必备的数学工具.本章通过随机试验介绍概率论中的基本概念——样本空间、随机事件及其概率,并进一步讨论随机事件的关系及其运算,概率的性质及其计算方法.

§1.1 　随机事件及其运算

1. 随机现象及其统计规律性

　　自然界和人类社会中存在着许多现象,其中有一些现象,只要满足一定的条件,就必然会发生.例如,在标准大气压下,纯水加热到100 ℃必然沸腾;在没有外力作用的条件下,物体必然静止或做匀速直线运动;10 件产品中有 2 件次品,从中任意抽取 3 件,其中至少一件不是次品,等等.所有这些现象,有一个共同特点:事前人们完全可以预言会发生什么结果.我们称这类现象为**确定性现象**或**必然现象**.研究这类现象的数学工具是线性代数、微积分学及微分方程等经典数学理论与方法.

　　但是在自然界和人类社会中,还存在着与必然现象有着本质差异的另一类现象.例如,向地面投掷一枚硬币,硬币可能是正面向上也可能是反面向上;从含有 5 件次品的一批产品中抽取 3 件产品,取到次品的件数可能是 0,1,2,3,等等. 这些现象的一个共同特点是: 在同样的条件下进行同样的观测或实验,有可能发生多种结果,事前人们不能预言将出现哪种结果. 这种在同样条件下进行同样的观测或实验,却可能发生种种不同结果的现象,称为**随机现象**或**偶然现象**.

表面上看来,随机现象的发生,完全是随机的、偶然的,没有什么规律可循,但事实上并非如此. 对一次或少数几次观测或实验而言,随机现象的结果确实是无法预料的,是不确定的. 但是,如果我们在相同的条件下进行多次重复的实验或大量的观测,就会发现,随机现象结果的出现,具有一定的规律性,因而在某种程度上也是可以预言的. 例如,各个国家各个时期的人口统计资料显示,新生婴儿中男婴和女婴的比例大约总是 1∶1. 在自然界和人类社会中,这种现象是普遍存在的,看起来好像是毫无规律的随机现象,却有着某种规律性的东西隐藏在它的后面. 正如恩格斯所说:"在表面上是偶然性在起作用的地方,这种偶然性始终是受内部的隐蔽着的规律支配的,而问题只是在于发现这些规律."(《马克思恩格斯选集》中译本第四卷 243 页,1972 年版). 我们称这种规律性为随机现象的**统计规律性**. 本课程的任务就是要研究和揭示这种规律性.

2. 随机试验与事件

为了方便起见,我们把对某种自然现象进行的一次观测或作的一次实验,统称为**一个试验**. 如果一个试验具备下列三个特性:

（ⅰ）试验可以在相同条件下重复进行;

（ⅱ）每一次试验的可能结果不止一个,而究竟会出现哪一个结果,在试验前不能准确地预言;

（ⅲ）试验所有的可能结果在试验前是明确(已知)的,而每次试验必有其中的一个结果出现,并且也仅有一个结果出现.

就称这种试验为**随机试验**,并用字母 E_1,E_2 等表示. 对于一个试验 E,它的每一种可能出现的最简单的结果,称为**基本事件**或**样本点**,习惯上用 ω 表示. 所有的基本事件组成的集合称为**基本事件空间**或**样本空间**,记为 Ω.

下面举一些例子来说明.

E_1:掷一颗骰子,观察出现的点数.其样本空间为
$$\Omega_1 = \{1,2,3,4,5,6\};$$

E_2:将一枚质地均匀的硬币连掷两次,观察出现正、反面的情况.样本空间为

$\Omega_2 = \{(正面,正面),(正面,反面),(反面,正面),(反面,反面)\};$

E_3:记录电话交换台一小时内接到呼唤的次数.样本空间为
$$\Omega_3 = \{0,1,2,\cdots\};$$

E_4:五件产品中有三件正品(分别记为 Z_1,Z_2,Z_3)和两件次品(分别记为 C_1,C_2),现从中任意取两件,观察取出的产品的正、次品情况.样本空间为 $\Omega_4 = \{(Z_1,Z_2),(Z_1,Z_3),(Z_2,Z_3),(Z_1,C_1),(Z_1,C_2),(Z_2,C_1),(Z_2,C_2),(Z_3,C_1),(Z_3,C_2),(C_1,C_2)\};$

E_5:从一大批某类电子元件中,任意抽取一件,测试其使用寿命.样本空间为 $\Omega_5 = \{t \mid t \geqslant 0\}$ 或 $\Omega_5 = [0,+\infty)$.

从上述样本空间中,可以发现它们中有的是数集,有的不是数集;有的数集是有限集,有的则是无限集.

当研究随机试验时,人们通常关心的不仅是某个样本点在试验后是否出现,而更关心的是满足某些条件的样本点在试验后是否出现.例如,在 E_5 中,测试某类电子元件的使用寿命以便确定该批元件的质量.若假定使用寿命超过 1000 小时为正品,则人们关心的是试验结果是否大于 1000 小时.满足这个条件的样本点组成了样本空间的子集,我们把样本空间的子集称为**随机事件**,简称**事件**.事件通常用大写字母 A,B,C 等表示,必要时也可用 A_1,B_1,C_1,A_2,B_2,C_2 等表示,也可以用语言描述加花括号来表示.例如,在 E_3 中{呼唤次数不超过 5 次},E_4 中{取出的两件产品中恰有一件次品}等都是这种表示方法.显然,基本事件就是仅含一个样本点的随机事件;一个样本空间,可以有许多随机事件.

随机试验中,若组成随机事件 A 的某个样本点出现,则称**事件 A 发生**,否则称**事件 A 不发生**.如 E_1 中,若用 A 表示{出现奇数点},即{1,3,5},它是 Ω_1 的子集,是一个随机事件,它在一次试验中可能发生,也可能不发生,当且仅当掷出的点数是 1,3,5 中的任何一个

时,则称事件 A 发生.

由于样本空间 Ω 是其本身的一个子集,因而也是一个随机事件,又因为样本空间 Ω 包含所有的样本点,所以每次试验必定有 Ω 中的一个样本点出现,即 Ω 必然发生,因而称 Ω 为**必然事件**. 又因空集 $\varnothing$ 总是样本空间 Ω 的一个子集,所以 $\varnothing$ 也是一个随机事件,由于 $\varnothing$ 不包含任何一个样本点,故每次试验 $\varnothing$ 必定不发生,因而称 $\varnothing$ 为**不可能事件**.

必然事件与不可能事件已无随机性而言,在概率论中,为讨论方便,仍把 Ω 与 $\varnothing$ 当作两个特殊的随机事件.

3. 随机事件间的关系与运算

由于事件是样本空间的子集,故事件之间的关系与运算和集合论中集合之间的关系与运算完全类同,但要注意其特有的事件意义.

设 Ω 是给定的一个随机试验的样本空间,事件 A, B, C, A_k ($k=1,2,\cdots$)都是 Ω 的子集.

(1) 包含关系

若事件 A 发生必导致事件 B 发生,则称事件 B **包含**事件 A,或称 A 是 B 的**子事件**,记为 $B \supset A$ 或 $A \subset B$. 这种包含关系的几何直观如图 1-1 所示. 当 $A \subset B$ 且 $B \subset A$ 时,称事件 A 与事件 B **相等**,记为 $A=B$.

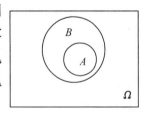

图 1-1

(2) 和事件

$\{$事件 A 与事件 B 中至少有一个发生$\}$ 的事件称为事件 A 与事件 B 的**和事件**,记为 $A \cup B$. 事件 $A \cup B$ 是由属于事件 A 或属于事件 B 的样本点组成的集合,其几何直观如图 1-2 所示(阴影部分).

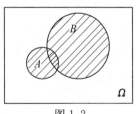

图 1-2

一般地,把$\{$事件 $A_1, A_2, \cdots, A_n$ 中至少有一个发生$\}$的事件称为这 n 个事件的和事件,记为 $A_1 \cup A_2 \cup \cdots \cup A_n$ 或简记为 $\bigcup\limits_{i=1}^{n} A_i$.

类似地,把可列个事件即$\{A_1, A_2, \cdots, A_n, \cdots$中至少有一个发生$\}$

的事件称为这可列个事件的和事件,记为 $A_1 \bigcup A_2 \bigcup \cdots \bigcup A_n \bigcup \cdots$ 或

简记为 $\bigcup\limits_{i=1}^{\infty} A_i$.

(3) 积事件

{事件 A 与事件 B 同时发生}的事件称

为事件 A 与事件 B 的**积事件**,记为 $A \bigcap B$

或 AB. 事件 $A \bigcap B$ 是由既属于事件 A 又属

于事件 B 的样本点组成的集合,其几何直

观如图 1-3 所示(阴影部分).

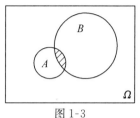

图 1-3

一般地,把{事件 $A_1, A_2, \cdots, A_n$ 同时发

生}的事件称为这 n 个事件的积事件,记为 $A_1 \bigcap A_2 \bigcap \cdots \bigcap A_n$ 或简记

为 $\bigcap\limits_{i=1}^{n} A_i$.

类似地,把可列个事件即{$A_1, A_2, \cdots, A_n, \cdots$ 同时发生}的事件称为

这可列个事件的积事件,记为 $A_1 \bigcap A_2 \bigcap \cdots \bigcap A_n \bigcap \cdots$ 或简记为 $\bigcap\limits_{i=1}^{\infty} A_i$.

(4) 差事件

{事件 A 发生而事件 B 不发生}的事件

称为事件 A 与 B 的**差事件**,记为 $A-B$(或

$A \backslash B$). 事件 $A-B$ 是由属于事件 A 但不属

于事件 B 的样本点组成的子集,其几何直

观如图 1-4 所示(阴影部分),并有 $A-B=$

$A-AB$.

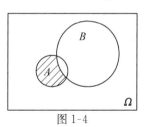

图 1-4

(5) 互不相容(或互斥)事件

若事件 A 与事件 B 不能同时发生,即

$AB=\varnothing$(即 A 与 B 同时发生是不可能事

件),则称此二事件是**互不相容**(或**互斥**)事

件. 显然,互不相容的事件 A 与事件 B 没有

公共的样本点,几何直观如图 1-5 所示.

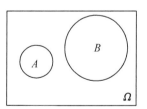

图 1-5

若 A 与 B 互斥,则其和事件 $A \bigcup B$ 可

简记为 $A+B$. 若 n 个事件 $A_1, A_2, \cdots, A_n$

中,任意两个不同的事件都满足 $A_i A_j = \varnothing$ ($i \neq j$, $i, j = 1, 2, \cdots, n$),

则称这 n 个事件是**两两互不相容(两两互斥)**的. 这时,其和事件 $\bigcup\limits_{i=1}^{n} A_i$ 也可简记为

$$\sum_{i=1}^{n} A_i = A_1 + A_2 + \cdots + A_n.$$

两两互斥的概念可以推广到可列个事件的情形,并且把 $\bigcup\limits_{i=1}^{\infty} A_i$ 简记为 $\sum\limits_{i=1}^{\infty} A_i$.

(6) 对立(或逆)事件

在一个随机试验中,若只考虑某事件 A 是否发生,则相应的样本空间 Ω 被划分为 A 与 $\Omega - A$ 两个子集. 这时,把事件 $\Omega - A$ 称为事件 A 的**对立事件**(或**逆事件**),记为 $\overline{A}$, 即 $\overline{A} = \Omega - A$. 显然 $\overline{A}$ 表示事件 A 不发生, 且有 $A\overline{A} = \varnothing$, $A \cup \overline{A} = \Omega$. 由于 A 也是 $\overline{A}$ 的对立事件,故 $\overline{A}$ 与 A 又称为**相互对立(或互逆)事件**,其几何直观如图 1-6 所示.

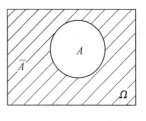

图 1-6

在进行事件运算时经常要用到下面的定律:

交换律: $A \cup B = B \cup A$, $A \cap B = B \cap A$;

结合律: $A \cup (B \cup C) = (A \cup B) \cup C$,
$\qquad\qquad A \cap (B \cap C) = (A \cap B) \cap C$;

分配律: $A \cup (B \cap C) = (A \cup B) \cap (A \cup C)$,
$\qquad\qquad A \cap (B \cup C) = (A \cap B) \cup (A \cap C)$;

幂等律: $A \cup A = A$, $A \cap A = A$;

德·摩根(De Morgan)律: $\overline{\bigcup\limits_{i=1}^{n} A_i} = \bigcap\limits_{i=1}^{n} \overline{A_i}$, $\qquad \overline{\bigcap\limits_{i=1}^{n} A_i} = \bigcup\limits_{i=1}^{n} \overline{A_i}$.

例 1 设随机事件 A, B, C,则

(ⅰ) B 发生但 A 不发生的事件为 $B - A = B\overline{A}$;

(ⅱ) A 与 B 至少发生其一的事件为 $A \cup B$;

(ⅲ) A 与 B 至少有一个不发生的事件为 $\overline{A} \cup \overline{B} = \overline{AB}$;

(ⅳ) A 发生,B, C 都不发生的事件为 $A\overline{B}\overline{C}$ 或 $A(\overline{B \cup C})$;

(ⅴ) A, B, C 中至少有两个发生的事件为 $AB \cup AC \cup BC$ 或

$AB\bar{C}\bigcup A\bar{B}C\bigcup \bar{A}BC\bigcup ABC$;

（vi） A,B,C 中恰有一个发生的事件为 $A\bar{B}\bar{C}\bigcup \bar{A}B\bar{C}\bigcup \bar{A}\bar{B}C$;

（vii） A 发生但 B 与 C 中至少有一个不发生的事件为 $A(\bar{B}\bigcup \bar{C})=(A\bar{B})\bigcup(A\bar{C})$.

§1.2 随机事件的概率

在实际问题中,常常需要对随机事件发生的可能性大小进行定量描述,而"概率"的概念正是源于这种需要而产生的.

1. 频率与概率

（1）频率

若设 n_A 是 n 次试验中事件 A 发生的**次数**（或频数）,则比值 $\dfrac{n_A}{n}$

称为事件 A 发生的**频率**,记作 $f_n(A)=\dfrac{n_A}{n}$. 频率 $f_n(A)$ 有如下性质:

性质 1 $0\leqslant f_n(A)\leqslant 1$;

性质 2 $f_n(\Omega)=1$;

性质 3 若 A 与 B 互斥,即 $AB=\varnothing$,则 $f_n(A\bigcup B)=f_n(A)+f_n(B)$.

证 性质 1,2 是显然的. 现证性质 3. 我们用 $n_{A\bigcup B}$ 表示在 n 次试验中 $A\bigcup B$ 的频数,n_B 表示在 n 次试验中 B 发生的频数,因 A 与 B 互斥,故必有 $n_{A\bigcup B}=n_A+n_B$,从而必有

$$f_n(A\bigcup B)=\frac{n_{A\bigcup B}}{n}=\frac{n_A+n_B}{n}=\frac{n_A}{n}+\frac{n_B}{n}=f_n(A)+f_n(B).$$

先看下面的例子.

将一枚硬币抛 50 次、500 次各若干遍. 现摘录有关数据如表 1-1（表中 n_A 表示 n 次试验中事件 $A=\{$出现正面$\}$ 的频数）. 历史上著名的统计学家蒲丰（Buffon）、费勒（Feller）和皮尔逊（Pearson）等也作过大量的这类试验,所得的有关数据见表 1-2.

表 1-1

试验序号	$n=50$		$n=500$	
	n_A	$f_n(A)$	n_A	$f_n(A)$
1	22	0.44	251	0.502
2	25	0.50	249	0.498
3	21	0.42	256	0.512
4	24	0.48	253	0.506
5	18	0.36	251	0.502

表 1-2

试验者	n	n_A	$f_n(A)$
蒲 丰	4040	2048	0.5056
费 勒	10000	4979	0.4979
皮尔逊	12000	6019	0.5016
皮尔逊	24000	12012	0.5005

从上述两表可以发现,当抛掷硬币次数 n 较大时,频率 $f_n(A)$ 总在常数 0.5 附近波动,并且呈现逐渐稳定于 0.5 的倾向. 频率的这种逐渐的"稳定性"就是前面所说的统计规律性,它揭示了随机现象内部隐藏着必然规律. 这里的常数 $p=0.5$ 称为频率 $f_n(A)$ 的稳定值,它能反映事件 A 发生的可能性大小. 一般地,每个随机事件都有相应的常数 p 与之对应,因此,我们可以用频率的稳定值定量地描述随机事件发生的可能性大小.

(2) 概率的公理化定义

定义 1 设 E 是随机试验,Ω 是它的样本空间,对于 E 的每一个事件 A 赋予一实数,记为 $P(A)$. 如果它满足下列条件:

（ⅰ）**非负性** 对每一个事件 A,有 $0 \leqslant P(A) \leqslant 1$;

（ⅱ）**规范性** $P(\Omega)=1$;

（ⅲ）**可列可加性** 若 $A_iA_j=\varnothing$ $(i \neq j,\ i,j=1,2,\cdots)$,有

$$P(\bigcup_{i=1}^{\infty} A_i) = \sum_{i=1}^{\infty} P(A_i); \tag{1-1}$$

则称 $P(A)$ 为事件 A 的**概率**. 其中式(1-1)称为概率的**可列可加性**.

由概率的定义可以推得概率的一些性质.

性质 1 $P(\varnothing)=0.$ (1-2)

证 由于 $\Omega=\Omega+\varnothing+\cdots$,所以
$$P(\Omega)=P(\Omega)+P(\varnothing)+\cdots,$$

因此 $P(\varnothing)=0.$

性质 2 (有限可加性)若 $A_iA_j=\varnothing(i\neq j,i,j=1,2,\cdots,n)$,则
$$P(\bigcup_{i=1}^{n} A_i)=\sum_{i=1}^{n}P(A_i). \tag{1-3}$$

证 由于
$$\bigcup_{i=1}^{n} A_i=A_1+A_2+\cdots+A_n+\varnothing+\cdots$$

由可列可加性及性质 1 得
$$P(\bigcup_{i=1}^{n} A_i)=\sum_{i=1}^{n}P(A_i).$$

推论 设 $\overline{A}$ 是 A 的对立事件,则
$$P(\overline{A})=1-P(A). \tag{1-4}$$

证 由于 $A\bigcup\overline{A}=\Omega$ 且 $A\overline{A}=\varnothing$,由性质 2 得
$$1=P(\Omega)=P(A\bigcup\overline{A})=P(A)+P(\overline{A}).$$

所以
$$P(\overline{A})=1-P(A).$$

性质 3 设 A,B 是两事件,则
$$P(A-B)=P(A)-P(AB). \tag{1-5}$$

证 由于 $A=(A-B)\bigcup AB$ 且 $(A-B)\bigcap AB=\varnothing$,由有限可加性
$$P(A)=P(A-B)+P(AB),$$

移项即得(1-5).

特别地,若 $A\supset B$,由于此时 $AB=B$,于是 $P(A-B)=P(A)-P(B)$,再由 $P(A-B)$ 的非负性,可得当 $A\supset B$ 时必有
$$P(A)\geqslant P(B). \tag{1-6}$$

性质 4 设 A,B 为两事件,则
$$P(A\bigcup B)=P(A)+P(B)-P(AB). \tag{1-7}$$

证 因 $A\bigcup B=A\bigcup(B-A)$ 且 $A\bigcap(B-A)=\varnothing$,由有限可加性
$$P(A\bigcup B)=P(A)+P(B-A)=P(A)+P(B)-P(AB).$$

类似可得

$$P(A \cup B \cup C) = P(A) + P(B) + P(C) - P(AB)$$
$$- P(BC) - P(AC) + P(ABC). \qquad (1\text{-}8)$$

用数学归纳法可以证明:对任意 n 个事件 $A_1, A_2, \cdots, A_n$,有

$$P(A_1 \cup A_2 \cup \cdots \cup A_n)$$

$$= \sum_{i=1}^{n} P(A_i) - \sum_{1 \leqslant i < j \leqslant n} P(A_i A_j) + \sum_{1 \leqslant i < j < k \leqslant n} P(A_i A_j A_k)$$
$$+ \cdots + (-1)^{n-1} P(A_1 A_2 \cdots A_n). \qquad (1\text{-}9)$$

2. 概率的古典定义

在讨论一般随机试验之前,我们先讨论一类最简单的随机试验,这类试验有如下两个特点:

（ⅰ）所有可能的试验结果仅有限种;

（ⅱ）每个结果出现的可能性相同.

我们把这类随机试验称为**等可能概型**. 由于它是概率论发展初期的主要研究对象,因此亦称为**古典概型**.

下面讨论古典概型中事件概率的计算公式.

设试验 E 的样本空间 $\Omega = \{\omega_1, \omega_2, \cdots, \omega_n\}$,且每个样本点出现的概率都相同,于是有

$$P(\{\omega_1\}) = P(\{\omega_2\}) = \cdots = P(\{\omega_n\}),$$

又由于基本事件是两两互不相容的,于是

$$1 = P(\Omega) = P(\{\omega_1\}) + P(\{\omega_2\}) + \cdots + P(\{\omega_n\}) = nP(\{\omega_1\}).$$

从而得

$$P(\{\omega_i\}) = \frac{1}{n}, \quad i = 1, 2, \cdots, n.$$

对于任一随机事件 A,若 A 包含 m 个样本点,即设 $A = \{\omega_{i_1}, \omega_{i_2}, \cdots, \omega_{i_m}\}$,则有

$$P(A) = P(\{\omega_{i_1}\}) + P(\{\omega_{i_2}\}) + \cdots + P(\{\omega_{i_m}\})$$

$$= \frac{1}{n} + \frac{1}{n} + \cdots + \frac{1}{n} = \frac{m}{n},$$

即

$$P(A) = \frac{m}{n} = \frac{A \text{ 中包含的样本点数}}{\Omega \text{ 中样本点的总数}}. \qquad (1\text{-}10)$$

这表明在古典概型中,任何事件 A 的概率的计算公式为 A 中所包含的样本点的个数除以样本空间 Ω 中所含样本点的总数,即事件 A 的概率只与 A 中所含的样本点的个数有关,而与 A 包含的是哪几个具体的样本点是无关的.

例 2 把一枚质地均匀的硬币连掷两次,设事件 $A=\{$出现两个反面$\}$,$B=\{$出现的两个面相同$\}$,试求 $P(A)$ 与 $P(B)$.

解 若用 H 表示正面,用 T 表示反面,则该试验的样本空间 $\Omega=\{(H,H),(H,T),(T,H),(T,T)\}$,其样本点总数 $n=2^2=4$,而 $A=\{(T,T)\}$ 仅包含一个样本点,即 $m_A=1$,又因 $B=\{(H,H),(T,T)\}$ 包含两个样本点,即 $m_B=2$,故

$$P(A)=\frac{1}{4},\quad P(B)=\frac{1}{2}.$$

由式(1-10)求概率,必涉及样本点的计数运算,即要计算等可能的样本点总数 n 及所有事件包含的样本点数 m.当样本点较多时,需要用排列与组合知识,因此熟悉这方面的知识是很有必要的.

古典概型中概率计算的要点是给定样本点,并计算样本空间 Ω 中所含样本点的总数以及任何事件 A 中所包含的样本点的个数.下面先介绍在这些计算中大量使用的一些排列与组合公式.

排列与组合都是计算"从 n 个元素中任取 r 个元素"的取法总数公式,其主要区别在于:如果不考虑取出元素间的次序,则用组合公式,否则用排列公式.

排列与组合公式的推导都基于如下两条计数原理:

乘法原理 若进行 A_1 过程有 n_1 种方法,进行 A_2 过程有 n_2 种方法,则进行 A_1 过程后接着进行 A_2 过程共有 $n_1 \times n_2$ 种方法.

加法原理 若进行 A_1 过程有 n_1 种方法,进行 A_2 过程有 n_2 种方法,假定 A_1 过程与 A_2 过程是并行的,则进行过程 A_1 或过程 A_2 的方法共有 n_1+n_2 种.

排列与组合的定义及其计算公式如下:

(ⅰ)**排列** 从包含有 n 个元素的总体中取出 r 个来进行排列,这时既要考虑到取出的元素也要顾及其取出顺序.

这种排列可分为两类:第一种是有放回的选取,这时每次选取

都是在全体元素中进行,同一元素可被重复选中;另一种是不放回选取,这时一个元素一旦被取出便立刻从总体中除去,因此每个元素至多被选中一次.在后一种情况中必有 $r \leqslant n$.

在有放回选取中,从 n 元素中取出 r 个元素进行排列,这种排列称为有重复的排列,其总数共有 n^r 种;

在不放回选取中,从 n 个元素中取出 r 个元素进行排列,其总数为

$$P_n^r = n(n-1)(n-2)\cdots(n-r+1),$$

这种排列称为选排列.特别当 $r=n$ 时,称为全排列.

n 个元素的全排列数为

$$P_n^n = n(n-1)\cdots 3 \cdot 2 \cdot 1 = n!.$$

(ⅱ)**组合**　从 n 个元素中取出 r 个元素而不考虑其顺序,称为组合,其总数为

$$C_n^r = \frac{P_n^r}{r!} = \frac{n!}{r!(n-r)!}.$$

若 $r_1+r_2+\cdots+r_k=n$,把 n 个不同的元素分成 k 个部分,第一个部分 r_1 个,第二个部分 r_2 个,$\cdots$,第 k 部分 r_k 个,则不同的分法有

$$\frac{n!}{r_1! r_2! \cdots r_k!}$$

种,上式中的数称为**多项系数**.

若 n 个元素中有 n_1 个带足标"1",n_2 个带足标"2",$\cdots$,n_k 个带足标"k",且 $n_1+n_2+\cdots+n_k=n$,从这 n 个元素中取出 r 个,使得带有足标"i"的元素有 r_i 个($1 \leqslant i \leqslant k$),而 $r_1+r_2+\cdots+r_k=r$,这时不同取法的总数为

$$C_{n_1}^{r_1} C_{n_2}^{r_2} \cdots C_{n_k}^{r_k},$$

这里当然要求 $r_i \leqslant n_i$.

例3　有 10 个电阻,其阻值分别为 $1\,\Omega, 2\,\Omega, \cdots, 10\,\Omega$.从中任取 3 个,要求取出的三个电阻中,一个小于 $5\,\Omega$,一个等于 $5\,\Omega$,另一个大于 $5\,\Omega$,问取一次就能达到要求的概率.

解　设 $A=\{$取出的三个电阻中,一个小于 $5\,\Omega$,一个等于 $5\,\Omega$,另一个大于 $5\,\Omega\}$,把从 10 个电阻中取出 3 个的各种可能取法作为样

本空间中样本点全体,其总数为 C_{10}^3,事件 A 中包含的样本点数为 $C_4^1 C_1^1 C_5^1$,故

$$P(A) = \frac{C_4^1 C_1^1 C_5^1}{C_{10}^3} = \frac{1}{6}.$$

例 4 将 n 个不同的球随机地放入编号为 $1,2,3,\cdots,k$ 的 k 个盒子中,试求:

（ⅰ）第一个盒子是空盒(事件 A)的概率;

（ⅱ）设 $k \geqslant n$,求 n 个球落入 n 个不同的盒子(事件 B)的概率.

解 先求样本空间 Ω 所包含的样本点总数.因第一个球可放入编号为 $1,2,3,\cdots,k$ 的任何一只盒子中,第二个球亦可放入 $1,2,\cdots,k$ 的盒子中的任何一个盒子中,$\cdots$,第 n 个球亦然,而 n 个球落入 k 个盒子中的每一种情况为一基本事件,即为一个样本点,因而 Ω 中所含样本点总数为

$$\underbrace{k \times k \times \cdots \times k}_{n个} = k^n.$$

（ⅰ）事件 A:"第一个盒子为空盒",即第一个盒子不能放球,因而 n 个球中的每一个球可以并且只可以放入编号 $2,3,\cdots,k$ 的任何一只盒子中,因而 A 所包含的样本点总数为 $(k-1)^n$. 于是

$$P(A) = \frac{(k-1)^n}{k^n}.$$

（ⅱ）事件 B:"n 个球落入 n 个不同的盒子",即第一个球可落入编号为 $1,2,\cdots,k$ 的任何一个盒子中去,有 k 种选择;而第二个球只能落入剩下的 $k-1$ 个盒子中去,仅有 $k-1$ 种选择;$\cdots$;第 n 个球只能落入所剩下的 $k-(n-1)$ 只盒子中去,因此 B 所包含的样本点个数为:

$$k(k-1)(k-2)\cdots(k-n+1) = P_k^n.$$

于是

$$P(B) = \frac{P_k^n}{k^n}.$$

例 5 随机地将 15 名插班生分配到三个班级,每班各 5 名.设这 15 名插班生中有 3 名女生,试求:

（ⅰ）每一个班级分到一名女生的概率;

（ⅱ）3 名女生分到同一个班级的概率.

解 样本点总数为 $C_{15}^5 \cdot C_{10}^5 \cdot C_5^5 = \dfrac{15!}{5!5!5!}.$

于是

$$P_1 = P(\{每一个班级分到一名女生\})$$

$$= \frac{3! \times \dfrac{12!}{4!4!4!}}{\dfrac{15!}{5!5!5!}} = \frac{25}{91};$$

$$P_2 = P(\{3 名女生分到同一个班级\})$$

$$= \frac{3 \times \dfrac{12!}{2!5!5!}}{\dfrac{15!}{5!5!5!}} = \frac{6}{91}.$$

例 6 设袋中有 a 个白球和 b 个红球,今有 $a+b$ 个人依次从袋中取出一球且不放回(称不放回取球). 试求第 k 次取出的球是白球的概率($1 \leqslant k \leqslant a+b$).

解 依题意试验是从 $a+b$ 个球中,不放回地把球一个个取出来,依次排队,共有 $(a+b)!$ 种不同的排法,则相应的样本点总数 $n=(a+b)!$,设 $A=\{第 k 次取出的球是白球\}$,对事件 A 发生有利的排法是,先从 a 个白球中任取一个排在第 k 个位置上,然后把其余的 $a+b-1$ 个球排在 $a+b-1$ 个位置上,共有 $P_a^1 \cdot (a+b-1)!$ 种不同的排法,所以事件 A 包含的样本点个数 $m=P_a^1 \cdot (a+b-1)!$,故

$$P(A) = \frac{P_a^1 \cdot (a+b-1)!}{(a+b)!} = \frac{a}{a+b}.$$

上面的计算结果表明,事件 $A=\{第 k 次取出的球是白球\}$ 的概率 $P(A)$ 与 k 无关,即 A 发生的概率与取球的先后次序无关. 这就是所谓的"抽签原理". 无论从日常的经验,还是通过计算概率,抽签原理表明,是否能抽到"好签"与抽签的先后次序无关,人人机会均等,因而常用在体育比赛或机会均等的其他活动场合.

3. 概率的几何定义

古典概型要求试验的样本空间只含有有限个等可能的样本点. 实际问题中,若试验的样本空间有无限多个样本点时,就不能按古

典概型来计算概率,而在有些场合可借用几何方法来定义概率.

若一个试验满足:

(ⅰ)试验的样本空间 Ω 是直线上某个有限区间,或者是平面、空间上的某个度量有限的区域,从而 Ω 含有无限多个样本点;

(ⅱ)每个样本点的发生具有某种等可能性;

则称该试验为**几何概型试验**.这样,该试验的每个样本点可看作等可能地落入区域 Ω 上的随机点,因此,样本点有无限多个.

在几何概型中,若以 A_g 表示"在区域 Ω 中随机地取一点,而该点落在区域 g 中",则概率定义为

$$P(A_g)=\frac{m(g)}{m(\Omega)},\qquad(1\text{-}11)$$

当 Ω 是区间时,其中 $m(g)$ 及 $m(\Omega)$ 表示相应的长度;当 Ω 是平面或空间区域时,其中 $m(g)$ 及 $m(\Omega)$ 表示相应的面积或体积.在只保留"等可能性"的条件下,几何概率的意义是指:随机点落在 Ω 中任意可度量的区域 $g(g\subseteq\Omega)$ 上的概率只与 g 的测度(长度、面积或体积)成正比,而与 g 的形状和它在 Ω 中的位置无关.

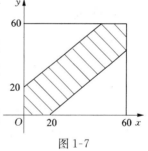

图 1-7

例 7(会面问题) 两人相约 7 点到 8 点在某地会面,先到者等候另一人 20 分钟,过时就可离去.试求这两人能会面的概率.

解 以 x,y 分别表示两人到达时刻,则会面的充要条件为

$$|x-y|\leqslant20.$$

这是一个几何概率问题,可能的结果全体是边长为 60 的正方形里的点.能会面的点的区域用图 1-7 所示的阴影标出,所求概率为

$$P=\frac{60^2-40^2}{60^2}=\frac{5}{9}.$$

例 8 在区间 $[0,1]$ 中随机地取出两个数,求这两个数之和小于 $\frac{5}{6}$ 的概率.

解 设 $A=\left\{\text{取出的两个数之和小于}\frac{5}{6}\right\}$.

设取出的两个数分别为 x 与 y,则根据题意,有:$0 \leqslant x \leqslant 1, 0 \leqslant y \leqslant 1$. 将 (x, y) 看作平面上的一个点,则样本空间 Ω 可取作平面区域 $\Omega = \{(x, y): 0 \leqslant x \leqslant 1, 0 \leqslant y \leqslant 1\}$. 随机事件 A 发生当且仅当点 (x, y) 满足 $(x, y) \in \Omega$ 且 $x + y < \dfrac{5}{6}$,此时点落入图 1-8 所示的阴影区域中,所以

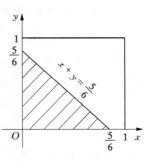

图 1-8

$$P(A) = \frac{\dfrac{1}{2} \times \left(\dfrac{5}{6}\right)^2}{1} = \frac{25}{72}.$$

§1.3 条件概率与全概率公式

1. 条件概率与乘法公式

对概率的讨论总是在一组固定的条件限制下进行的,以前的讨论总是假定除此之外再无别的信息可供使用. 有时,我们却会碰到这样的情况,即已知某一事件 B 已发生,求另一事件 A 发生的概率,记为 $P(A \mid B)$.

例如考虑抽样检查问题. 箱内装有 100 件电子元件,其中有甲厂生产的正品 30 件,次品 5 件,乙厂生产的正品 50 件,次品 15 件. 现从箱内任取一件产品,设 $A = \{$取到甲厂的产品$\}$, $B = \{$取到次品$\}$,则 $AB = \{$取到甲厂的产品且为次品$\}$. 由古典概率定义知

$$P(A) = \frac{35}{100}, \quad P(B) = \frac{20}{100}, \quad P(AB) = \frac{5}{100}.$$

若以 $P(B \mid A)$ 表示在取到甲厂产品的情况下,取到次品的概率,则

$$P(B \mid A) = \frac{5}{35}.$$

经过详细观察,不难发现上述概率 $P(B \mid A), P(A), P(AB)$ 有下述关系:

$$P(B|A)=\frac{5}{35}=\frac{5/100}{35/100}=\frac{P(AB)}{P(A)}.$$

上述关系虽然是通过具体问题而获得的,但它对古典概率、几何概率等是普遍成立的. 由此启发,可以给出下面的定义.

定义 2 设试验 E 的样本空间为 Ω,对任意两事件 A,B,其中 $P(A)>0$,称

$$P(B|A)=\frac{P(AB)}{P(A)} \tag{1-12}$$

为在已知事件 A 发生的条件下事件 B 发生的**条件概率**.

类似地,可定义

$$P(A|B)=\frac{P(AB)}{P(B)} \quad (P(B)>0). \tag{1-13}$$

不难验证,条件概率也满足概率的三条基本条件:非负性、规范性、可加性,即

(ⅰ)对任何事件 B,有 $0\leqslant P(B|A)\leqslant 1$;

(ⅱ)$P(\Omega|A)=1$;

(ⅲ)若 $B_1,B_2,\cdots,B_n,\cdots$两两互不相容,则有

$$P(\bigcup_{n=1}^{\infty}B_n|A)=\sum_{n=1}^{\infty}P(B_n|A).$$

由条件概率所满足的上述三个基本条件,可类似证得条件概率满足概率的另外一些性质. 例如:

(ⅰ)$P(\varnothing|A)=0$;

(ⅱ)$P(\overline{B}|A)=1-P(B|A)$;

(ⅲ)$P(B\bigcup C|A)=P(B|A)+P(C|A)-P(BC|A)$.

综上,我们可以看出,设 $P(A)>0$,计算条件概率 $P(B|A)$ 有如下两种方法:

(ⅰ)根据 A 发生以后的情况,直接计算 A 发生的条件下 B 发生的条件概率.

(ⅱ)先计算 $P(A)$,$P(AB)$,然后按公式 $P(B|A)=\frac{P(AB)}{P(A)}$ 计算之.

若将公式(1-12)改写为

$$P(AB)=P(A)P(B|A) \quad (P(A)>0),\tag{1-14}$$

则称式(1-14)为概率的**乘法公式**.同理由公式(1-13)可得到下述乘法公式

$$P(AB)=P(B)P(A|B) \quad (P(B)>0).\tag{1-15}$$

乘法公式可以推广到多个事件的情形.例如,当 $P(AB)>0$(此时 $P(A) \geqslant P(AB)>0$)时,

$$P(ABC)=P(A)P(B|A)P(C|AB).\tag{1-16}$$

一般地,当 $n \geqslant 2$ 且 $P(A_1 A_2 \cdots A_{n-1})>0$ 时,用数学归纳法可证明

$$P(A_1 A_2 \cdots A_n)=P(A_1)P(A_2|A_1) \cdots P(A_n|A_1 A_2 \cdots A_{n-1}).$$

$$\tag{1-17}$$

例9 已知一个家庭有 3 个小孩,且其中一个是女孩,求至少有一个男孩的概率(假设一个小孩为男孩或女孩是等可能的).

解 设 $A=\{3$ 个孩子中至少有 1 个女孩$\}$,

$\qquad B=\{3$ 个孩子中至少有 1 个男孩$\}$,

则所求概率为 $P(B|A)$.

由于 $P(A)=1-P(\overline{A})=1-\dfrac{1}{8}=\dfrac{7}{8}$,$P(AB)=P\{3$ 个孩子中至少有 1 个女孩,而且至少有 1 个男孩$\}=\dfrac{6}{8}$,所以

$$P(B|A)=\frac{P(AB)}{P(A)}=\frac{6}{7}.$$

例10 设袋中装有 a 只红球,b 只白球,每次从袋中任取一只球,把原球放回,并加进与所取出的球同色的 c 只球,若在袋中连续取球四次,试求第一、三次取到红球且第二、四次取到白球的概率.

解 用 $A_i(i=1,2,3,4)$ 表示第 i 次取到红球,则 $\overline{A}_2,\overline{A}_4$ 分别表示第二、四次取到白球,所求概率为

$$P(A_1 \overline{A}_2 A_3 \overline{A}_4)=P(A_1)P(\overline{A}_2|A_1)P(A_3|A_1\overline{A}_2)P(\overline{A}_4|A_1\overline{A}_2 A_3)$$

$$=\frac{a}{a+b} \cdot \frac{b}{a+b+c} \cdot \frac{a+c}{a+b+2c} \cdot \frac{b+c}{a+b+3c}.$$

事实上,这个概率只与红球、白球出现的次数有关,而与出现的顺序无关,这是很一般的数学模型. 特别取 $c=0$,则是有放回摸球;而取 $c=-1$ 则是不放回摸球.

例 11 袋中有 n 个球($n-1$ 个白球,1 个红球),n 个人依次从袋中各随机地取出一球,并且每人取出一球后,不再放回袋中,试求第 k 个人取得红球的概率.

解 设 $A_k=\{$第 k 个人取得红球$\}$,$k=1,2,\cdots,n$,则

$$P(A_1)=\frac{1}{n}.$$

因为 $A_2 \subset \overline{A}_1$,所以 $A_2=\overline{A}_1 A_2$,故

$$P(A_2)=P(\overline{A}_1 A_2)=P(\overline{A}_1)P(A_2|\overline{A}_1)$$

$$=\frac{n-1}{n}\cdot\frac{1}{n-1}=\frac{1}{n}.$$

同理,有

$$P(A_3)=P(\overline{A}_1 \overline{A}_2 A_3)=P(\overline{A}_1)P(\overline{A}_2|\overline{A}_1)P(A_3|\overline{A}_1 \overline{A}_2)$$

$$=\frac{n-1}{n}\cdot\frac{n-2}{n-1}\cdot\frac{1}{n-2}=\frac{1}{n},$$

...

$$P(A_n)=P(\overline{A}_1 \overline{A}_2 \cdots \overline{A}_{n-1} A_n)$$

$$=P(\overline{A}_1)P(\overline{A}_2|\overline{A}_1)\cdots P(\overline{A}_{n-1}|\overline{A}_1 \overline{A}_2 \cdots \overline{A}_{n-2})\cdot P(A_n|\overline{A}_1 \overline{A}_2 \cdots \overline{A}_{n-1})$$

$$=\frac{n-1}{n}\cdot\frac{n-2}{n-1}\cdot\frac{n-3}{n-2}\cdots\frac{n-2-(n-3)}{n-(n-2)}\cdot\frac{1}{n-(n-1)}=\frac{1}{n}.$$

由此可见,每个人取到红球的概率相等,这说明,每个人取到红球的概率与抽取的先后次序无关,这正是例 6 所归结出的"抽签原理". 这里不过是用乘法公式加以说明而已.

2. 全概率公式和贝叶斯(Bayes)公式

概率论中常常需要从一些简单的事件概率推算出未知的较复杂的概率问题. 为此,我们把一个复杂的概率问题分解成若干个互不相容的简单事件之并,再通过分别计算这些简单事件的概率,最后利用概率的可加性得到最终结果,这里全概率公式起到了重要作用. 为此,先介绍样本空间的划分(也称分割).

设 Ω 是试验 E 的样本空间,事件 $A_1,A_2,\cdots,A_n$ 是样本空间的

一个划分,满足:

（ⅰ）$A_1 \bigcup A_2 \bigcup \cdots \bigcup A_n = \Omega$；

（ⅱ）$A_1, A_2, \cdots, A_n$ 两两互不相容,即 $A_i \bigcap A_j = \varnothing, i \neq j,$ $i, j = 1, 2, \cdots, n$, 则称事件 $A_1, A_2, \cdots, A_n$ 组成样本空间 Ω 的一个**完备事件组**.

若 $P(A_i) > 0, i = 1, 2, \cdots, n$, 由概率的可加性得

$$P(B) = P(B \bigcap \Omega) = P\left(B \bigcap \left(\bigcup_{i=1}^{n} A_i\right)\right)$$

$$= P\left(\bigcup_{i=1}^{n} A_i B\right) = \sum_{i=1}^{n} P(A_i B),$$

再利用乘法公式 $P(A_i B) = P(A_i) P(B|A_i)$ 可得

$$P(B) = \sum_{i=1}^{n} P(A_i) P(B|A_i), \tag{1-18}$$

这个公式(1-18)即称为**全概率公式**,它有广泛的应用.

例 12 某工厂有三个车间同时加工同一种产品,每个车间均可独立地完成,根据以往的记录,得到如下信息,甲、乙、丙车间生产出的产品在总产品中所占的份额分别为 $25\%, 35\%, 40\%$,而它们的次品率依次为 $2\%, 3\%, 2.5\%$,三个车间生产出的产品都放在一起,试求这批产品的次品率.

解 从这批产品中任取一只,用 $A_i (i = 1, 2, 3)$ 表示该产品为第 i 车间生产,B 表示该产品为次品,则有

$$P(A_1) = 25\%, \quad P(B|A_1) = 2\%,$$
$$P(A_2) = 35\%, \quad P(B|A_2) = 3\%,$$
$$P(A_3) = 40\%, \quad P(B|A_3) = 2.5\%,$$

由全概率公式得

$$P(B) = \sum_{i=1}^{3} P(A_i) P(B|A_i)$$
$$= 25\% \times 2\% + 35\% \times 3\% + 40\% \times 2.5\%$$
$$= 2.55\% = 0.0255.$$

下面再介绍另一个重要公式:贝叶斯公式.

由于 $P(A_i B) = P(A_i) P(B|A_i) = P(B) P(A_i|B)$,故有

$$P(A_i|B) = \frac{P(A_i) P(B|A_i)}{P(B)} \quad (P(B) > 0),$$

再利用全概率公式,得

$$P(A_i \mid B) = \frac{P(A_i)P(B \mid A_i)}{\sum\limits_{i=1}^{n} P(A_i)P(B \mid A_i)} \quad (P(B) > 0), \quad (1\text{-}19)$$

上述公式(1-19)即称为**贝叶斯公式**,也称为**后验概率公式**.

例 13 设一袋中原有乒乓球 8 只,其中 3 只为新球,5 只为旧球. 第一次比赛时,从中任意取出 2 只用于比赛,用后放回袋中,第二次比赛时再从中任取 3 只. 试求第二次所取 3 球中恰有 2 个球是新球的概率为多少? 若已知第二次所取 3 球中恰有 2 个球是新球,试求第一次所取两球全是旧球的条件概率.

解 设 A_i 为第一次所取两球中恰有 i 个球是新球,$i = 0, 1, 2$,B 为第二次所取 3 球中恰有 2 个球是新球.

由全概率公式及贝叶斯公式,可得

$$P(B) = P(A_0)P(B|A_0) + P(A_1)P(B|A_1) + P(A_2)P(B|A_2)$$

$$= \frac{C_3^0 \cdot C_5^2}{C_8^2} \times \frac{C_3^2 \cdot C_5^1}{C_8^3} + \frac{C_3^1 \cdot C_5^1}{C_8^2} \times \frac{C_3^2 \cdot C_6^1}{C_8^3} + \frac{C_3^2 \cdot C_5^0}{C_8^2} \times 0$$

$$= \frac{10}{28} \times \frac{15}{56} + \frac{15}{28} \times \frac{6}{56} = \frac{15}{98},$$

$$P(A_0 \mid B) = \frac{P(A_0)P(B \mid A_0)}{P(B)} = \frac{5}{8}.$$

例 14 根据以往的临床记录,某种诊断是否患有癌症的检查有如下效果:若以 A 表示事件"试验反应为阳性",以 C 表示事件"被检查者确实患有癌症",则有 $P(A|C) = 0.95$, $P(\overline{A}|\overline{C}) = 0.95$. 现对一大批人进行癌症普查,现被普查的人确实患有癌症的概率是 $P(C) = 0.005$. 试求当一个被检查者其检查结果为阳性时,那么他确实患癌症的条件概率是多少? 即求条件概率 $P(C|A)$.

解 已知 $P(C) = 0.005$, $P(A|C) = 0.95$, $P(\overline{A}|\overline{C}) = 0.95$,由全概率公式及贝叶斯公式,可得

$$P(C|A) = \frac{P(C)P(A|C)}{P(C)P(A|C) + P(\overline{C})P(A|\overline{C})}$$

$$= \frac{0.005 \times 0.95}{0.005 \times 0.95 + 0.995 \times (1 - 0.95)} = 0.087.$$

本题计算结果表明,虽然 $P(A|C) = 0.95$, $P(\overline{A}|\overline{C}) = 0.95$,这

两个条件概率均比较高,但若将此检验方法用于普查发病率仅有 0.005 的某种疾病,则有 $P(C|A)=0.087$,即平均 1000 个具有阳性反应的人中只有 87 人确实患有该种疾病,如果不注意到这一点,将会得出错误的诊断.这也说明若将条件概率 $P(A|C)$ 与条件概率 $P(C|A)$ 两者混淆会造成不良的后果.

§1.4 随机事件的独立性

1. 独立性

一般来说,条件概率 $P(B|A)$ 与事件 B 发生的概率 $P(B)$ 是不一样的,即 $P(B|A)\neq P(B)$,这说明事件 A 的发生对事件 B 的发生的概率是有影响的.只有在这种影响不存在时,才会有 $P(B|A)=P(B)$.

先看如下例子:

设袋中有 a 只红球,b 只白球,现有放回地抽取两次,每次抽取一个.记 $A=\{$第一次取到白球$\}$,$B=\{$第二次取到白球$\}$,则有

$$P(A)=\frac{b}{a+b}, \quad P(AB)=\frac{b^2}{(a+b)^2}, \quad P(\overline{A}B)=\frac{ab}{(a+b)^2},$$

从而

$$P(B|A)=\frac{P(AB)}{P(A)}=\frac{b}{a+b},$$

而

$$P(B)=P(AB)+P(\overline{A}B)=\frac{b}{a+b}=P(B|A).$$

由此可见,事件 A 的发生并不影响事件 B 发生的概率.这时,$P(AB)=P(A)P(B|A)=P(A)P(B)$.又因 $P(AB)=P(B)P(A|B)$,亦可推得 $P(A)=P(A|B)$.这又说明事件 B 的发生,也不影响事件 A 发生的概率.即事件 A 与事件 B 相互不影响对方发生的概率.

定义 3 对事件 A 及 B,若

$$P(AB)=P(A)P(B), \tag{1-20}$$

则称 A 与 B 是**相互独立**的.

注:按照这个定义,必然事件 Ω 及不可能事件 $\varnothing$ 与任何事件相互独立.

定理 1(相互独立的充要条件) 设 A,B 为两个事件,且 $P(A)>0$,则 A 与 B 相互独立的充要条件是 $P(B|A)=P(B)$.

证 必要性. 设 A 与 B 相互独立,则

$$P(AB)=P(A)P(B), \tag{1-21}$$

而由条件概率定义,可得

$$P(B|A)=\frac{P(AB)}{P(A)}=\frac{P(A)P(B)}{P(A)}=P(B).$$

充分性. 设 $P(B|A)=P(B)$,则由乘法公式有

$$P(AB)=P(A)P(B|A)=P(A)P(B),$$

故 A 与 B 相互独立.

同理可证:若 $P(B)>0$,则 A 与 B 相互独立的充要条件是

$$P(A|B)=P(A). \tag{1-22}$$

定理 2 下面四个命题是等价的:

(i) 事件 A 与 B 相互独立;

(ii) 事件 A 与 $\overline{B}$ 相互独立;

(iii) 事件 $\overline{A}$ 与 B 相互独立;

(iv) 事件 $\overline{A}$ 与 $\overline{B}$ 相互独立.

证 这里仅证明(i)与(ii)的等价性.

当(i)成立时,即 $P(AB)=P(A)P(B)$. 由事件的关系及其运算与概率的性质可知,

$$\begin{aligned}P(A\overline{B})&=P(A-B)=P(A-AB)=P(A)-P(AB)\\&=P(A)-P(A)P(B)=P(A)(1-P(B))\\&=P(A)P(\overline{B}),\end{aligned}$$

则 A 与 $\overline{B}$ 相互独立,即(ii)成立.

当(ii)成立时,即 $P(A\overline{B})=P(A)P(\overline{B})$,则

$$\begin{aligned}P(AB)&=P(A-A\overline{B})=P(A)-P(A\overline{B})=P(A)-P(A)P(\overline{B})\\&=P(A)(1-P(\overline{B}))=P(A)P(B),\end{aligned}$$

则 A 与 B 相互独立,即(i)成立.

其余等价命题,可类似证明.

注:当 $P(A)>0,P(B)>0$ 且 A 与 B 互不相容时,A 与 B 必不相互独立.

事件的独立性可推广到多个事件的情形.

定义 4 对于三个事件 A、B、C,若下列四个等式同时成立,则称它们**相互独立**.

$$P(AB) = P(A)P(B);\tag{1-23}$$

$$P(BC) = P(B)P(C);\tag{1-24}$$

$$P(AC) = P(A)P(C);\tag{1-25}$$

$$P(ABC) = P(A)P(B)P(C).\tag{1-26}$$

按两个事件的独立性定义,我们知道若式(1-23)—式(1-25)成立,则 A 与 B,B 与 C,A 与 C 都相互独立,也即 A、B、C 两两相互独立,但两两相互独立,不能推出 A、B、C 相互独立. 这一点从下面例中可看出.

例 15 一个均匀的正四面体(即正三棱锥),其第一面涂上红色,第二面涂上白色,第三面涂上黑色,而第四面同时涂上红、白、黑三种颜色,现在我们以 A、B、C 分别记投一次四面体出现红、白、黑颜色朝下的事件,则由于在四面体中有两面有红色,因此 $P(A) = \dfrac{1}{2}$,同理 $P(B) = P(C) = \dfrac{1}{2}$,容易算出

$$P(AB) = P(BC) = P(AC) = \frac{1}{4},$$

所以式(1-23)—式(1-25)成立,也即 A、B、C 两两相互独立,但是

$$P(ABC) = \frac{1}{4} \neq \frac{1}{8} = P(A)P(B)P(C),$$

因此式(1-26)不成立,从而 A、B、C 不相互独立.

例 16 若有均匀正八面体,其中 1、2、3、4 面染上红色,1、2、3、5 面染上白色,1、6、7、8 面染上黑色,现在以 A、B、C 分别表示投一次正八面体出现红、白、黑朝下的事件,则

$$P(A) = P(B) = P(C) = \frac{4}{8} = \frac{1}{2},$$

$$P(ABC) = \frac{1}{8} = P(A)P(B)P(C),$$

但是

$$P(AB) = \frac{3}{8} \neq \frac{1}{4} = P(A)P(B).$$

定义 5　设有 n 个事件 $A_1, A_2, \cdots, A_n$,若对于任意的整数 $k(1 < k \leqslant n)$ 和任意的 k 个整数 $i_1, i_2, \cdots, i_k (1 \leqslant i_1 < i_2 < \cdots < i_k \leqslant n)$,都有

$$P(A_{i_1} A_{i_2} \cdots A_{i_k}) = P(A_{i_1}) P(A_{i_2}) \cdots P(A_{i_k}) \qquad (1\text{-}27)$$

成立,则称这 n 个事件 $A_1, A_2, \cdots, A_n$ **相互独立**.

由此可见,若 $A_1, A_2, \cdots, A_n$ 相互独立,则其中任意的 $k \ (1 < k \leqslant n)$ 个事件也相互独立.特别当 $k = 2$ 时,它们中的任意两个事件都相互独立.但是,n 个事件两两独立不能保证这 n 个事件相互独立.注意,式(1-27)所表示的所有等式共有

$$\sum_{k=2}^{n} C_n^k = \sum_{k=0}^{n} C_n^k - C_n^1 - C_n^0 = 2^n - n - 1 \ (\text{个}).$$

当 n 个事件相互独立时,定理 2 的相应结论仍成立,只要把其中的任意 $m \ (1 \leqslant m \leqslant n)$ 个事件换成它们的对立事件,所得到的 n 个事件仍然相互独立.因此,若 $A_1, A_2, \cdots, A_n$ 是 n 个相互独立的事件,则

$$P(A_1 \cup A_2 \cup \cdots \cup A_n) = 1 - P(\overline{A_1 \cup A_2 \cup \cdots \cup A_n})$$
$$= 1 - P(\overline{A_1} \, \overline{A_2} \cdots \overline{A_n})$$
$$= 1 - P(\overline{A_1}) P(\overline{A_2}) \cdots P(\overline{A_n}).$$

例 17　元件能正常工作的概率称为该元件的可靠性.由多个元件构成的系统能正常工作的概率称为该系统的可靠性.设各元件可靠性均为 $p(0 < p < 1)$,且各元件能否正常工作是相互独立的,试求下列系统的可靠性:

（ⅰ）串联系统,即该系统是由 n 个元件串联而成的;

（ⅱ）并联系统,即该系统是由 n 个元件并联而成的;

（ⅲ）混联系统,即串、并联混合系统.该系统类型较多,仅考虑图 1-9 所示的混联系统.

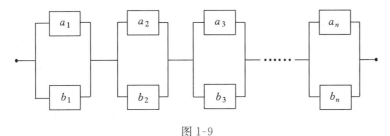

图 1-9

解　设 $A_i=\{第\ i\ 个元件正常工作\}$, $i=1,2,\cdots,n$.

（ⅰ）由于$\{串联系统能正常工作\}=A_1A_2\cdots A_n$, 故所求的可靠性为

$$P(A_1A_2\cdots A_n)=\prod_{i=1}^{n}P(A_i)=p^n;$$

（ⅱ）由于$\{并联系统能正常工作\}=A_1\bigcup A_2\bigcup\cdots\bigcup A_n$, 故并联系统的可靠性为

$$P(A_1\bigcup A_2\bigcup\cdots\bigcup A_n)=1-P(\overline{A_1\bigcup A_2\bigcup\cdots\bigcup A_n})$$

$$=1-\prod_{i=1}^{n}P(\overline{A}_i)=1-(1-p)^n;$$

（ⅲ）设 $R_i=\{元件\ a_i\ 能正常工作\}$, $i=1,2,\cdots,n$,

$$S_k=\{元件\ b_k\ 能正常工作\}, k=1,2,\cdots,n;$$

则由题意 $P(R_i)=P(S_k)=p$, 而

$$\{混联系统能正常工作\}=(R_1\bigcup S_1)(R_2\bigcup S_2)\cdots(R_n\bigcup S_n),$$

故该系统的可靠性为

$$P[(R_1\bigcup S_1)(R_2\bigcup S_2)\cdots(R_n\bigcup S_n)]=\prod_{i=1}^{n}P(R_i\bigcup S_i)$$

$$=\prod_{i=1}^{n}[P(R_i)+P(S_i)-P(R_iS_i)]$$

$$=\prod_{i=1}^{n}(p+p-p^2)$$

$$=(2p-p^2)^n=p^n(2-p)^n.$$

2. 伯努利(Bernoulli)概型及二项概率公式

有这样一类试验 E, 其特点是只有两个对立试验结果 A 及 $\overline{A}$, 这类试验广泛存在. 例如, 从一批产品中任取一件, 只有$\{合格\}$与$\{不合格\}$; 对目标射击一发子弹, 只有$\{命中目标\}$与$\{没有命中目标\}$; 掷一枚硬币一次, 也只有$\{正面朝上\}$与$\{反面朝上\}$两种对立结果, 这类例子很多. 有的试验尽管其试验结果不止两个, 但若试验中仅关心某一事件 A 是否发生, 则试验也可以归结为这类试验. 例如, 测试电子元件的使用寿命, 其结果有无限多个, 但若将使用寿命大于 600 小时看作合格品, 其余的看成不合格品, 其结果亦可看作只有两个, 即合格品与不合格品.

一般把只有两个对立结果 A 与 $\overline{A}$ 的试验称为**伯努利试验**.

把伯努利试验在相同的条件下重复进行 n 次,若每次试验 A(或 $\overline{A}$)发生与否与其他各次试验 A(或 $\overline{A}$)发生与否互不影响(称**各次试验是独立的**),则称这 n 次独立试验为 n **重(次)伯努利试验**,或称为**伯努利概型**.

对于伯努利概型,主要任务是研究 n 次独立试验中,事件 A 发生的次数. 先看例题:

例 18 设某射手每射一发子弹命中目标的概率 $P(A)=p$ ($0<p<1$). 现对同一目标重复射击 3 发子弹,试求恰有 2 发命中目标的概率.

解 设事件

$$A_i=\{\text{第 } i \text{ 发命中目标}\}, i=1,2,3;$$
$$B=\{\text{恰有 2 发命中目标}\}.$$

显然 $P(A_i)=P(A)=p$. 事件 B 表示 A(每发命中目标的事件)在三次射击中恰好发生两次的事件. 自然要问,它是三次中的哪两次呢?它可以是三次中的任意两次,共有 C_3^2 种指定的方式 $A_1A_2\overline{A}_3$,或 $A_1\overline{A}_2A_3$,或 $\overline{A}_1A_2A_3$. 它们两两互斥,故

$$B=A_1A_2\overline{A}_3+A_1\overline{A}_2A_3+\overline{A}_1A_2A_3.$$

由于 A_1,A_2,A_3 相互独立,故按第一种方式即事件 $A_1A_2\overline{A}_3$ 的概率为

$$P(A_1A_2\overline{A}_3)=P(A_1)P(A_2)P(\overline{A}_3)=p^2(1-p).$$

而其余两种方式相应事件的概率也均为 $p^2(1-p)$,即

$$P(A_1\overline{A}_2A_3)=P(\overline{A}_1A_2A_3)=p^2(1-p).$$

由此得

$$P(B)=C_3^2 p^2(1-p)=C_3^2 p^2(1-p)^{3-2}.$$

同理,若重复射击 4 发子弹,$P(A)=p$ 同上. 设

$$A_i=\{\text{第 } i \text{ 发命中目标}\}, i=1,2,3,4;$$
$$B=\{\text{恰有 2 发命中目标}\}, \quad C=\{\text{恰有 3 发命中目标}\}.$$

则

$$B=A_1A_2\overline{A}_3\overline{A}_4+A_1\overline{A}_2A_3\overline{A}_4+A_1\overline{A}_2\overline{A}_3A_4+\overline{A}_1A_2A_3\overline{A}_4$$
$$+\overline{A}_1A_2\overline{A}_3A_4+\overline{A}_1\overline{A}_2A_3A_4,$$
$$C=A_1A_2A_3\overline{A}_4+A_1A_2\overline{A}_3A_4+A_1\overline{A}_2A_3A_4+\overline{A}_1A_2A_3A_4,$$

故
$$P(B)=C_4^2 p^2(1-p)^2=C_4^2 p^2(1-p)^{4-2},$$
$$P(C)=C_4^3 p^3(1-p)=C_4^3 p^3(1-p)^{4-3}.$$

对于 n 重(次)伯努利试验,事件 A 恰好发生 k 次的概率问题,有下述定理.

定理3 设在每次试验中,事件 A 发生的概率均为 p $(0<p<1)$,即 $P(A)=p$,而 $P(\overline{A})=1-p$,则 n 重(次)伯努利试验中事件 A 恰好发生 k 次的概率(记作 $P_n(k)$)为

$$P_n(k)=C_n^k p^k(1-p)^{n-k}, \quad k=0,1,2,\cdots,n. \tag{1-28}$$

式(1-28)为**二项概率公式**.它正好是二项式 $[p+(1-p)]^n$ 展开式中的第 $k+1$ 项.

证 因为 n 重试验是相互独立的,所以事件 A 在指定 k 次试验中发生,且在其余 $n-k$ 次试验中不发生(例如在前 k 次试验中发生,且在后 $n-k$ 次试验中不发生)的概率为 $p^k(1-p)^{n-k}$.由于"A 恰好发生 k 次"可以是 n 次当中任意的 k 次,故这种指定方式共有 C_n^k 种,且它们两两是互斥的,根据概率的有限可加性可得

$$P_n(k)=C_n^k p^k(1-p)^{n-k}, \quad k=0,1,2,\cdots,n.$$

例19 某车间有5台某型号的机床,每台机床由于种种原因(如装、卸工件,更换刀具等)时常需要停车.设每台机床停车或开车是相互独立的.若每台机床在任一时刻处于停车状态的概率为 $\frac{1}{3}$.试求在任何一个时刻,

(ⅰ)恰有一台机床处于停车状态的概率;

(ⅱ)至少有一台机床处于停车状态的概率;

(ⅲ)至多有一台机床处于停车状态的概率.

解 把在任一时刻对一台机床的观察看作一次试验,试验结果只有停车与开车两种对立结果,且各台机床的停车或开车是相互独立的,故在任一时刻对5台机床的观察相当于进行5重伯努利试验.设 $A=\{$任一时刻任一台机床处于停车状态$\}$,则 $P(A)=\frac{1}{3}$,而 $P(\overline{A})=\frac{2}{3}$.由二项概率公式,

（ⅰ）$P_5(1) = C_5^1 \left(\dfrac{1}{3}\right)\left(\dfrac{2}{3}\right)^4 \approx 0.3292$；

（ⅱ）设 $B = \{$至少有一台机床处于停车状态$\}$，则

$$P(B) = 1 - P(\bar{B}) = 1 - P_5(0) = 1 - C_5^0 \left(\dfrac{1}{3}\right)^0 \left(\dfrac{1}{3}\right)^5 \approx 0.8683；$$

（ⅲ）设 $C = \{$至多有一台机床处于停车状态$\}$，则

$$P(C) = P_5(0) + P_5(1) \approx 0.4609.$$

例 20 设有批量很大的一批产品，其次品率为 0.005. 现从中随机地抽取 100 件，试求至少有 10 件次品的概率.

解 本题中，由于产品数量很大，而抽查数量不大时，可将抽取看成是有放回抽取，故从中抽取 100 件可看成是 100 重伯努利试验. 设 $A = \{$抽取的为次品$\}$，$B = \{$至少有 10 件次品$\}$，而 $P(A) = 0.005$，则由二项概率公式

$$P(B) = \sum_{k=10}^{100} P_{100}(k) = 1 - \sum_{k=0}^{9} P_{100}(k).$$

显然，要算出结果即便利用对立事件，计算也是相当麻烦的. 第 2 章将介绍便于计算的近似公式.

扫一扫，阅读名人传记

习　题

1. 写出下列随机试验的样本空间及下列事件中的样本点：

(1) 一袋中有 5 只球，编号分别为 1,2,3,4,5，从中取出 3 只球，

$$A = \{$$取出 3 只球的最小号码为 2$$\}；$$

(2) 在 1,2,3,4 四个数中可重复地取出两个数，

$$A = \{$$取出的一个数是另一个数的 2 倍$$\}；$$

(3) 将 a, b 两个球随机地放入三个盒子中，

$$A = \{$$第一个盒子中至少有一个球$$\}.$$

2. 一个工人生产了 n 个零件，令

$$A_i = \{$$该工人生产的第 i 个零件为合格品$$\} \quad (i = 1, 2, \cdots, n)，$$

试用 $A_i (i = 1, 2, \cdots, n)$ 表示下列事件：

(1) 没有一个零件是不合格品；

(2) 至少有一个零件是合格品.

3. (1) 设 A,B,C 为三个事件，已知 $P(A)=0.3$，$P(B)=0.8$，$P(C)=0.6$，$P(AB)=0.2$，$P(AC)=0.1$，$P(BC)=0.6$，$P(ABC)=0.1$，试求：$P(A\cup B)$，$P(A\bar{B})$，$P(A\cup B\cup C)$；

(2) 设 $P(A)=\alpha$，$P(B)=\beta$，试问 $P(A\cup B)$ 的所有可能取值的最大值、最小值为多少？

4. 有 5 条线段，长度分别为 $1,3,5,7,9$. 从这 5 条线段中任取 3 条，求所取的 3 条线段能构成三角形的概率.

5. 同时掷 5 个骰子，试求下列事件的概率：

(1) $A=\{$点数各不相同$\}$；

(2) $B=\{$恰有 2 个点数相同$\}$；

(3) $C=\{$某 2 个点数相同，另 3 个同是另一个点数$\}$；

(4) $D=\{$点数全相同$\}$.

6. 一个班级中有 $2n$ 名男生和 $2n$ 名女生，现将该班分成人数相等的两组，求每组中男女生人数相等的概率.

7. n 个人随机地围绕圆桌而坐，求其中甲、乙两人座位相邻的概率.

8. 从 n 双型号各不相同的鞋子中任取 $2r$ 只 $(2r\leqslant n)$，试求下列事件的概率：

(1) $A=\{$没有一双鞋配对$\}$；

(2) $B=\{$恰有一双鞋配对$\}$；

(3) $C=\{r$ 双鞋都配对$\}$.

9. 袋中有 3 只白球，7 只黑球. 每次从袋中取出一球，取后不放回，直至将 3 只白球都取出为止. 求第 7 次取球时取出第三只白球的概率.

10. 设 O 为线段 AB 的中点，在 AB 上任取一点 x，求三个线段 Ax,xB,AO 能构成一个三角形的概率.

11. 两艘船都要停靠在同一码头，它们可能在一昼夜（24 小时）的任意时刻到达. 设这两艘船的停靠时间分别为 1 小时和 2 小时，求其中一条船要靠位必须等待一段时间的概率.

12. 在正方形
$$D=\{(p,q):|p|\leqslant 1,|q|\leqslant 1\}$$
中任取一点，求使得方程 $x^2+px+q=0$ 有两个实根的概率.

13. 从一副扑克牌中有放回地任取 n 张 $(n\geqslant 4)$，求这 n 张牌包含了全部四种花色的概率.

14. 某班有 n 名学生参加口试，共有 N 张考签，每人抽过考签后即放回. 考试结束后，问至少有一张考签没有被抽到的概率.

15. 掷两颗骰子，已知两骰子的点数之和为 7，求其中有一颗骰子为 1 点的概率.

16. 已知 $P(A)=0.3$，$P(B)=0.4$，$P(AB)=0.2$，试求
$$P(B|A),\ P(A|B),\ P(B|A\cup B),\ P(\bar{A}\cup\bar{B}|A\cup B).$$

17. 已知 $P(A)=0.7$，$P(\overline{B})=0.6$，$P(A\overline{B})=0.5$，求：
$$P(A|A\cup B),P(AB|A\cup B),P(A|\overline{A\cup B}).$$

18. 据以往资料表明,一个 3 口之家,患某种传染病的概率有以下规律:
$$P\{孩子得病\}=0.6, \quad P\{母亲得病|孩子得病\}=0.5,$$
$$P\{父亲得病|母亲及孩子都得病\}=0.4,$$
求孩子及母亲都得病但父亲未得病的概率.

19. 有三个口袋,第一个口袋中有 2 个白球和 4 个黑球,第二个口袋中有 8 个白球与 4 个黑球,第三个口袋中有 1 个白球和 3 个黑球. 现从这三个口袋中各取出一球,发现取出的 3 个球中恰有 2 个白球,求从第一个口袋中取出白球的概率.

20. 箱中有 5 个白球和 10 个黑球,现抛掷一个均匀的骰子,掷出几点就从箱中取出几个球.若已知取出的球全是白球,求掷出的骰子是 3 点的概率.

21. 某地区应届初中毕业生有 70% 报考普通高中,20% 报考中专,10% 报考职业高中,录取率分别为 90%,75%,85%.试求:

(1) 随机调查一名学生,他如愿以偿的概率;

(2) 若某位学生按志愿被录取了,那么他是报考普通高中的概率为多少?

22. 试证明:若 $P(A)=1$,则 A 与任何事件独立.

23. 设事件 A 与 B 相互独立,且 $P(A)=p$,$P(B)=q$,试求下列概率:
$$P(AB), \ P(\overline{A}B), \ P(\overline{A}\overline{B}), \ P(A\cup B), \ P(\overline{A}\cup B), \ P(\overline{A}\cup\overline{B}).$$

24. 设事件 A 与 B 相互独立,并且两个事件仅发生 A 或仅发生 B 的概率都是 $\dfrac{1}{4}$,试求 $P(A)$ 及 $P(B)$.

25. 将一枚均匀的硬币连掷 3 次,求至少一次出现正面的概率.

26. 甲、乙、丙三门大炮对某敌机进行独立射击,设每门炮的命中率依次为 0.7,0.8,0.9.若敌机被命中两弹或两弹以上则被击落,设三门炮同时射击一次,试求敌机被击落的概率.

27. 设甲、乙、丙三人在某地钓鱼,每人能钓到鱼的概率分别为 0.4,0.6,0.9,且三人之间能否钓到鱼相互独立,试求:

(1) 三人中恰有一人钓到鱼的概率;

(2) 三人中至少有一人钓到鱼的概率.

28. 某班有 N 个士兵,每人各有一支枪,这些枪外形完全一样,在一次夜间紧急集合中,若每人随机地取走一支枪,求至少有一个人取到自己枪的概率.

第 2 章

随机变量及其概率分布

随机变量是研究随机试验的有效工具.本章通过随机变量的引入,使我们有可能利用高等数学的方法来研究随机试验.

§2.1 一维随机变量及其分布函数

在随机现象中,有很大一部分问题与数值发生关系,例如在产品检验问题中我们关心的是抽样中出现的废品数;在车间供电问题中我们关心的是某时刻正在工作的车床数;在电话问题中关心的是某段时间中的话务量,它与呼叫的次数及各次呼叫占用交换设备的时间长短有关;此外如测量时的误差,气体分子运动的速度,信号接收机所收到的信号(用电压表示或数字表示)的大小,也均与数值有关.但是,有些随机试验,其结果并不直接表现为数量.如掷一枚硬币,观察正、反面出现的情况,其结果为正面或反面,并不是数量.又如,设想在一直线上随机投放一个质点,观察质点所处的位置,其结果为该直线上的一个点,它也并不直接表现为数量.但是,若在直线上建立一个数轴,则质点所处的位置就对应于一个数,即该点的坐标,从而该试验结果也就数量化了.总而言之,无论随机试验的结果是否直接表现为数量,我们总可以使其数量化,使随机试验的结果对应于一个数.这就引入了随机变量的概念.

定义 1 设 Ω 是随机试验 E 对应的样本空间,如果对于任一个 $\omega \in \Omega$ 都有一个唯一的实数 $X(\omega)$ 与之对应,这样就定义了一个在 Ω 上的实值函数,我们称这个函数 $X(\omega)$ 为**随机变量**,简记为 X.

通常,一般用大写字母 X, Y, Z 等来表示随机变量,也可用 ξ, η 等表示. 而随机变量的具体取值则用小写字母 x, y, z 等表示.

按定义,随机变量 $X(\omega)$ 是样本点的函数. 于是在试验之前,我们可以知道 $X(\omega)$ 可能取值的范围,但是由于我们不能确切知道哪个样本点会出现,因此我们也不能确切知道随机变量 $X(\omega)$ 会取什么值. 但是由于试验的各个结果的出现有一定的概率,于是随机变量取值也有一定的概率,这一性质显示了随机变量与普通函数有着本质的差异;再者,普通函数是定义在实数轴上的,而随机变量是定义在样本空间上的(样本空间的元素不一定是实数),这也是两者的差别.

引入随机变量的概念后,我们就可以用随机变量来表述随机事件.

例 1 将一颗骰子投掷两次,观察所得点数. 以 X 表示所得点数之和,则 X 的可能取值为 $2, 3, 4, \cdots, 12$,且

$$\{X = 2\} = \{(1,1)\},$$
$$\{X = 3\} = \{(1,2),(2,1)\},$$
$$\{X = 4\} = \{(1,3),(2,2),(3,1)\},$$
$$\cdots$$
$$\{X = 12\} = \{(6,6)\}.$$

X 是随机变量,它取各个可能值的概率列于下表:

X	2	3	4	5	6	7	8	9	10	11	12
P	$\frac{1}{36}$	$\frac{2}{36}$	$\frac{3}{36}$	$\frac{4}{36}$	$\frac{5}{36}$	$\frac{6}{36}$	$\frac{5}{36}$	$\frac{4}{36}$	$\frac{3}{36}$	$\frac{2}{36}$	$\frac{1}{36}$

在许多实际问题中,我们往往只关心随机变量 X 取值落在某区间 $(a, b]$ 上的概率($a < b$),由于 $\{a < X \leqslant b\} = \{X \leqslant b\} - \{X \leqslant a\}$,于是只要知道对任意 $x \in \mathbf{R}$,事件 $\{X \leqslant x\}$ 发生的概率,那么 X 落在区间 $(a, b]$ 上的概率就立即可得. 为此,我们引入随机变量的分布函数,它完整地描述了随机变量取值的统计规律性.

定义 2 设 X 是一随机变量,考虑定义在实轴上的实值函数 $F(x)$:

$$F(x) = P(X \leqslant x), \quad x \in (-\infty, +\infty), \tag{2-1}$$

称此实值函数 $F(x)$ 为随机变量 X 的**分布函数**. 有时,为强调它是 X 的分布函数,也可记为 $F_X(x)$.

由定义 2 立刻得到

$$P(a < X \leqslant b) = F(b) - F(a).$$

容易证明,分布函数 $F(x)$ 有如下基本性质:

(ⅰ) $0 \leqslant F(x) \leqslant 1$;

(ⅱ) $F(x)$ 是单调不减的,即当 $x_1 < x_2$ 时,$F(x_1) \leqslant F(x_2)$;

(ⅲ) $F(-\infty) = \lim\limits_{x \to -\infty} F(x) = 0, F(+\infty) = \lim\limits_{x \to +\infty} F(x) = 1$;

(ⅳ) $F(x)$ 是右连续函数,即 $\lim\limits_{x \to x_0^+} F(x) = F(x_0)$,对任意的 $x_0 \in \mathbf{R}$ 均成立.

有了分布函数,就可很容易求出关于随机变量 X 的许多概率问题.

例如
$$P(X = a) = F(a) - F(a - 0);$$
$$P(X < a) = F(a - 0);$$
$$P(X > a) = 1 - F(a);$$
$$P(X \geqslant a) = 1 - F(a - 0).$$

综上所述,分布函数是一种分析性质良好的函数,便于处理,而给定了分布就能算出各种事件的概率,因此引进分布函数使许多概率论问题得以简化而归结为函数的运算,这样就能利用高等数学的知识来解决概率问题.

§2.2 离散型随机变量及其分布律

若用随机变量 X 表示掷一颗骰子所得到的点数,其全部可能取值仅有有限多个:1,2,3,4,5,6. 若用随机变量 Y 表示直到首次击中目标为止所进行的射击次数,则 Y 的全部可能取值为 1,2,3,…,有可列无穷多个. 当把上述 X 或 Y 的全部可能取值描绘在数轴上时,它们无非是数轴上一些离散的点. 因此,我们称这类随机变量为**离**

散型随机变量.

定义 3 如果一个随机变量的全部可能取值,只有有限多个或可列无穷多个,则称它是**离散型随机变量**.

对于一个离散型随机变量所描绘的随机试验,我们不但关心该随机试验都有哪些可能结果,而且更关心各个结果出现的可能性大小. 掌握了这两点,就掌握了该随机试验的概率规律. 因此,对于离散型随机变量,我们不仅要了解它可能取到什么值,更应了解它取各可能值的概率. 为此引入了离散型随机变量的概率分布律的概念.

定义 4 设离散型随机变量 X 的全部可能取值为 $x_1, x_2, \cdots$, X 取各个可能值相应的概率为

$$p_i = P(X = x_i) \quad i = 1, 2, \cdots, \tag{2-2}$$

或写成下述形式

X	x_1	x_2	$\cdots$	x_i	$\cdots$
P	p_1	p_2	$\cdots$	p_i	$\cdots$

$$\tag{2-3}$$

我们称式(2-2)或式(2-3)为离散型随机变量 X 的**概率分布律**(或**分布列**). 通常,简称为 X 的**分布律**.

一般地,将 X 的各个可能取值,按从小到大的次序排列,$p_i = 0$ 的项不必列出.

显然,分布律应满足下面关系:

(ⅰ) $p_i \geqslant 0 \quad i = 1, 2, \cdots$;

(ⅱ) $\displaystyle\sum_{i=1}^{\infty} P(X = x_i) = \sum_{i=1}^{\infty} p_i = 1$.

有了分布列,可以通过下式求得分布函数

$$F(x) = P(X \leqslant x) = \sum_{i: x_i \leqslant x} P(X = x_i) = \sum_{i: x_i \leqslant x} p_i. \tag{2-4}$$

下面介绍几种最常用的离散型随机变量的概率分布律.

(1) 两点分布

若随机变量 X 只可能取值 0 和 1,它的分布律为

X	0	1
P	$1-p$	p

$(0 < p < 1)$,则称 X 服从参数为 p 的**两点分布**,两点分布又称为**0—1分布**或伯努利分布.

若某随机试验 E 只有两个可能结果,或我们仅仅关心相互对立的两类结果(例如对某产品只关心它是正品还是次品,关心某电话交换台在某时间间隔内呼叫数是小于 100 还是大于等于 100,某产品的直径长度在$[a,b]$内还是不在$[a,b]$内,等等),那么只要将其中的一个(或一类)结果对应于数字 1,另外的结果对应于数字 0,于是就可以用两点分布的随机变量来描述有关的随机事件.

(2) 二项分布

产生二项分布的背景是 n 重伯努利试验,即将一个试验独立地重复进行 n 次,而每次试验只关心某结果 A 是否出现. 现在来研究在这 n 次试验中,结果 A 出现次数 X 的概率分布.

先举一个简单的例子:设一批产品的废品率为 0.1,每次抽取 1 个,观察后放回,下次再取 1 个,共重复 3 次. 这是一个 3 重伯努利试验. 若令 X 表示 3 次中抽到废品的个数,求事件$\{X=2\}$的概率. 易见,事件$\{X=2\}$包括以下三种情况:$\omega_1 =$(废,废,正),$\omega_2 =$(废,正,废),$\omega_3 =$(正,废,废),而每一种情况出现的概率均为 $0.1^2 \times 0.9$,从而

$$P(X=2) = 3 \times 0.1^2 \times 0.9 = C_3^2 (0.1)^2 \times 0.9.$$

一般来说,在 n 重伯努利试验中,若每次试验中,事件 A 出现的概率 $P(A) = p \ (0 < p < 1)$,则事件 A 出现的次数 X 的概率分布律为:

$$P(X=k) = C_n^k p^k (1-p)^{n-k}, \quad k=0,1,2,\cdots,n. \qquad (2\text{-}5)$$

当一个随机变量 X 具有形如式(2-5)的分布律时,则称 X 服从参数为 n,p 的**二项分布**,记为 $X \sim B(n,p)$.

注意,当 $n=1$ 时,二项分布就退化为两点分布,记为 $B(1,p)$.

例 2 某厂长有 7 个顾问,假定每个顾问贡献正确意见的概率为 0.6,且顾问与顾问之间是否贡献正确意见相互独立. 现对某事可行与否个别征求各顾问的意见,并按多数顾问的意见作出决策,试求作出正确决策的概率.

解 以 X 表示 7 个顾问中贡献正确意见的人数,则所求概率为

$$P(X \geqslant 4) = P(X=4) + P(X=5) + P(X=6) + P(X=7)$$

$$= \sum_{k=4}^{7} C_7^k (0.6)^k (0.4)^{7-k} = 0.7102.$$

例 3 设有 80 台机器,每台机器发生故障的概率都是 0.01,设机器之间发生故障与否相互独立,假设每厂维修工人只能同时维修一台机器,试问配备三个维修工人共同维修 80 台与配备四个维修工人,每人承包 20 台,哪一种方式不能及时维修的概率较小.

解 (ⅰ) 按第一种方式,以 X 表示这 80 台机器中需要维修的机器的台数,则不能及时维修的概率为

$$P(X \geqslant 4) = \sum_{k=4}^{80} C_{80}^k (0.01)^k (0.99)^{80-k} = 0.0091.$$

(ⅱ) 按第二种方式:记 A_i 为"第 i 个人承包的 20 台机器不能及时维修",$i=1,2,3,4$,则所求概率为 $P(A_1 \cup A_2 \cup A_3 \cup A_4)$. 因为

$$P(A_1 \cup A_2 \cup A_3 \cup A_4) \geqslant P(A_1) = \sum_{k=2}^{20} C_{20}^k (0.01)^k (0.99)^{20-k}$$

$$= 0.0175.$$

从上述计算结果可以看出,还是以第一种方式为好,按第一种方式 3 个人共同维修 80 台机器不能及时维修的概率较小.

例 4 设某汽车从甲地开往乙地,途中有 10 盏红绿灯,而每盏红绿灯独立地以 0.4 的概率禁止汽车通行,试求:

(ⅰ) 10 盏红绿灯全部顺利通过的概率;

(ⅱ) 该车恰在三盏红绿灯前停车的概率;

(ⅲ) 该车在第 8 盏红绿灯处恰为第 4 次停车的概率.

解 (ⅰ) $P_1 = (1-0.4)^{10} = (0.6)^{10}$;

(ⅱ) $P_2 = C_{10}^3 (0.4)^3 (0.6)^7$;

(ⅲ) 由于在第 8 盏灯处恰为第 4 次停车,那么第 8 盏灯处需停车,且前面 7 盏红绿灯处其中恰有 3 处停车,因此所求概率为

$$P_3 = C_7^3 (0.4)^3 (0.6)^4 \times (0.4)$$

$$= C_7^3 (0.4)^4 (0.6)^4.$$

(3) 几何分布

几何分布产生的背景,依然是 n 重伯努利试验,不过,现在讨论

的是在伯努利试验中事件 A 在第 k 次试验中首次发生的概率,要使事件 A 在第 k 次试验中首次发生,必须而且只需在前 $k-1$ 次试验中 A 均不发生即 $\overline{A}$ 发生,而第 k 次试验 A 发生,因此若沿用推导二项概率公式时所用记号 A_i 及 $\overline{A}_i$,则这事件(记为 W_k)可表示为

$$W_k = \overline{A}_1\overline{A}_2\cdots\overline{A}_{k-1}A_k,$$

利用事件的独立性,其概率为

$$P(W_k) = P(\overline{A}_1)P(\overline{A}_2)\cdots P(\overline{A}_{k-1})P(A_k)$$
$$= (1-p)^{k-1}p, \quad k=1,2,\cdots, \tag{2-6}$$

我们把具有式(2-6)分布律的随机变量 X,称其服从参数为 p 的**几何分布**,记为 $X \sim G(p)$.

例5 一个人要开门,他共有 n 把钥匙,其中仅有一把是能打开这门的,他随机地选取一把钥匙开门,即在每次试开时每一把钥匙都以概率 $\dfrac{1}{n}$ 被使用,这人在第 s 次试开成功的概率是多少.

解 这是一个伯努利试验,$p = \dfrac{1}{n}$,故所求概率为

$$P = \left(\frac{n-1}{n}\right)^{s-1} \cdot \frac{1}{n}.$$

(4) 超几何分布

产生超几何分布的背景之一是产品的不放回抽样问题. 假定在 N 件产品中有 M 件次品,即这批产品的次品率 $p = \dfrac{M}{N}$. 从这批产品中,抽取 n 次,每次抽 1 件,抽后不放回(或者说,从这批产品中任取 n 件). 令 X 表示抽出的 n 件中的次品数,显然

$$P(X=k) = \frac{C_M^k C_{N-M}^{n-k}}{C_N^n}, \quad k=0,1,2,\cdots,n. \tag{2-7}$$

这里,自然约定:当 $j > i$ 时,$C_i^j = 0$. 实际上,式(2-7)中的 k 应满足 $0 \leqslant k \leqslant \min\{n, M\}$.

当一个随机变量 X 具有形如式(2-7)的分布律时,则称 X 服从参数为 N, M, n 的**超几何分布**.

例6 设从某厂生产的 1000 件产品中,随机抽查 20 件. 若该厂产品的次品率为 0.2. 令 X 表示抽查的这 20 件中的次品的件数. 试

求 X 的分布律.

解 依题意,这里是不放回抽样,因此,X 应服从超几何分布

$$P(X=k)=\frac{C_{200}^k C_{800}^{20-k}}{C_{1000}^{20}},$$

其中 $k=0,1,2,\cdots,20$.

若按上式计算,组合数 C_{200}^k, C_{800}^{20-k}, C_{1000}^{20} 的计算很不方便.

如果注意到这批产品的总数很大,而抽查的产品数相对很小. 因而,不妨把不放回抽样近似地当作放回抽样处理,不会产生多大的误差. 而放回抽样可看成 n 重伯努利试验,从而,可近似地认为:$X \sim B(20,0.2)$. 于是

$$P(X=k) \approx C_{20}^k (0.2)^k (0.8)^{20-k}, \quad k=0,1,2,\cdots,20.$$

按上式计算 X 的分布律,就方便得多了. 有时,亦可借助于二项分布表计算.

一般来说,若从 N 件产品中,随机抽取 n 件,只要 $N \geqslant 10n$,不放回抽样就可近似按放回抽样来处理,超几何分布就可用二项分布来近似,即$\left(\text{其中 } p=\dfrac{M}{N}\right)$

$$\frac{C_M^k C_{N-M}^{n-k}}{C_N^n} \approx C_n^k p^k (1-p)^{n-k}, \quad k=0,1,2,\cdots,n. \tag{2-8}$$

实际计算表明,这样处理所引起的误差是较小的(只要 $N \geqslant 10n$).

(5) 泊松(Poisson)分布

在二项分布的概率计算中,当试验次数 n 很大,而在每次试验中某事件 A 发生的概率 p 很小时,可以证明,有如下泊松近似公式成立:

$$C_n^k p^k (1-p)^{n-k} \approx \frac{\lambda^k}{k!} e^{-\lambda}, \quad k=0,1,2,\cdots, \tag{2-9}$$

其中 $\lambda=np$. 式(2-9)的右端就是我们下面所研究的泊松分布的概率分布表达式.

如果一个随机变量 X 的分布律为

$$P(X=k)=\frac{\lambda^k}{k!} e^{-\lambda}, \quad k=0,1,2,\cdots, \tag{2-10}$$

其中 $\lambda>0$,则称 X 服从参数为 λ 的**泊松分布**,记为 $X \sim P(\lambda)$.

泊松分布是概率论中最重要的分布之一,首先是已经发现有许多随机现象服从泊松分布.这种情况特别集中在两个领域中,一是社会生活,对服务的各种要求:例如电话交换台中来到的呼叫数,公共汽车站的客流量等都近似服从泊松分布.因而在运筹学与管理科学中泊松分布占有非常突出的地位;另一领域是物理学,放射性分裂落在某区域的质点数,热电子的发射,显微镜下落在某区域中的血球或微生物的数目,等等,都服从泊松分布.其次,对泊松分布的深入研究(特别是通过随机过程的研究)已发现它具有许多特殊的性质和作用.

在实际应用中,以 n,p 为参数的二项分布,当 n 较大,p 较小时(通常,要求 $n \geq 10, p \leq 0.1, 0.1 \leq np \leq 10$),就可近似看作为以 $\lambda = np$ 为参数的泊松分布.而关于泊松分布的概率计算,可直接查泊松分布表(见附表3).

例7 在例3(ⅰ)中,$X \sim B(80,0.01)$.因为 $n=80, p=0.01$,故可近似认为 $X \sim P(\lambda)$,其中 $\lambda = np = 0.8$,故所求概率为

$$P(X \geq 4) = 1 - P(X \leq 3)$$

$$\approx 1 - \sum_{k=0}^{3} \frac{(0.8)^k}{k!} e^{-0.8} \quad (查泊松分布表)$$

$$\approx 0.0091.$$

同理,在(ⅱ)中,$X \sim B(20,0.01)$,可近似认为 $X \sim P(\lambda)$,其中 $\lambda = np = 0.2$.所求概率为

$$P(X \geq 2) = 1 - P(X \leq 1)$$

$$\approx 1 - e^{-0.2} - 0.2 \times e^{-0.2} \quad (查泊松分布表)$$

$$\approx 0.0175.$$

(6) 巴斯卡分布

在重复的伯努利试验中,用 C_k 表示在第 k 次试验中事件 A 第 r 次发生这一事件,并记其概率为 $f(k,r,p)$,要使 C_k 发生当且仅当前面 $k-1$ 次试验中,事件 A 共发生 $r-1$ 次,$\bar{A}$ 发生 $k-r$ 次,第 k 次试验中 A 发生,利用试验的独立性,得到

$$f(k,r,p) = P(C_k) = C_{k-1}^{r-1} p^{r-1} q^{k-r} \cdot p$$

$$= C_{k-1}^{r-1} p^r q^{k-r}, \quad k = r, r+1, \cdots, \quad (2-11)$$

注意到

$$\sum_{k=r}^{\infty} f(k,r,p) = \sum_{k=r}^{\infty} C_{k-1}^{r-1} p^r q^{k-r} = \sum_{l=0}^{\infty} C_{r+l-1}^{r-1} p^r q^l$$

$$= \sum_{l=0}^{\infty} C_{-r}^{l} (-1)^l p^r q^l = p^r (1-q)^{-r} = 1.$$

例 8 某售货员同时出售两包同样的书,每次售书,他等可能地任选一包,从中取出一本,直到他某次发现一包已空为止,问这时另一包中尚余 r $(r \leqslant N)$ 本书的概率为多少?这里 N 为每包书满装时的本数(这个问题也叫 Banach 问题).

解 因为两包书的售书情况相同,把售出的第一包书看作出现事件 A,而售出第二包书看作事件 $\overline{A}$,则可把售书看作伯努利试验,相应的概率 $p = \dfrac{1}{2}$.

要发现第一包书售完而第二包尚剩 r 本,应该是 A 出现 $N+1$ 次(前 N 次售完所有 N 本书;最后一次售书时发现已空)而 $\overline{A}$ 出现 $N-r$ 次,这事件的概率为

$$f\left(2N-r+1, N+1, \frac{1}{2}\right) = C_{2N-r}^{N} \left(\frac{1}{2}\right)^{2N-r+1},$$

对于第二包售完的情况可同样考虑,因此所求的概率为

$$2 \cdot f\left(2N-r+1, N+1, \frac{1}{2}\right) = C_{2N-r}^{N} \left(\frac{1}{2}\right)^{2N+r}.$$

§2.3 连续型随机变量及其概率密度

在物理学中,为了描述一个非匀质细棒的质量分布状况,引入了质量线密度的概念. 假定一个连续质点系分布在数轴上. 令 $m(x)$ 表示分布区间 $(-\infty, x]$ 上的质量,即质量分布函数. 设 $\Delta x > 0$,那么 $\dfrac{m(x+\Delta x) - m(x)}{\Delta x}$ 表示在 $(x, x+\Delta x]$ 区间上,每单位长度平均分布的质量,即平均质量线密度.

称 $\rho(x) = \lim\limits_{\Delta x \to 0} \dfrac{m(x+\Delta x) - m(x)}{\Delta x}$ 为该质点系的质量线密度函数. 当 $\rho(x)$ 在某点 x_0 处的数值较大,则表明分布在 x_0 点附近的质

量较密集;反之,则较稀疏.易见,

$$\rho(x)=\frac{\mathrm{d}m(x)}{\mathrm{d}x}, \quad m(x)=\int_{-\infty}^{x}\rho(t)\mathrm{d}t,$$

而 $\int_{a}^{b}\rho(x)\mathrm{d}x$ 则表示分布在区间 $[a,b]$ 上的质量. 由此可见,质量线密度函数 $\rho(x)$,完全可以刻画出一个连续质点系的质量分布的规律,而且它比质量分布函数更直观、更方便.

受以上启示,我们对值域是区间的随机变量也引入概率密度函数的概念.

定义 5 对于随机变量 X,如果存在一个定义域为 $(-\infty,+\infty)$ 的非负实值可积函数 $f(x)$,使得 X 的分布函数 $F(x)$ 可以表示为

$$F(x)=P(X{\leqslant}x)=\int_{-\infty}^{x}f(t)\mathrm{d}t, \quad -\infty<x<+\infty, \quad (2\text{-}12)$$

则称 X 为**连续型随机变量**,$f(x)$ 为 X 的概率分布密度函数,简称为**概率密度**.

易见,概率密度 $f(x)$ 有如下基本性质:

性质 1 $f(x)\geqslant 0$, $-\infty<x<+\infty$; $\qquad\qquad\qquad$ (2-13)

性质 2 $\int_{-\infty}^{+\infty}f(x)\mathrm{d}x=1$; $\qquad\qquad\qquad\qquad$ (2-14)

性质 3 对于任意的实数 a,b $(a<b)$,都有

$$P(a<X{\leqslant}b)=\int_{a}^{b}f(x)\mathrm{d}x. \qquad (2\text{-}15)$$

通常,我们称 $y=f(x)$ 的图形为**分布密度曲线**. 这时性质 1 的几何意义是分布密度曲线总是位于 x 轴上方.性质 2 的几何意义是分布密度曲线与 x 轴之间的总面积为 1.性质 3 的几何意义是 X 取值于任一区间 (a,b) 的概率等于以 (a,b) 区间为底,以分布密度曲线为顶的曲边梯形的面积(见图 2-1).而 X 的分布函数 $F(x)$ 的几何意义是分布密度曲线 $y=f(x)$ 以下,x 轴上方,从 $-\infty$ 到 x 的一块面积之值(见图 2-2).

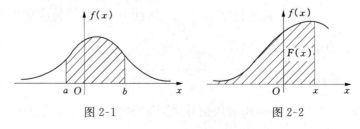

图 2-1 $\qquad\qquad\qquad\qquad\qquad$ 图 2-2

性质 4 作为性质 3 的推广,对于实数轴上任意一个集合 $S(S$ 可以是若干个区间的并),

$$P(X \in S) = \int_S f(x) \mathrm{d}x. \qquad (2\text{-}16)$$

由此可见,概率密度函数可完全刻画出连续型随机变量的概率分布规律.

由以上诸性质可以看出,使用概率密度函数描述连续型随机变量的概率分布规律,要比使用分布函数方便得多,直观得多. 尽管我们借助于分布函数,可以统一描述任何类型的随机变量取值的概率规律,但是,对于离散型随机变量,我们总喜欢使用分布律,而对于连续型随机变量,总喜欢使用概率密度.

上面讨论了概率密度的性质,利用这些性质,我们接下来研究连续型随机变量的性质.

设 X 是一个连续型随机变量,$f(x)$ 是 X 的概率密度,C 为任一常数,$h > 0$,则

$$0 \leqslant P(X=C) \leqslant P(C-h < X \leqslant C) = \int_{C-h}^{C} f(x) \mathrm{d}x.$$

$$0 \leqslant P(X=C) \leqslant \lim_{h \to 0^+} \int_{C-h}^{C} f(x) \mathrm{d}x = 0,$$

即

$$P(X=C) = 0. \qquad (2\text{-}17)$$

这表明连续型随机变量取任一特定值的概率均为零. 这个性质和在物理学中认为一个连续质点系在任一点上的质量均为零是一样的. 注意到在理论上认为,一个几何点是无大小的,就不难理解这一性质.

由此,对于连续型随机变量 X,当 $a < b$ 时

$$P(a < X < b) = P(a < x \leqslant b) = P(a \leqslant x < b) = P(a \leqslant x \leqslant b)$$

$$\left(= F(b) - F(a) = \int_a^b f(x) \mathrm{d}x \right). \qquad (2\text{-}18)$$

但是,对于离散型随机变量上述等式未必成立.

由于连续型随机变量 X 的分布函数

$$F(x) = \int_{-\infty}^{x} f(t)\mathrm{d}t,$$

由微积分知识可知,$F(x)$ 必定在 $(-\infty, +\infty)$ 上连续,并且在 $f(x)$ 的连续点处,$\dfrac{\mathrm{d}F(x)}{\mathrm{d}x} = F'(x) = f(x)$,即概率密度是分布函数的导数,而分布函数是概率密度的一个特定的原函数.

注意:当已知一个随机变量 X 的分布函数 $F(x)$ 处处连续,并且除去个别点外,导函数 $F'(x)$ 存在且连续,则 $F'(x)$ 就可认为是一个连续型随机变量 X 的概率密度函数. 至于在那些个别点处,可任意规定 $F'(x)$ 的值,通常可规定为零. 这是因为根据微积分的知识,改变一个定积分中的被积函数在个别点处的值,并不影响其积分值. 这时,仍有

$$F(x) = \int_{-\infty}^{x} F'(t)\mathrm{d}t.$$

按上述规定的 $F'(x)$ 都是连续型随机变量 X 的概率密度. 由此可见,一般来说,一个连续型随机变量的概率密度函数不唯一,也不一定连续,它允许在个别点上取不同的值. 但是它们的分布函数都相同,因而不影响我们研究它的概率分布.

例9 设连续型随机变量 X 的分布函数为

$$F(x) = \begin{cases} \dfrac{1}{2}\mathrm{e}^{x}, & x < 0, \\ \dfrac{1}{2} + \dfrac{x}{4}, & 0 \leqslant x < 2, \\ 1, & x \geqslant 2, \end{cases}$$

试求 X 的概率密度.

解 显然,$F(x)$ 处处连续,除去 $x=0$ 及 $x=2$ 这两点之外,$F'(x)$ 存在且连续. 但 $F(x)$ 在 $x=0$ 及 $x=2$ 点均不可导.

当 $x < 0$ 时,$F'(x) = \dfrac{1}{2}\mathrm{e}^{x}$;

当 $0 < x < 2$ 时,$F'(x) = \dfrac{1}{4}$;

当 $x > 2$ 时,$F'(x) = 0$.

可规定,当 $x=0$ 或 $x=2$ 时,$F'(x)=0$. 从而得,X 的概率密度

$$f_1(x)=\begin{cases} \dfrac{1}{2}e^x, & x<0, \\ 0, & x=0, \\ \dfrac{1}{4}, & 0<x<2, \\ 0, & x\geqslant 2. \end{cases}$$

如果对 $F(x)$ 分段求导得

$$f_2(x)=\begin{cases} \dfrac{1}{2}e^x, & x<0, \\ \dfrac{1}{4}, & 0\leqslant x<2, \\ 0, & x\geqslant 2, \end{cases}$$

它仍是 X 的概率密度.

应着重指出,连续型随机变量的另一个特点是它的全部可能取值总是充满一个区间(或若干个区间的并),这个区间可以是有限的,也可以是无限的.

例 10 设随机变量 X 具有概率密度

$$f(x)=\begin{cases} kx^2, & 0\leqslant x<2, \\ kx, & 2\leqslant x\leqslant 3, \\ 0, & \text{其他}. \end{cases}$$

(ⅰ)求常数 k;

(ⅱ)求 X 的分布函数;

(ⅲ)求概率 $P\left(1<X<\dfrac{5}{2}\right)$.

解 (ⅰ)由 $\displaystyle\int_{-\infty}^{+\infty} f(x)\mathrm{d}x=1$,得

$$\int_0^2 kx^2\mathrm{d}x+\int_2^3 kx\mathrm{d}x=1,$$

解之得 $k=\dfrac{6}{31}$,即 X 的概率密度为

$$f(x)=\begin{cases} \dfrac{6}{31}x^2, & 0\leqslant x<2, \\ \dfrac{6}{31}x, & 2\leqslant x\leqslant 3, \\ 0, & \text{其他}. \end{cases}$$

（ⅱ）X 的分布函数

$$F(x)=\begin{cases}0, & x<0,\\[2mm]\displaystyle\int_0^x\frac{6}{31}t^2\mathrm{d}t, & 0\leqslant x<2,\\[3mm]\displaystyle\int_0^2\frac{6}{31}t^2\mathrm{d}t+\int_2^x\frac{6}{31}t\mathrm{d}t, & 2\leqslant x<3,\\[2mm]1, & x\geqslant3,\end{cases}$$

即 X 的分布函数为

$$F(x)=\begin{cases}0, & x<0,\\[2mm]\dfrac{2}{31}x^3, & 0\leqslant x<2,\\[3mm]\dfrac{3}{31}x^2+\dfrac{4}{31}, & 2\leqslant x<3,\\[2mm]1, & x\geqslant3.\end{cases}$$

（ⅲ）$P\left(1<X<\dfrac{5}{2}\right)=\displaystyle\int_1^{\frac{5}{2}}f(x)\mathrm{d}x=\int_1^2\frac{6}{31}x^2\mathrm{d}x+\int_2^{\frac{5}{2}}\frac{6}{31}x\mathrm{d}x$

$\qquad\qquad\qquad =\dfrac{83}{124}.$

下面介绍几种常见的连续型随机变量,它们在实际应用和理论研究中经常被引用.

（1）均匀分布

若连续型随机变量 X 的概率密度

$$f(x)=\begin{cases}\dfrac{1}{b-a}, & a<x<b,\\[3mm]0, & \text{其他},\end{cases}\qquad\qquad(2\text{-}19)$$

则称 X 服从区间 (a,b) 上的**均匀分布**[①],记为 $X\sim U(a,b)$（或 $X\sim R(a,b)$）.

对于在区间 (a,b) 上均匀分布的随机变量,它落在任一长度为 l 的子区间 (c,d)（$a\leqslant c\leqslant d\leqslant b$）上的概率为

$$\int_c^d f(x)\mathrm{d}x=\int_c^d\frac{1}{b-a}\mathrm{d}x=\frac{d-c}{b-a}=\frac{l}{b-a}.$$

此概率与子区间的长度成正比,而与子区间的起点无关,这也是均

---

① 类似可以定义 [a,b],[a,b) 及 (a,b] 上的均匀分布.

匀分布名称的由来.X 的分布函数为

$$F(x) = \begin{cases} 0, & x < a, \\ \dfrac{x-a}{b-a}, & a \leqslant x < b, \\ 1, & x \geqslant b. \end{cases} \qquad (2\text{-}20)$$

$f(x)$,$F(x)$ 的图形如图 2-3,2-4 所示.

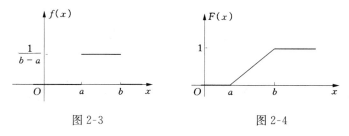

图 2-3   图 2-4

在研究四舍五入引起的误差时,常用到均匀分布.若在数值计算中,数据只保留到小数点后的第四位,而小数点后第五位上的数字按四舍五入处理.对于随机输入的数据,若用 $\hat{x}$ 表示其真值,用 x 表示舍入后的值.通常认为,随机输入的数据误差 $X = \hat{x} - x$ 服从区间 $(-0.5 \times 10^{-4}, 0.5 \times 10^{-4})$ 上的均匀分布.据此,可对经过大量运算后的数据进行误差分析.

另外,在研究等待时间的分布时,也常使用均匀分布.若每隔一定的时间 t_0,有一辆公交车通过某车站.任一随机到达车站的乘客,其候车时间 T,一般可认为服从区间 $(0, t_0)$ 上的均匀分布.

例 11 设某公交车站从上午 7 时起,每 15 分钟来一班车.某乘客在 7 时到 7 时半之间随机到达该站,试求他的候车时间不超过 5 分钟的概率.

解 设该乘客于 7 时过 X 分到达车站.依题意 $X \sim U(0, 30)$,候车时间不超过 5 分钟,即 $10 < X < 15$ 或 $25 < X < 30$,故所求概率为

$$P(10 < X < 15) + P(25 < X < 30) = \int_{10}^{15} \frac{1}{30} \mathrm{d}x + \int_{25}^{30} \frac{1}{30} \mathrm{d}x = \frac{1}{3}.$$

（2）指数分布

若随机变量 X 的概率密度

$$f(x) = \begin{cases} \lambda e^{-\lambda x}, & x \geqslant 0, \\ 0, & x < 0, \end{cases} \qquad (2\text{-}21)$$

其中 $\lambda > 0$ 为常数,则称 X 服从参数为 λ 的**指数分布**,记为 $X \sim E(\lambda)$. 此时有

（ⅰ） X 的分布函数 $F(x) = \begin{cases} 1-e^{-\lambda x}, & x \geq 0, \\ 0, & x < 0; \end{cases}$ （2-22）

（ⅱ） $P(X>t) = e^{-\lambda t}\ (t>0)$; （2-23）

（ⅲ） $P(t_1 < X < t_2) = e^{-\lambda t_1} - e^{-\lambda t_2}\ (0 < t_1 \leq t_2)$; （2-24）

（ⅳ） 对任意的 $t>0, s>0, P(X>s+t \mid X>s) = P(X>t)$.

（2-25）

证 $P(X>s+t \mid X>s) = \dfrac{P(X>s+t, X>s)}{P(X>s)} = \dfrac{P(X>s+t)}{P(X>s)}$

$$= \frac{e^{-\lambda(s+t)}}{e^{-\lambda s}} = e^{-\lambda t} = P(X>t).$$

（ⅳ）式的直观意义又可解释如下:若令 X（小时）表示某一电子元件的寿命.（ⅳ）式意味着:一个已经使用了 s 小时未损坏的电子元件,能够再继续使用 t 小时以上的概率,与一个新的电子元件能够使用 t 小时以上的概率相同.这似乎有点不可思议.实际上,它表明该电子元件的损坏,纯粹是由随机因素造成的,元件的衰老作用并不显著.

我们通常戏称指数分布是"永远年轻"的分布.又称性质（ⅳ）为指数分布的"无记忆性".所谓无记忆,是说它忘记自己已经生活了 s 年,它再继续生活 t 年以上的概率与新生儿能生活 t 年以上的概率一样.

正因为指数分布的这一特性,它在实际问题中有许多重要应用,如某种无线电元件的寿命,随机服务系统中的服务时间等都常服从或近似服从指数分布.

例 12 设顾客在某银行的窗口等待服务的时间 X（单位:分钟）服从参数 $\lambda = \dfrac{1}{5}$ 的指数分布,某顾客在窗口等待服务,若超过 10 分钟,他就离开.他一个月内到银行 5 次,令 Y 表示一个月以内他未等到服务而离开窗口的次数.试求 Y 的分布列及 $P(Y \geq 1)$.

解 因为 X 服从 $\lambda = \dfrac{1}{5}$ 的指数分布,所以 X 的密度函数为

$$f(x) = \begin{cases} \dfrac{1}{5}\mathrm{e}^{-\frac{x}{5}}, & x \geqslant 0, \\ 0, & x < 0. \end{cases}$$

令 $A = \{$该顾客某次未受到服务$\}$,则

$$P(A) = P(X > 10) = \frac{1}{5}\int_{10}^{+\infty} \mathrm{e}^{-\frac{x}{5}}\,\mathrm{d}x = -\mathrm{e}^{-\frac{x}{5}}\Big|_{10}^{+\infty} = \mathrm{e}^{-2}.$$

由于观察该顾客一个月内未受到服务而离开银行相当于做 5 重伯努利试验,故 $Y \sim B(5, \mathrm{e}^{-2})$. 因此 Y 的分布列为

$$P(Y = k) = C_5^k (\mathrm{e}^{-2})^k (1 - \mathrm{e}^{-2})^{5-k}, \quad k = 0, 1, 2, \cdots, 5,$$

由此,得

$$P(Y \geqslant 1) = 1 - P(Y < 1) = 1 - P(Y = 0)$$
$$= 1 - (1 - \mathrm{e}^{-2})^5 = 0.5167.$$

(3)正态分布

若连续型随机变量 X 具有概率密度函数

$$f(x) = \frac{1}{\sqrt{2\pi}\sigma}\mathrm{e}^{-\frac{(x-\mu)^2}{2\sigma^2}}, \quad -\infty < x < +\infty \qquad (2\text{-}26)$$

其中 $\mu, \sigma(\sigma > 0)$ 是两个常数,则称 X 服从参数为 μ, σ 的**正态分布**,记为 $X \sim N(\mu, \sigma^2)$. 这时又称 X 是**正态变量**.

正态概率密度函数

$$f(x) = \frac{1}{\sqrt{2\pi}\sigma}\mathrm{e}^{-\frac{(x-\mu)^2}{2\sigma^2}}$$

的图形是一条钟形曲线(如图 2-5 所示),我们称之为**正态曲线**.

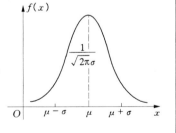

图 2-5

容易知道,正态曲线 $y = f(x)$ 具有如下性质:

(ⅰ)曲线关于直线 $x = \mu$ 对称;

(ⅱ)当 $x = \mu$ 时,$f(x)$ 达到最大值 $\dfrac{1}{\sqrt{2\pi}\sigma}$;

(ⅲ)曲线以 x 轴为其渐近线;

(ⅳ)当 $x = \mu \pm \sigma$ 时,曲线有拐点;

（ⅴ）若固定 σ,改变 μ 的值,则曲线的位置沿 x 轴平移,曲线形状不发生改变;

（ⅵ）若固定 μ,改变 σ 的值,σ 越小,曲线的峰顶越高,曲线越陡峭;σ 越大,曲线的峰顶越低,曲线越平坦(如图 2-6 所示).

正态分布的参数 μ,σ 有着鲜明的概率意义:σ 的大小表示正态变量取值的集中或分散程度.σ 越大,其取值也就越分散.而参数 μ 则反映了正态变量的平均取值及取值的集中位置.当我们学习第 3 章时,μ 和 σ^2 的意义就更加清楚,它们分别是正态变量的均值与方差.

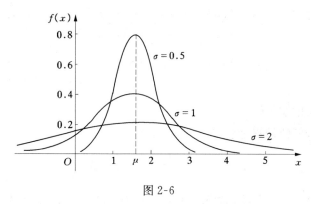

图 2-6

设 $X \sim N(\mu,\sigma^2)$,则其分布函数为

$$F(x)=\int_{-\infty}^{x} \frac{1}{\sqrt{2\pi}\sigma} e^{-\frac{(t-\mu)^2}{2\sigma^2}} \mathrm{d}t, \quad -\infty<x<+\infty, \quad (2\text{-}27)$$

特别地,当 $\mu=0$,$\sigma=1$ 时,我们称 X 为**标准正态变量**.记为 $X \sim N(0,1)$,其概率密度用 $\varphi(x)$ 表示,分布函数用 $\Phi(x)$ 表示,即有

$$\varphi(x)=\frac{1}{\sqrt{2\pi}} e^{-\frac{x^2}{2}}, \quad -\infty<x<+\infty, \quad (2\text{-}28)$$

$$\Phi(x)=\int_{-\infty}^{x} \frac{1}{\sqrt{2\pi}} e^{-\frac{t^2}{2}} \mathrm{d}t, \quad -\infty<x<+\infty, \quad (2\text{-}29)$$

$\varphi(x)$,$\Phi(x)$ 的图形如图 2-7,2-8 所示,$\varphi(x)$ 的图形关于 y 轴对称,因此,对于任意实数 x,必有

$$\varphi(x)=\varphi(-x), \quad (2\text{-}30)$$

$$\Phi(x)+\Phi(-x)=1. \quad (2\text{-}31)$$

人们已经编制了 $\Phi(x)$ 的函数值表,称为标准正态分布表(见书末附表 2). 今后,凡是有关标准正态分布的概率计算问题,只要查表就行了.

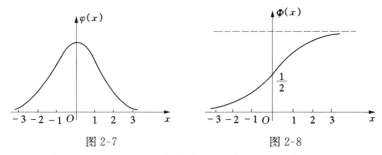

图 2-7   图 2-8

下面给出标准正态分布计算中几个常用的公式:

若随机变量 $X \sim N(0,1)$,则

(i) $P(a < X \leqslant b) = \Phi(b) - \Phi(a)$ $(a \leqslant b)$;

(ii) $P(|X| \leqslant a) = \Phi(a) - \Phi(-a) = 2\Phi(a) - 1$ $(a > 0)$;

(iii) $P(|X| > a) = 1 - P(|X| \leqslant a) = 2(1 - \Phi(a))$ $(a > 0)$.

我们下面将说明对于一般的正态变量 $X \sim N(\mu, \sigma^2)$,其分布函数可以通过标准正态变量的分布函数 $\Phi(x)$ 来计算.

事实上,设 $X \sim N(\mu, \sigma^2)$,其分布函数为 $F_X(x)$,则我们有

$$F_X(x) = \Phi\left(\frac{x - \mu}{\sigma}\right), \quad x \in \mathbf{R}. \tag{2-32}$$

证 $F_X(x) = P(X \leqslant x) = \displaystyle\int_{-\infty}^{x} \frac{1}{\sqrt{2\pi}\sigma} e^{-\frac{(t-\mu)^2}{2\sigma^2}} \, dt$

$$= \int_{-\infty}^{\frac{x-\mu}{\sigma}} \frac{1}{\sqrt{2\pi}\sigma} e^{-\frac{z^2}{2}} \cdot \sigma \, dz$$

$$= \int_{-\infty}^{\frac{x-\mu}{\sigma}} \frac{1}{\sqrt{2\pi}} e^{-\frac{z^2}{2}} \, dz = \Phi\left(\frac{x-\mu}{\sigma}\right).$$

例 13   设 $X \sim N(3, 16)$,则

$$F_X(x) = \Phi\left(\frac{x-3}{4}\right), \quad x \in \mathbf{R}.$$

设 $Y \sim N(-3, 25)$,则

$$F_Y(y) = \Phi\left(\frac{y+3}{5}\right), \quad y \in \mathbf{R}.$$

一般,若 $X \sim N(\mu,\sigma^2)$,则对于任意实数 a,b $(a \leqslant b)$,有

$$P(a \leqslant x \leqslant b) = \Phi\left(\frac{b-\mu}{\sigma}\right) - \Phi\left(\frac{a-\mu}{\sigma}\right). \qquad (2\text{-}33)$$

例如 $X \sim N(1,4)$,则

$$P(5 < X \leqslant 7.2) = \Phi\left(\frac{7.2-1}{2}\right) - \Phi\left(\frac{5-1}{2}\right)$$

$$= \Phi(3.1) - \Phi(2)$$

$$= 0.9990 - 0.9772$$

$$= 0.0218.$$

为了便于今后应用,对于标准正态分布,引入上 α 分位点的概念.

设随机变量 $X \sim N(0,1)$,其概率密度函数为 $\varphi(x)$.对于给定的数 $\alpha:0 < \alpha < 1$,称满足条件

$$P(X > u_\alpha) = \int_{u_\alpha}^{+\infty} \varphi(x)\mathrm{d}x = \alpha$$

的数 u_α 为**标准正态分布上 α 分位点**.其几何意义如图 2-9 所示.

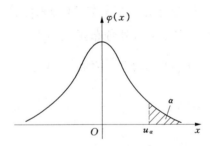

图 2-9

对于给定的 α,u_α 的值这样求得:由

$$P(X > u_\alpha) = \int_{u_\alpha}^{+\infty} \varphi(x)\mathrm{d}x = \int_{-\infty}^{+\infty} \varphi(x)\mathrm{d}x - \int_{-\infty}^{u_\alpha} \varphi(x)\mathrm{d}x$$

$$= 1 - \Phi(u_\alpha) = \alpha,$$

从而 $\qquad\qquad\qquad \Phi(u_\alpha) = 1 - \alpha.$

由附表 2 可以查出 u_α 的值.例如,当 $\alpha = 0.05$ 时,$\Phi(u_{0.05}) = 0.95$,由附表 2 可以查出 $u_{0.05} = 1.645$.

例 14 设某商店出售的白糖每包的标准重量是 500 克,设每包的重量 X(以克计)是随机变量,服从正态分布,$X \sim N(500,25)$,求:

(ⅰ) 随机抽查一包,其重量大于 510 克的概率;

(ⅱ) 随机抽查一包,其重量与标准重量之差的绝对值在 8 克以内的概率;

(ⅲ) 求常数 C,使每包的重量小于 C 的概率为 0.05.

解 (ⅰ) 所求概率为

$$P(X>510)=1-P(X\leqslant 510)=1-\Phi\left(\frac{510-500}{5}\right)$$

$$=1-\Phi(2)=1-0.9772=0.0228;$$

(ⅱ) 所求概率为

$$P(|X-500|<8)=P(492<X<508)$$

$$=\Phi\left(\frac{508-500}{5}\right)-\Phi\left(\frac{492-500}{5}\right)$$

$$=\Phi(1.6)-\Phi(-1.6)=\Phi(1.6)-[1-\Phi(1.6)]$$

$$=2\Phi(1.6)-1=2\times 0.9452-1=0.8904;$$

(ⅲ) 按题意,求常数 C,使之满足

$$P(X<C)=0.05, \text{ 即 } \Phi\left(\frac{C-500}{5}\right)=0.05,$$

由于 $\Phi(-1.65)=0.05$,即得 C 满足

$$\frac{C-500}{5}=-1.65,$$

解之得 $C=491.75$.

例 15 设随机变量 $X \sim N(\mu,\sigma^2)$,试求:

(ⅰ) $P(\mu-\sigma<X<\mu+\sigma)$;

(ⅱ) $P(\mu-2\sigma<X<\mu+2\sigma)$;

(ⅲ) $P(\mu-3\sigma<X<\mu+3\sigma)$.

解 (ⅰ) $P(\mu-\sigma<X<\mu+\sigma)=P(-\sigma<X-\mu<\sigma)$

$$=P\left(-1<\frac{X-\mu}{\sigma}<1\right)=\Phi(1)-\Phi(-1)$$

$$=0.8413-0.1587=0.6826;$$

(ⅱ) $P(\mu-2\sigma<X<\mu+2\sigma)=\Phi(2)-\Phi(-2)=0.9544;$

（iii）$P(\mu-3\sigma<X<\mu+3\sigma)=\Phi(3)-\Phi(-3)=0.9973.$

由此看出，正态变量 X 的取值大部分都落在区间 $(\mu-\sigma,\mu+\sigma)$ 内，基本上都落在区间 $(\mu-2\sigma,\mu+2\sigma)$ 内，几乎全部落在区间 $(\mu-3\sigma,\mu+3\sigma)$ 内.

从理论上讲，服从正态分布的随机变量 X 的可能取值范围是 $(-\infty,+\infty)$，但实际上，X 取区间 $(\mu-3\sigma,\mu+3\sigma)$ 之外的数值的可能性微乎其微，一般可忽略不计. 因此，实际上常常认为正态变量的可能取值范围是有限区间 $(\mu-3\sigma,\mu+3\sigma)$. 这就是所谓的正态分布的 3σ 规则. 在企业管理中，经常应用 3σ 规则，进行质量检查和工艺过程的控制.

正态分布是概率论中最重要的一种分布. 在自然现象和社会现象中，大量随机变量都服从或近似服从正态分布，因而它是自然界中最常见的分布. 例如测量的误差；炮弹落点的分布；人的生理特征的尺寸：身长，体重，等等；海洋波浪的高度；电子管或半导体器件中热噪声电流、电压等都近似服从正态分布. 一般说来，如影响某一数量指标的随机因素很多，而每个因素的随机影响所起的作用都不太大，则这个指标近似服从正态分布；另一方面，正态分布又有许多良好的性质，许多分布可用正态分布来近似，并且某些分布又可从正态分布来导出. 因此无论在实际应用中，还是在理论研究中，正态分布都起到特别重要的作用.

（4）Γ-分布

若连续型随机变量 X 具有概率密度函数

$$f(x)=\begin{cases}\dfrac{\beta^{\alpha}}{\Gamma(\alpha)}x^{\alpha-1}\mathrm{e}^{-\beta x}, & x>0,\\ 0, & x\leqslant 0,\end{cases} \tag{2-34}$$

其中

$$\Gamma(\alpha)=\int_{0}^{\infty}t^{\alpha-1}\mathrm{e}^{-t}\mathrm{d}t, \qquad \alpha,\beta>0,$$

则称 X 服从参数为 α,β 的 Γ-分布，记为 $X\sim\Gamma(\alpha,\beta)$. 特别当 $\alpha=\dfrac{n}{2}$，$\beta=\dfrac{1}{2}$ 时，又称为自由度为 n 的 χ^{2}-分布.

§2.4 随机变量函数的分布

在许多实际问题中,我们有时感兴趣于某随机变量的函数. 例如某物体的运动速度是随机变量 V,那么该物体的动能 $\frac{1}{2}mV^2$ 就是随机变量 V 的函数(其中 m 为物体的重量). 在这一节中,将讨论如何由随机变量 X 的分布,去求得它的函数 $Y=g(X)$ 的分布(其中 $g(\cdot)$ 是已知的连续函数).

例 16 设随机变量 X 的分布律为

X	-2	-1	0	1	2
P	0.3	0.2	0.1	0.3	0.1

试求:

(i) $Y=3X+2$ 的分布律;

(ii) $Z=X^2+1$ 的分布律.

解 (i) 列表

X	-2	-1	0	1	2
$Y=3X+2$	-4	-1	2	5	8
P	0.3	0.2	0.1	0.3	0.1

由上表可得 $Y=3X+2$ 的分布律:

Y	-4	-1	2	5	8
P	0.3	0.2	0.1	0.3	0.1

(ii) 列表

X	-2	-1	0	1	2
$Z=X^2+1$	5	2	1	2	5
P	0.3	0.2	0.1	0.3	0.1

由上表可得 $Z=X^2+1$ 的分布律:

Z	1	2	5
P	0.1	0.5	0.4

一般来说,若 X 的分布律为

X	x_1	x_2	$\cdots$	x_i	$\cdots$
P	p_1	p_2	$\cdots$	p_i	$\cdots$

则 $Y=g(X)$ 的分布律为

Y	$g(x_1)$	$g(x_2)$	$\cdots$	$g(x_i)$	$\cdots$
P	p_1	p_2	$\cdots$	p_i	$\cdots$

但要注意:若 $g(x_1),g(x_2),\cdots,g(x_i),\cdots$ 中有相同的值,则将相同的值合并,并将相应的概率相加.

下面讨论连续型随机变量的函数的分布.

若 X 是连续型随机变量,则 X 的函数 $Y=g(X)$,一般来说,也是一个连续型随机变量. 若已知 X 的概率密度为 $f(x)$,通常可用下述方法(一般称为**分布函数法**),求出 $Y=g(X)$ 的概率密度 $h(y)$.

(ⅰ)先由 X 的值域 Ω_X,确定出 $Y=g(X)$ 的值域 Ω_Y;

(ⅱ)对于任意的 $y\in\Omega_Y$,Y 的分布函数

$$F_Y(y)=P(Y\leqslant y)=P(g(X)\leqslant y)=P(X\in G_y)$$

$$=\int_{G_y}f(x)\mathrm{d}x, \quad (\text{其中 } G_y=\{x\,|\,g(x)\leqslant y\});$$

(ⅲ)写出 $F_Y(y)$ 在 $(-\infty,+\infty)$ 上的表达式;

(ⅳ)求导可得 $h(y)=F_Y'(y)$.

例 17 已知 $X\sim N(0,1)$,试求 $Y=X^2$ 的概率密度 $h(y)$.

解 由 X 的值域 $\Omega_X=(-\infty,+\infty)$,可确定出 $Y=X^2$ 的值域 $\Omega_Y=[0,+\infty)$.

对任意的 $y\in\Omega_Y=[0,+\infty)$,Y 的分布函数

$$F_Y(y)=P(Y\leqslant y)=P(X^2\leqslant y)=P(-\sqrt{y}\leqslant X\leqslant\sqrt{y})$$

$$=\int_{-\sqrt{y}}^{\sqrt{y}}\frac{1}{\sqrt{2\pi}}\mathrm{e}^{-\frac{x^2}{2}}\mathrm{d}x=2\int_0^{\sqrt{y}}\frac{1}{\sqrt{2\pi}}\mathrm{e}^{-\frac{x^2}{2}}\mathrm{d}x.$$

而当 $y<0$ 时,显然 $F_Y(y)=P(Y\leqslant y)=P(\varnothing)=0$,求导可得:

$$h(y)=\begin{cases}\dfrac{1}{\sqrt{2\pi}}y^{\frac{1}{2}-1}\mathrm{e}^{-\frac{y}{2}}, & y>0,\\[2mm] 0, & y\leqslant 0,\end{cases}$$

即 Y 服从自由度为 1 的 χ^2-分布.

例 18 设 X 服从区间 $(0,\pi)$ 上的均匀分布,试求 $Y = \sin X$ 的概率密度 $h(y)$.

解 由 X 的值域 $\Omega_X = (0,\pi)$,可确定出 $Y = \sin X$ 的值域 $\Omega_Y = (0,1]$.

当 $y \in (0,1]$ 时,Y 的分布函数

$$F_Y(y) = P(Y \leqslant y) = P(\sin X \leqslant y)$$

$$= P(X \in (0, \arcsin y] \bigcup [\pi - \arcsin y, \pi)) \text{ (参见图 2-10)}$$

$$= \int_0^{\arcsin y} \frac{1}{\pi} \mathrm{d}x + \int_{\pi - \arcsin y}^{\pi} \frac{1}{\pi} \mathrm{d}x$$

$$= \frac{2}{\pi} \arcsin y,$$

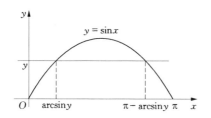

图 2-10

显然,当 $y \leqslant 0$ 时,$F_Y(y) = 0$;当 $y > 1$ 时,$F_Y(y) = 1$. 从而 Y 的概率密度函数为

$$h(y) = F_Y{}'(y) = \begin{cases} \dfrac{2}{\pi} \dfrac{1}{\sqrt{1-y^2}}, & 0 < y < 1, \\ 0, & \text{其他.} \end{cases}$$

另外,再简要介绍一种求随机变量函数分布的公式法:

定理 1 设随机变量 X 的概率密度为 $f(x)$,$-\infty < x < +\infty$. 函数 $y = g(x)$ 严格单调且反函数 $x = g^{-1}(y)$ 有连续的导函数,则 $Y = g(X)$ 的概率密度 $h(y)$ 为

$$h(y) = \begin{cases} f(g^{-1}(y)) |(g^{-1}(y))'|, & y \in \Omega_Y, \\ 0, & y \notin \Omega_Y, \end{cases} \tag{2-35}$$

其中 Ω_Y 是 $Y = g(X)$ 的值域.

证明略.

此外,若 $y=g(x)$ 分段严格单调且在每个分段区间存在反函数 $g_1^{-1}(y),g_2^{-1}(y),\cdots,g_n^{-1}(y)$,假定 $(g_1^{-1}(y))',(g_2^{-1}(y))',\cdots,(g_n^{-1}(y))'$ 均为连续函数,则 $Y=g(X)$ 的密度函数为

$$h(y)=\begin{cases} \sum_{i=1}^{n} f(g_i^{-1}(y)) \mid (g_i^{-1}(y))' \mid, & y\in\Omega_Y, \\ 0, & 其他. \end{cases}$$

在本节的最后,我们给出一个重要定理:

定理2 若随机变量 $X\sim N(\mu,\sigma^2)$,$Y=kX+b\ (k\neq0)$,则 $Y\sim N(k\mu+b,k^2\sigma^2)$,即服从正态分布的随机变量的线性函数仍服从正态分布.

证 这里 $y=kx+b\ (k\neq0)$ 是单调函数,其反函数 $x=\dfrac{y-b}{k}$,$y=kx+b$ 的值域 $\Omega_Y=(-\infty,+\infty)$,$X$ 的概率密度

$$f(x)=\frac{1}{\sqrt{2\pi}\sigma}e^{-\frac{(x-\mu)^2}{2\sigma^2}},$$

由式(2-35)可得 $Y=kX+b$ 的概率密度

$$h(y)=\frac{1}{\sqrt{2\pi}\sigma}e^{-\frac{(\frac{y-b}{k}-\mu)^2}{2\sigma^2}}\cdot\frac{1}{|k|}$$

$$=\frac{1}{\sqrt{2\pi}|k|\sigma}e^{-\frac{(y-k\mu-b)^2}{2k^2\sigma^2}},\quad(-\infty<y<+\infty),$$

即 $Y\sim N(k\mu+b,k^2\sigma^2)$.

§2.5 二维随机变量及其联合分布函数

前面只讨论了一维随机变量,但实际问题中,对于某些随机试验我们需要两个或两个以上的随机变量来加以描述.例如,为研究某一地区儿童的发育情况,对这一地区的儿童进行抽样调查,对每个抽查到的儿童同时观察其身高和体重;又如对工厂生产的某种零件,我们要同时观察其长度和直径;对每天的天气情况,我们要同时观察其最高温度及最低温度;对于炮弹的弹落点我们要同时观察它的纵坐标及横坐标,等等,以上各例中相应的两个变量都是定义在

同一样本空间上的随机变量.

定义 6　设 Ω 是某一随机试验 E 的样本空间. 若对于任意的 $\omega\in\Omega$, 都有确定的两个实数 $X(\omega),Y(\omega)$ 与之对应, 则称有序二元总体 $(X(\omega),Y(\omega))$ 为一个**二维随机变量**(或称为**二维随机向量**), 今后常简记为 (X,Y). 并称 X 和 Y 是二维随机变量 (X,Y) 的两个分量.

实际上, 二维随机变量就是定义在同一样本空间上的一对随机变量.

类似亦可引入 n 维随机变量的定义.

从几何上看, 一维随机变量可视为直线上的"随机点". 二维随机变量可视为平面上的"随机点", 即二维随机变量 (X,Y) 的取值, 可看成是平面上随机点的坐标.

注意, 我们之所以要把与同一随机试验所相应的两个随机变量 X,Y 作为一个二元整体 (X,Y) 加以研究, 而不去分别研究两个一维随机变量 X 及 Y, 其目的在于探讨 X 与 Y 的关系.

一般来说, 多维随机变量的概率分布规律, 不仅仅依赖于各分量各自的概率分布规律, 而且还依赖于各分量之间的关系. 研究多维随机变量的概率分布规律, 从中就可以发现各个分量之间的内在联系的统计规律.

与一维随机变量的讨论类似, 对于二维随机变量, 我们基本上只讨论离散型和连续型两种情况.

下面, 先研究描述任何类型的二维随机变量的概率分布规律的统一方法——联合分布函数. 然后, 再分别引入描述二维离散型与连续型随机变量各自的概率分布规律的特定方法——联合分布律与联合概率密度.

定义 7　设 (X,Y) 是二维随机变量, 二元函数

$$F(x,y)=P(\{X\leqslant x\}\bigcap\{Y\leqslant y\})=P(X\leqslant x,Y\leqslant y),$$
$$-\infty<x<+\infty,-\infty<y<+\infty, \tag{2-36}$$

被称为二维随机变量 (X,Y) 的**分布函数**, 或称为 X 和 Y 的**联合分布函数**, 如图 2-11 所示.

X 和 Y 的联合分布函数 $F(x,y)$ 有如下性质:

(ⅰ) $0\leqslant F(x,y)\leqslant 1,\ -\infty<x<+\infty,-\infty<y<+\infty$;

且$F(-\infty,y)=\lim\limits_{x\to-\infty}F(x,y)=0$,

$F(x,-\infty)=\lim\limits_{y\to-\infty}F(x,y)=0$,

$F(-\infty,-\infty)=\lim\limits_{\substack{x\to-\infty\\y\to-\infty}}F(x,y)=0$,

$F(+\infty,+\infty)=\lim\limits_{\substack{x\to+\infty\\y\to+\infty}}F(x,y)=1$;

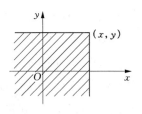

图 2-11

（ⅱ）$F(x,y)$关于x(或y)是单调非降的,
即对固定的y,当$x_1<x_2$时,$F(x_1,y)\leqslant F(x_2,y)$;

对于固定的x,当$y_1<y_2$时,$F(x,y_1)\leqslant F(x,y_2)$;

（ⅲ）$F(x,y)$关于x(或y)均为右连续,即$F(x+0,y)=F(x,y)$;
$F(x,y+0)=F(x,y)$;

（ⅳ）对于任意实数x_1,x_2,y_1,y_2,$(x_1\leqslant x_2,y_1\leqslant y_2)$,下述不等式成立:

$$F(x_2,y_2)-F(x_1,y_2)-F(x_2,y_1)+F(x_1,y_1)\geqslant 0.$$

证（ⅰ）—（ⅲ）证略,只证明（ⅳ）.

考虑二维随机变量(X,Y)的取值
落在如图 2-12 所示的阴影区域的事件
的概率

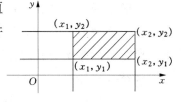

$$P(x_1<X\leqslant x_2,y_1<Y\leqslant y_2)\geqslant 0$$

即可证得.

图 2-12

下面研究二维离散型随机变量及
二维连续型随机变量.

定义 8 如果二维随机变量(X,Y)的所有可能取值只有有限对
或可列对时,则称(X,Y)为**二维离散型随机变量**.

设二维离散型随机变量(X,Y)的所有可能取值为(x_i,y_j),$i=1$,
$2,\cdots$,$j=1,2,\cdots$,且$P(X=x_i,Y=y_j)=p_{ij}$,$i,j=1,2,\cdots$,则称
$P(X=x_i,Y=y_j)=p_{ij}$,$i,j=1,2,\cdots$为二维随机变量(X,Y)的分布
律,或称为X与Y的**联合分布律**.

易知,此分布律中诸p_{ij},$i,j=1,2,\cdots$必须满足:

$$p_{ij}\geqslant 0,\quad i,j=1,2,\cdots, \tag{2-37}$$

$$\sum_{i=1}^{+\infty}\sum_{j=1}^{+\infty}p_{ij}=1. \tag{2-38}$$

此分布律亦可用表格的形式表示为

X \ Y	y_1	y_2	y_3	$\cdots$	y_j	$\cdots$
x_1	p_{11}	p_{12}	p_{13}	$\cdots$	p_{1j}	$\cdots$
x_2	p_{21}	p_{22}	p_{23}	$\cdots$	p_{2j}	$\cdots$
x_3	p_{31}	p_{32}	p_{33}	$\cdots$	p_{3j}	$\cdots$
$\vdots$	$\vdots$	$\vdots$	$\vdots$	$\vdots$	$\vdots$	$\vdots$
x_i	p_{i1}	p_{i2}	p_{i3}	$\cdots$	p_{ij}	$\cdots$
$\vdots$	$\vdots$	$\vdots$	$\vdots$	$\vdots$	$\vdots$	$\vdots$

例 19 设袋中有 $a+b$ 个球,其中 a 只红球,b 只白球. 今从中任取一球,观察其颜色后将球放回袋中,并再加入与所取的球同颜色的球 c 只,然后再从袋中任取一球,设

$$X=\begin{cases}1, & \text{第一次所取球为红球,}\\ 0, & \text{第一次所取球为白球;}\end{cases}$$

$$Y=\begin{cases}1, & \text{第二次所取球为红球,}\\ 0, & \text{第二次所取球为白球.}\end{cases}$$

求二维随机变量 (X,Y) 的分布律.

解 X 的可能取值为 $0,1$,Y 的可能取值也仅为 $0,1$,利用乘法公式有

$$P(X=1,Y=1)=P(X=1) \cdot P(Y=1|X=1)$$
$$=\frac{a}{a+b} \cdot \frac{a+c}{a+b+c},$$
$$P(X=1,Y=0)=P(X=1) \cdot P(Y=0|X=1)$$
$$=\frac{a}{a+b} \cdot \frac{b}{a+b+c},$$
$$P(X=0,Y=1)=P(X=0) \cdot P(Y=1|X=0)$$
$$=\frac{b}{a+b} \cdot \frac{a}{a+b+c},$$
$$P(X=0,Y=0)=P(X=0) \cdot P(Y=0|X=0)$$
$$=\frac{b}{a+b} \cdot \frac{b+c}{a+b+c},$$

用表格表示即为

Y\X	0	1
0	$\dfrac{b(b+c)}{(a+b)(a+b+c)}$	$\dfrac{ab}{(a+b)(a+b+c)}$
1	$\dfrac{ab}{(a+b)(a+b+c)}$	$\dfrac{a(a+c)}{(a+b)(a+b+c)}$

例 20 将一颗骰子投掷 3 次,记 X 为第一次、第二次投掷时得到 1 点的次数之差的绝对值,Y 表示第三次投掷时得到 1 点的次数,试求 X 和 Y 的联合分布律.

解 我们以 √ 表示投掷时得到 1 点,× 表示投掷时得到的不是 1 点,于是有

样本点	√√√	×√√	√×√	√√×	××√	×√×	√××	×××
概率	$\dfrac{1}{216}$	$\dfrac{5}{216}$	$\dfrac{5}{216}$	$\dfrac{5}{216}$	$\dfrac{25}{216}$	$\dfrac{25}{216}$	$\dfrac{25}{216}$	$\dfrac{125}{216}$
X	0	1	1	0	0	1	1	0
Y	1	1	1	0	1	0	0	0

从而得 X 和 Y 的联合分布律为:

Y\X	0	1
0	$\dfrac{130}{216}$	$\dfrac{26}{216}$
1	$\dfrac{50}{216}$	$\dfrac{10}{216}$

例 21 设参加高考的考生考出正常水平的概率为 α,超常发挥的概率为 β,未能考出水平的概率为 γ $(\alpha+\beta+\gamma=1)$,且设考生与考生之间水平发挥情况相互独立,今有 100 个考生参加考试,以 X 表示发挥正常水平的考生人数,以 Y 表示超常发挥的考生的人数. 试求 (X,Y) 的分布律.

解 $P(X=x,Y=y)=C_{100}^x \cdot C_{100-x}^y \cdot \alpha^x\beta^y\gamma^{100-x-y}$

$$=\frac{100!}{x!y!(100-x-y)!}\alpha^x\beta^y(1-\alpha-\beta)^{100-x-y},$$

$$x=0,1,2,\cdots,100; \quad y=0,1,2,\cdots,100-x.$$

此例 (X,Y) 的分布律称为**三项分布**,更具体的称 (X,Y) 服从参数为 $100,\alpha,\beta$ 的三项分布.

定义 9　设二维随机变量 (X,Y) 的分布函数为 $F(x,y)$，若存在某一非负可积函数 $f(x,y)$，对任意实数 x,y 均有

$$F(x,y)=\int_{-\infty}^{x}\int_{-\infty}^{y}f(u,v)\mathrm{d}u\mathrm{d}v, \tag{2-39}$$

则称 (X,Y) 为二维连续型随机变量，且称 $f(x,y)$ 为 (X,Y) 的**概率密度函数**或**概率密度**，或称为 X 和 Y 的**联合概率密度**.

同样，概率密度 $f(x,y)$ 也具有很多好的性质，例如：

（ⅰ）$f(x,y)\geqslant0$；　　　　　　　　　　　　　　　　　(2-40)

（ⅱ）$\displaystyle\int_{-\infty}^{+\infty}\int_{-\infty}^{+\infty}f(x,y)\mathrm{d}x\mathrm{d}y=1$；　　　　　　　　(2-41)

（ⅲ）若 $f(x,y)$ 在 (x_0,y_0) 连续，则

$$\left.\frac{\partial^2 F(x,y)}{\partial x\partial y}\right|_{(x_0,y_0)}=f(x_0,y_0)；\tag{2-42}$$

（ⅳ）设 D 是平面上的一个区域，则二维连续型随机变量 (X,Y) 落在 D 内的概率是概率密度函数 $f(x,y)$ 在区域 D 上的积分，即

$$P((X,Y)\in D)=\iint\limits_{D}f(x,y)\mathrm{d}x\mathrm{d}y, \tag{2-43}$$

其几何意义是 $P((X,Y)\in D)$ 的值等于以 D 为底，以曲面 $z=f(x,y)$ 为顶面的曲顶柱体的体积（参见图 2-13）.

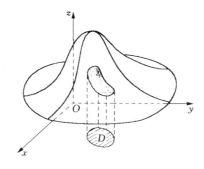

图 2-13

例 22　设二维随机变量 (X,Y) 的概率密度函数为：

$$f(x,y)=\begin{cases}kx^2y, & 0<x<y<1,\\ 0, & \text{其他}.\end{cases}$$

（ⅰ）确定常数 k；

（ⅱ）求概率 $P(X+Y\leqslant1)$.

解 （ⅰ）由 $\displaystyle\int_{-\infty}^{+\infty}\int_{-\infty}^{+\infty}f(x,y)\mathrm{d}x\mathrm{d}y=1$，以

及图 2-14 所示,得

$$\int_0^1\left[\int_0^y kx^2y\mathrm{d}x\right]\mathrm{d}y=\int_0^1\frac{k}{3}y\cdot y^3\mathrm{d}y=\frac{k}{15},$$

从而得 $k=15$.

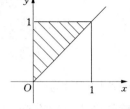

（ⅱ）$\displaystyle P(X+Y\leqslant1)=\iint\limits_{x+y\leqslant1}f(x,y)\mathrm{d}x\mathrm{d}y$

图 2-14

$$=\iint\limits_{\substack{x+y\leqslant1\\0<x<y<1}}15x^2y\mathrm{d}x\mathrm{d}y=\int_0^{\frac{1}{2}}\left(\int_x^{1-x}15x^2y\mathrm{d}y\right)\mathrm{d}x=\frac{15}{192}=\frac{5}{64}.$$

例 23 设二维随机变量 (X,Y) 具有概率密度

$$f(x,y)=\begin{cases}Cx^2y, & x^2\leqslant y\leqslant1,\\ 0, & \text{其他}.\end{cases}$$

（ⅰ）确定常数 C；

（ⅱ）求概率 $P(X>Y)$.

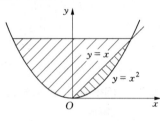

解 （ⅰ）如图 2-15 所示,知 $f(x,y)$

在图 2-15 的阴影部分 $f(x,y)\geqslant0$,其他均

为 0,故有

图 2-15

$$1=\int_{-\infty}^{+\infty}\int_{-\infty}^{+\infty}f(x,y)\mathrm{d}x\mathrm{d}y=\int_{-1}^1\left(\int_{x^2}^1 Cx^2y\mathrm{d}y\right)\mathrm{d}x=\frac{4}{21}C,$$

解之得 $C=\dfrac{21}{4}$.

（ⅱ）$\displaystyle P(X>Y)=\iint\limits_{x>y}f(x,y)\mathrm{d}x\mathrm{d}y=\int_0^1\left(\int_{x^2}^x\frac{21}{4}x^2y\mathrm{d}y\right)\mathrm{d}x=\frac{3}{20}.$

例 24 设二维随机变量 (X,Y) 具有概率密度

$$f(x,y)=\begin{cases}2\mathrm{e}^{-(2x+y)}, & x\geqslant0,y\geqslant0,\\ 0, & \text{其他}.\end{cases}$$

求 X 和 Y 的联合分布函数.

解 显然 $x<0$ 或 $y<0$ 时 $F(x,y)=0$；

当 $x\geqslant0$ 且 $y\geqslant0$ 时

$$F(x,y)=\int_0^x\int_0^y 2\mathrm{e}^{-(2u+v)}\mathrm{d}u\mathrm{d}v=(1-\mathrm{e}^{-2x})\cdot(1-\mathrm{e}^{-y}).$$

于是

$$F(x,y)=\begin{cases}(1-\mathrm{e}^{-2x})\cdot(1-\mathrm{e}^{-y}), & x\geqslant0,y\geqslant0,\\ 0, & \text{其他}.\end{cases}$$

§2.6　二维随机变量的边缘分布

前一节中讨论了二维随机变量(X,Y)作为一个整体的联合分布，而 X 和 Y 又各自是一维随机变量，它们也有各自的分布函数，分别记为 $F_X(x)$ 和 $F_Y(y)$，称其为二维随机变量(X,Y)关于 X 的**边缘分布函数**和关于 Y 的**边缘分布函数**，亦简称为 X 的**边缘分布函数**和 Y 的**边缘分布函数**.

下面将看到 X 和 Y 的联合分布函数可唯一确定边缘分布函数. 事实上：

$$F_X(x)=P(X\leqslant x)=P(X\leqslant x,Y<+\infty)=F(x,+\infty) \qquad (2\text{-}44)$$

以及

$$F_Y(y)=P(Y\leqslant y)=P(X<+\infty,Y\leqslant y)=F(+\infty,y). \qquad (2\text{-}45)$$

上两式表示，我们只要在联合分布函数 $F(x,y)$ 中，固定 x，令 $y\to+\infty$，就可得到 X 的边缘分布函数；固定 y，令 $x\to+\infty$，就可得到 Y 的边缘分布函数.

设(X,Y)是二维离散型随机变量，分布律为：

$$P(X=x_i,\ Y=y_j)=p_{ij},\quad i,j=1,2,\cdots,$$

则

$$P(X=x_i)=\sum_{j=1}^{\infty}P(X=x_i,Y=y_j)$$

$$=\sum_{j=1}^{\infty}p_{ij}\triangleq p_i.,\quad i=1,2,\cdots, \qquad (2\text{-}46)$$

$$P(Y=y_j)=\sum_{i=1}^{\infty}P(X=x_i,Y=y_j)$$

$$=\sum_{i=1}^{\infty}p_{ij}\triangleq p._j,\quad j=1,2,\cdots. \qquad (2\text{-}47)$$

显然

$$\sum_{i=1}^{\infty}p_i.=\sum_{i=1}^{\infty}\sum_{j=1}^{\infty}p_{ij}=1, \qquad (2\text{-}48)$$

$$\sum_{j=1}^{\infty}p._j=\sum_{i=1}^{\infty}\sum_{j=1}^{\infty}p_{ij}=1. \qquad (2\text{-}49)$$

我们称 $P(X=x_i)=p_i.,\ i=1,2,\cdots,$ 为 X 的**边缘分布律**，并称

$P(Y=y_j)=p_{\cdot j}$,$j=1,2,3,\cdots$,为 Y 的**边缘分布律**.

为了更形象地看出联合分布律与边缘分布律的关系,将 X 和 Y 的联合分布律 $P(X=x_i,Y=y_j)=p_{ij}$,$i,j=1,2,3,\cdots$,用表格表示,则 $p_{i\cdot}$ 就是表格上第 i 行元素的和,$p_{\cdot j}$ 就是表格上第 j 列元素的和.(见下表)

X ＼ Y	y_1	y_2	y_3	$\cdots$	y_j	$\cdots$	$P(X=x_i)$
x_1	p_{11}	p_{12}	p_{13}	$\cdots$	p_{1j}	$\cdots$	$p_{1\cdot}$
x_2	p_{21}	p_{22}	p_{23}	$\cdots$	p_{2j}	$\cdots$	$p_{2\cdot}$
$\vdots$	$\vdots$	$\vdots$	$\vdots$	$\vdots$	$\vdots$	$\vdots$	$\vdots$
x_i	p_{i1}	p_{i2}	p_{i3}	$\cdots$	p_{ij}	$\cdots$	$p_{i\cdot}$
$\vdots$	$\vdots$	$\vdots$	$\vdots$	$\vdots$	$\vdots$	$\vdots$	$\vdots$
$P(Y=y_j)$	$p_{\cdot 1}$	$p_{\cdot 2}$	$p_{\cdot 3}$	$\cdots$	$p_{\cdot j}$	$\cdots$	1

对于连续型随机变量 (X,Y),概率密度为 $f(x,y)$,则 X 的边缘分布函数 $F_X(x)$ 为

$$F_X(x)=P(X\leqslant x)=P(X\leqslant x,Y<+\infty)$$

$$=\int_{-\infty}^{x}\left[\int_{-\infty}^{+\infty}f(u,v)\mathrm{d}v\right]\mathrm{d}u,\quad x\in(-\infty,+\infty). \tag{2-50}$$

于是由概率密度的定义,知 X 亦是连续型随机变量,且 X 的边缘概率密度为

$$f_X(x)=\int_{-\infty}^{+\infty}f(x,y)\mathrm{d}y,\quad x\in(-\infty,+\infty), \tag{2-51}$$

类似地,Y 也是连续型随机变量,Y 的边缘概率密度为

$$f_Y(y)=\int_{-\infty}^{+\infty}f(x,y)\mathrm{d}x,\quad y\in(-\infty,+\infty). \tag{2-52}$$

例 25 设袋中有 a 只红球,b 只白球,今从中任意抽取一只,共取两次.记

$$X=\begin{cases}1, & 第一次所取出的球为红球,\\ 0, & 第一次所取出的球为白球;\end{cases}$$

$$Y=\begin{cases}1, & 第二次所取出的球为红球,\\ 0, & 第二次所取出的球为白球.\end{cases}$$

试就有放回与无放回两种情况,求 (X,Y) 的分布律,并求 X,Y 的边缘分布律.

解 （ⅰ）有放回情况，(X,Y) 的分布律和边缘分布律为：

X \ Y	0	1	$P(X=x_i)$
0	$\dfrac{b^2}{(a+b)^2}$	$\dfrac{ab}{(a+b)^2}$	$\dfrac{b}{a+b}$
1	$\dfrac{ab}{(a+b)^2}$	$\dfrac{a^2}{(a+b)^2}$	$\dfrac{a}{a+b}$
$P(Y=y_j)$	$\dfrac{b}{a+b}$	$\dfrac{a}{a+b}$	1

（ⅱ）无放回情况，X 和 Y 的联合分布律与边缘分布律为：

X \ Y	0	1	$P(X=x_i)$
0	$\dfrac{b}{a+b}\cdot\dfrac{b-1}{a+b-1}$	$\dfrac{b}{a+b}\cdot\dfrac{a}{a+b-1}$	$\dfrac{b}{a+b}$
1	$\dfrac{a}{a+b}\cdot\dfrac{b}{a+b-1}$	$\dfrac{a}{a+b}\cdot\dfrac{a-1}{a+b-1}$	$\dfrac{a}{a+b}$
$P(Y=y_j)$	$\dfrac{b}{a+b}$	$\dfrac{a}{a+b}$	1

比较两表即可看出，在有放回取球与无放回取球两种情况下，它们的联合分布律是不同的，但它们的边缘分布律却完全相同，此例说明了仅由边缘分布律一般不能得到联合分布.

例 26 设二维随机变量 (X,Y) 具有概率密度

$$f(x,y)=\begin{cases}48xy, & 0<x<1,\ x^3<y<x^2, \\ 0, & \text{其他}.\end{cases}$$

求边缘概率密度 $f_X(x)$ 与 $f_Y(y)$.

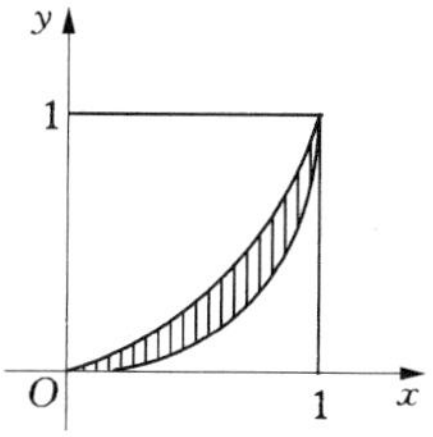

图 2-16

解 先求 X 的边缘概率密度 $f_X(x)$，由图 2.16 易知，当 $0<x<1$ 时，

$$f_X(x)=\int_{-\infty}^{+\infty} f(x,y)\mathrm{d}y=\int_{x^3}^{x^2}48xy\,\mathrm{d}y$$

$$=24(x^5-x^7);$$

当 $x\leqslant 0$ 或 $x\geqslant 1$ 时，$f_X(x)=0$.

故 X 的边缘密度为

$$f_X(x)=\begin{cases}24(x^5-x^7), & 0<x<1, \\ 0, & \text{其他}.\end{cases}$$

下面求 Y 的边缘密度 $f_Y(y)$,由图 2-16 易知,

当 $0<y<1$ 时,

$$f_Y(y)=\int_{-\infty}^{+\infty}f(x,y)\mathrm{d}x=\int_{y^{\frac{1}{2}}}^{y^{\frac{1}{3}}}48xy\mathrm{d}x=24(y^{\frac{5}{3}}-y^2);$$

且当 $y\leqslant0$ 或 $y\geqslant1$ 时,$f_Y(y)=0$,故得

$$f_Y(y)=\begin{cases}24(y^{\frac{5}{3}}-y^2), & 0<y<1,\\ 0, & 其他.\end{cases}$$

下面给出两种重要的二维连续型分布的定义,首先给出二维均匀分布的定义.

定义 10 若二维随机变量 (X,Y) 的联合概率密度为

$$f(x,y)=\begin{cases}\dfrac{1}{d}, & (x,y)\in D,\\[2mm] 0, & 其他.\end{cases}$$

其中 d 为平面区域 D 的面积 $(0<d<+\infty)$,则称 (X,Y) 服从**区域 D 上的均匀分布**.

这时,(X,Y) 只可能在区域 D 内取值,并且 (X,Y) 取值于 D 内任何子区域的概率与该子区域的面积成正比,而与该子区域的具体位置无关.可见,二维均匀分布描述的正是第 1 章所讲的二维几何概型.

例 27 设区域 A 是由 x 轴,y 轴及直线 $x+\dfrac{y}{2}=1$ 所围的三角形区域(参见图 2-17),(X,Y) 服从区域 A 上的均匀分布.试求 (X,Y) 的两个边缘概率密度 $f_X(x)$ 和 $f_Y(y)$.

解 易见区域 A 的面积为 1,(X,Y) 的联合概率密度

$$f(x,y)=\begin{cases}1, & (x,y)\in A,\\ 0, & 其他.\end{cases}$$

由于 (X,Y) 取值于区域 A,易见 X 的取值不会小于 0,也不会大于 1,从而,当 $x<0$ 或 $x>1$ 时,$f_X(x)=0$;而当 $0\leqslant x\leqslant1$ 时,

$$f_X(x)=\int_{-\infty}^{+\infty}f(x,y)\mathrm{d}y$$

$$=\int_{-\infty}^{0}0\mathrm{d}y+\int_{0}^{2(1-x)}1\mathrm{d}y+\int_{2(1-x)}^{+\infty}0\mathrm{d}y$$

$$=2(1-x),$$

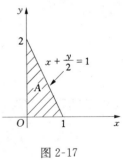

图 2-17

于是

$$f_X(x)=\begin{cases}2(1-x), & 0\leqslant x\leqslant 1,\\ 0, & \text{其他}.\end{cases}$$

同理,当 $y<0$ 或 $y>2$ 时,$f_Y(y)=0$;而当 $0\leqslant y\leqslant 2$ 时,

$$\begin{aligned}f_Y(y)&=\int_{-\infty}^{+\infty}f(x,y)\mathrm{d}x\\&=\int_{-\infty}^{0}0\mathrm{d}x+\int_{0}^{1-\frac{y}{2}}1\mathrm{d}x+\int_{1-\frac{y}{2}}^{+\infty}0\mathrm{d}x\\&=1-\frac{y}{2},\end{aligned}$$

于是

$$f_Y(y)=\begin{cases}1-\dfrac{y}{2}, & 0\leqslant y\leqslant 2,\\ 0, & \text{其他}.\end{cases}$$

下面给出二维正态变量的定义.

定义 11 设二维随机变量 (X,Y) 具有概率密度:

$$f(x,y)=\frac{1}{2\pi\sigma_1\sigma_2\sqrt{1-\rho^2}}\mathrm{e}^{\left\{-\frac{1}{2(1-\rho^2)}\left[\frac{(x-\mu_1)^2}{\sigma_1^2}-2\rho\frac{(x-\mu_1)(y-\mu_2)}{\sigma_1\sigma_2}+\frac{(y-\mu_2)^2}{\sigma_2^2}\right]\right\}},$$

$$-\infty<x<+\infty,\quad -\infty<y<+\infty,\tag{2-54}$$

其中 $\mu_1,\mu_2,\sigma_1,\sigma_2,\rho$ 是常数,且 $\sigma_1>0,\sigma_2>0,|\rho|<1$,则称二维随机变量 (X,Y) 为具有参数 $\mu_1,\mu_2,\sigma_1,\sigma_2,\rho$ 的**二维正态向量**,记为

$$(X,Y)\sim N(\mu_1,\mu_2,\sigma_1^2,\sigma_2^2,\rho).$$

二维正态向量 (X,Y) 的密度函数 $f(x,y)$ 的图形如图 2-18 所示,是一张以 (μ_1,μ_2) 为极大值点的单峰钟形曲面.

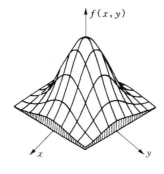

图 2-18

下面首先给出二维正态分布的一个重要性质——二维正态分布其边缘分布也是正态分布.事实上

$$f_X(x) = \int_{-\infty}^{+\infty} f(x,y)\mathrm{d}y$$

$$= \int_{-\infty}^{+\infty} \frac{1}{2\pi\sigma_1\sigma_2\sqrt{1-\rho^2}} e^{\left\{-\frac{1}{2(1-\rho^2)}\left[\frac{(x-\mu_1)^2}{\sigma_1^2} - 2\rho\frac{(x-\mu_1)(y-\mu_2)}{\sigma_1\sigma_2} + \frac{(y-\mu_2)^2}{\sigma_2^2}\right]\right\}}\mathrm{d}y,$$

由于

$$\frac{(y-\mu_2)^2}{\sigma_2^2} - 2\rho\frac{(x-\mu_1)(y-\mu_2)}{\sigma_1\sigma_2} = \left(\frac{y-\mu_2}{\sigma_2} - \rho\frac{x-\mu_1}{\sigma_1}\right)^2 - \rho^2\frac{(x-\mu_1)^2}{\sigma_1^2},$$

于是

$$f_X(x) = \frac{1}{2\pi\sigma_1\sigma_2\sqrt{1-\rho^2}} e^{-\frac{(x-\mu_1)^2}{2\sigma_1^2}} \int_{-\infty}^{+\infty} e^{\left\{-\frac{1}{2(1-\rho^2)}\left(\frac{y-\mu_2}{\sigma_2} - \rho\frac{x-\mu_1}{\sigma_1}\right)^2\right\}}\mathrm{d}y,$$

令 $t = \frac{1}{\sqrt{1-\rho^2}}\left(\frac{y-\mu_2}{\sigma_2} - \rho\frac{x-\mu_1}{\sigma_1}\right)$,则

$$f_X(x) = \frac{1}{2\pi\sigma_1} e^{-\frac{(x-\mu_1)^2}{2\sigma_1^2}} \int_{-\infty}^{+\infty} e^{-\frac{t^2}{2}}\mathrm{d}t$$

$$= \frac{1}{\sqrt{2\pi}\sigma_1} e^{-\frac{(x-\mu_1)^2}{2\sigma_1^2}}, \quad -\infty < x < +\infty,$$

即知 X 的边缘分布亦是正态分布,且 $X \sim N(\mu_1, \sigma_1^2)$.同理

$$f_Y(y) = \int_{-\infty}^{+\infty} f(x,y)\mathrm{d}x$$

$$= \frac{1}{\sqrt{2\pi}\sigma_2} e^{-\frac{(y-\mu_2)^2}{2\sigma_2^2}}, \quad -\infty < y < +\infty,$$

即知 Y 的边缘分布亦是正态分布,且 $Y \sim N(\mu_2, \sigma_2^2)$.

由上述论证我们得出二维正态分布的两个边缘分布都是一维正态分布,且其边缘分布都不依赖于参数 ρ,亦即对于给定的 μ_1, μ_2, σ_1^2, σ_2^2,对于不同的 ρ ($|\rho| < 1$),我们可得到不同的二维正态分布,但它们的边缘分布都是一样的,这一事实也表明了单由 X, Y 各自的分布一般不能得到 X 和 Y 的联合分布.

§2.7 二维随机变量的条件分布

在第 1 章中已研究了条件概率,本节我们就条件分布做一些简单说明.

先考虑(X,Y)是二维离散型随机变量的情况. 设(X,Y)具有概率分布律:

$$P(X=x_i,Y=y_j)=p_{ij}, \quad i,j=1,2,\cdots,$$

由上一节,得 X,Y 的边缘分布律分别为:

$$P(X=x_i)=\sum_{j=1}^{+\infty}p_{ij}=p_i\cdot, \quad i=1,2,\cdots,$$

$$P(Y=y_j)=\sum_{i=1}^{+\infty}p_{ij}=p\cdot_j, \quad j=1,2,\cdots.$$

若某 $p_i\cdot>0$,我们将关心在 $X=x_i$ 的条件下,Y 的条件分布是什么? 即研究在事件$\{X=x_i\}$已发生的条件下,事件$\{Y=y_j\}$,$j=1$,2,3,$\cdots$发生的条件概率是多少? 由条件概率公式,可得:

$$P(Y=y_j\mid X=x_i)=\frac{P(X=x_i,Y=y_j)}{P(X=x_i)}=\frac{p_{ij}}{p_i\cdot}, \quad j=1,2,\cdots.$$

易知上述条件概率具有分布律的性质:

（ⅰ）$P(Y=y_j\mid X=x_i)\geqslant 0, \quad j=1,2,\cdots;$ \hfill (2-55)

（ⅱ）$\sum_{j=1}^{\infty}P(Y=y_j\mid X=x_i)=\sum_{j=1}^{\infty}\frac{p_{ij}}{p_i\cdot}=\frac{1}{p_i\cdot}\sum_{j=1}^{\infty}p_{ij}=\frac{p_i\cdot}{p_i\cdot}=1.$

$$\hfill (2-56)$$

由此,我们引入如下定义:

定义 12 设(X,Y)是二维离散型随机变量,具有概率分布律:

$$P(X=x_i,Y=y_j)=p_{ij}, \quad i,j=1,2,\cdots.$$

对固定的 i,若 $P(X=x_i)>0$,则称

$$P(Y=y_j\mid X=x_i)=\frac{p_{ij}}{p_i\cdot}, \quad j=1,2,\cdots,\hfill (2-57)$$

为在 $X=x_i$ 条件下,随机变量 Y 的条件分布律.

同样,对于固定的 j,若 $P(Y=y_j)>0$,则称

$$P(X=x_i\mid Y=y_j)=\frac{p_{ij}}{p\cdot_j}, \quad i=1,2,\cdots,\hfill (2-58)$$

为在 $Y=y_i$ 条件下,随机变量 X 的条件分布律.

接着我们研究二维随机变量 (X,Y) 为连续型时条件分布的问题. 由于此时 X 与 Y 的边缘分布仍均为连续型,于是对于任意实数 x,y,概率 $P(X=x)$ 及 $P(Y=y)$ 恒为 0,因此此时就不能简单地按条件概率的计算公式直接引入在 $X=x$ 的条件下 Y 的条件分布函数. 下面我们将用极限的办法来处理.

设 (X,Y) 的概率密度为 $f(x,y)$,对于给定 x,设对于任意的 $\varepsilon>0$,均有 $P(x-\varepsilon<X\leqslant x+\varepsilon)>0$,于是,对于任意实数 y,可以直接计算如下的条件概率:

$$P(Y\leqslant y|x-\varepsilon<X\leqslant x+\varepsilon).$$

一个很自然的想法就是对于上述条件概率,考虑当 $\varepsilon\to0^+$ 时的极限,并且如果此极限存在,那么就用此极限作为在 $X=x$ 的条件下,Y 的条件分布函数,即将此极限写成 $P(Y\leqslant y|X=x)$,$-\infty<y<+\infty$,记为 $F_{Y|X}(y|x)$,$-\infty<y<+\infty$,称为在 $X=x$ 的条件下 Y 的条件分布函数.

于是,若 (X,Y) 的概率密度 $f(x,y)$ 在 (x,y) 处连续,且 X 的边缘概率密度 $f_X(x)$ 在 x 处连续,以及 $f_X(x)>0$,则

$$
\begin{aligned}
F_{Y|X}(y|x) &= \lim_{\varepsilon\to0^+}P(Y\leqslant y|x-\varepsilon<X\leqslant x+\varepsilon)\\
&= \lim_{\varepsilon\to0^+}\frac{P(x-\varepsilon<X\leqslant x+\varepsilon,Y\leqslant y)}{P(x-\varepsilon<X\leqslant x+\varepsilon)}\\
&= \lim_{\varepsilon\to0^+}\frac{\int_{-\infty}^{y}\left(\int_{x-\varepsilon}^{x+\varepsilon}f(u,v)\mathrm{d}u\right)\mathrm{d}v}{\int_{x-\varepsilon}^{x+\varepsilon}f_X(u)\mathrm{d}u}=\frac{\int_{-\infty}^{y}f(x,v)\mathrm{d}v}{f_X(x)}\\
&= \int_{-\infty}^{y}\frac{f(x,v)}{f_X(x)}\mathrm{d}v,\quad y\in(-\infty,+\infty). \quad (2\text{-}59)
\end{aligned}
$$

上式表示在 $X=x$ 的条件下,Y 仍是一个连续型随机变量,且具有条件概率密度

$$f_{Y|X}(y|x)=\frac{f(x,y)}{f_X(x)},\quad y\in(-\infty,+\infty). \quad (2\text{-}60)$$

类似地,可以定义在 $Y=y$ 的条件下,随机变量 X 的条件分布函数及条件概率密度,且有

$$f_{X|Y}(x|y)=\frac{f(x,y)}{f_Y(y)},\quad x\in(-\infty,+\infty). \quad (2\text{-}61)$$

例 28 设二维离散型随机变量 (X,Y) 具有概率分布律：

X \ Y	5	7	13	18	20
1	0.08	0.01	0	0.02	0.14
2	0.11	0.10	0.09	0.01	0.04
3	0.03	0.07	0.15	0.06	0.09

试求在 $X=2$ 时 Y 的条件分布律.

解 $P(X=2)=p_2.=0.11+0.10+0.09+0.01+0.04=0.35$，
于是得在 $X=2$ 的条件下，随机变量 Y 的条件分布律为

$$P(Y=5|X=2)=\frac{0.11}{0.35}=\frac{11}{35},$$

$$P(Y=7|X=2)=\frac{0.10}{0.35}=\frac{10}{35},$$

$$P(Y=13|X=2)=\frac{0.09}{0.35}=\frac{9}{35},$$

$$P(Y=18|X=2)=\frac{0.01}{0.35}=\frac{1}{35},$$

$$P(Y=20|X=2)=\frac{0.04}{0.35}=\frac{4}{35},$$

亦可用表格形式表示为：

k	5	7	13	18	20
$P(Y=k|X=2)$	$\frac{11}{35}$	$\frac{10}{35}$	$\frac{9}{35}$	$\frac{1}{35}$	$\frac{4}{35}$

例 29 设二维随机变量 (X,Y) 具有概率密度

$$f(x,y)=\begin{cases}48xy, & x^3<y<x^2,\ 0<x<1,\\ 0, & \text{其他},\end{cases}$$

试求条件概率密度 $f_{Y|X}(y|x)$ 以及 $f_{X|Y}(x|y)$.

解 在上节例中，已求得 X 的边缘概率密度以及 Y 的边缘概率密度分别为：

$$f_X(x)=\begin{cases}24(x^5-x^7), & 0<x<1,\\ 0, & \text{其他},\end{cases}$$

$$f_Y(x)=\begin{cases}24(y^{\frac{5}{3}}-y^2), & 0<y<1,\\ 0, & \text{其他},\end{cases}$$

于是,当 $x \in (0,1)$ 时,对固定的 x,可得在 $X=x$ 的条件下 Y 的条件密度为

$$f_{Y|X}(y|x) = \begin{cases} \dfrac{2xy}{x^5 - x^7}, & x^3 < y < x^2, \\ 0, & y \text{ 的其他值.} \end{cases}$$

以及,当 $y \in (0,1)$ 时,对于固定的 y,可得在 $Y=y$ 时,X 的条件概率密度为

$$f_{X|Y}(x|y) = \begin{cases} \dfrac{2xy}{y^{\frac{5}{3}} - y^2}, & y^{\frac{1}{2}} < x < y^{\frac{1}{3}}, \\ 0, & x \text{ 的其他值.} \end{cases}$$

例30 设二维随机变量 (X,Y) 的概率密度

$$f(x,y) = \begin{cases} \dfrac{6}{(x+y+1)^4}, & x>0, y>0, \\ 0, & \text{其他,} \end{cases}$$

试求:(i) 条件概率密度 $f_{X|Y}(x|y)$(其中 $y>0$);

(ii) $P(0 \leqslant X \leqslant 1 | Y=1)$.

解 (i) 当 $y>0$ 时,

$$f_Y(y) = \int_{-\infty}^{+\infty} f(x,y)\,dx$$

$$= \int_0^{+\infty} \frac{6}{(x+y+1)^4}\,dx = \frac{2}{(y+1)^3},$$

所以,当 $y>0$ 时,有

$$f_{X|Y}(x|y) = \frac{f(x,y)}{f_Y(y)} = \begin{cases} \dfrac{6/(x+y+1)^4}{2/(y+1)^3}, & x>0, \\ 0, & x \leqslant 0, \end{cases}$$

即

$$f_{X|Y}(x|y) = \begin{cases} \dfrac{3(y+1)^3}{(x+y+1)^4}, & x>0, \\ 0, & x \leqslant 0. \end{cases}$$

(ii) $P(0 \leqslant X \leqslant 1 | Y=1) = \displaystyle\int_0^1 f_{X|1}(x|1)\,dx$

$$= \int_0^1 \frac{3(1+1)^3}{(x+1+1)^4}\,dx = \frac{19}{27}.$$

§2.8 随机变量的独立性

在第 1 章中,我们提到如果有 $P(AB)=P(A)P(B)$,则称两个事件 A、B 相互独立. 引入随机变量后,就可把对随机事件的研究转化为对随机变量的研究. 因而,有必要引入随机变量相互独立的概念.

定义 13 设 X,Y 是两个随机变量,若对任意的实数 x,y,都有

$$P(X{\leqslant}x,Y{\leqslant}y)=P(X{\leqslant}x)\cdot P(Y{\leqslant}y), \tag{2-62}$$

即 (X,Y) 的联合分布函数 $F(x,y)$ 恰好等于两个边缘分布函数 $F_X(x)$ 与 $F_Y(y)$ 的乘积,则称**随机变量 X 与 Y 相互独立**,简称 X 与 Y 独立.

事实上,随机变量 X 与 Y 独立的意义是随机变量 X 所描述的随机现象或随机试验的结果,与随机变量 Y 所描述的随机现象或随机试验的结果之间是相互独立的,往往并不一定局限于使用上述抽象的定义,而是根据 X 与 Y 独立的实际意义去判断. 例如,将一枚硬币连掷两次,如令

$$X=\begin{cases}1, & \text{第一次出现正面,} \\ 0, & \text{第一次出现反面,}\end{cases} \quad Y=\begin{cases}1, & \text{第二次出现正面,} \\ 0, & \text{第二次出现反面,}\end{cases}$$

即 X 与 Y 分别描述第一次与第二次掷硬币的结果. 根据问题的实际意义,直观上,容易判断 X 与 Y 是相互独立的.

下面分别对二维离散型和连续型随机变量的独立性进行讨论.

设 (X,Y) 是二维离散型随机变量,其联合分布律为:

$$P(X=x_i,Y=y_j)=p_{ij}, \quad i,j=1,2,\cdots,$$

而

$$P(X=x_i)=p_i. =\sum_{j=1}^{\infty}p_{ij}, \quad i=1,2,\cdots,$$

及

$$P(Y=y_j)=p._j =\sum_{i=1}^{\infty}p_{ij}, \quad j=1,2,\cdots$$

是 (X,Y) 的两个边缘分布律.

这时,通常用下述充要条件来判断 X 与 Y 的独立性.

定理 3 离散型随机变量 X 与 Y 相互独立的充要条件是

$p_{ij} = p_i. \cdot p_{.j}$,对一切的 $i,j = 1,2,\cdots$,均成立,即联合分布律恰好等于两个边缘分布律的乘积.

我们不去严格地证明本定理,但可以从下面的例子中,由随机变量 X 和 Y 独立的实际意义去理解本定理的结论.

例31 一个袋中装有 5 只球,其中 4 只红球,1 只白球. 每次从中随机抽取 1 只,连抽两次. 令

$$X = \begin{cases} 1, & \text{第一次抽到红球,} \\ 0, & \text{第一次抽到白球,} \end{cases} \qquad Y = \begin{cases} 1, & \text{第二次抽到红球,} \\ 0, & \text{第二次抽到白球.} \end{cases}$$

（ⅰ）当采取不放回抽取时,可得 (X,Y) 的联合分布律和边缘分布律如下表 1:

（ⅱ）当采取有放回抽取时,可得 (X,Y) 的联合分布律和边缘分布律如下表 2:

表 1

X \ Y	0	1	$p_i.$
0	0	$\frac{1}{5}$	$\frac{1}{5}$
1	$\frac{1}{5}$	$\frac{3}{5}$	$\frac{4}{5}$
$p_{.j}$	$\frac{1}{5}$	$\frac{4}{5}$	

表 2

X \ Y	0	1	$p_i.$
0	$\frac{1}{25}$	$\frac{4}{25}$	$\frac{1}{5}$
1	$\frac{4}{25}$	$\frac{16}{25}$	$\frac{4}{5}$
$p_{.j}$	$\frac{1}{5}$	$\frac{4}{5}$	

在表 1 中,$P(X=0,Y=0)=0 \neq P(X=0)P(Y=0)=\frac{1}{25}$,故当采取不放回抽取时,$X$ 与 Y 不独立,与问题的实际意义完全相符.

在表 2 中,显然 $p_{ij} = p_i. \cdot p_{.j}(i,j=1,2)$,故当采取有放回抽取时,$X$ 与 Y 独立,这也与问题的实际意义完全相符.

注意:（ⅰ）和（ⅱ）中的边缘分布完全相同,但联合分布却不一样,这再一次说明了一般由边缘分布无法确定联合分布.

设 (X,Y) 是二维连续型随机变量,$f(x,y)$,$f_X(x)$,$f_Y(y)$ 分别是 (X,Y) 的联合概率密度和两个边缘概率密度.

这时,通常用下述充要条件,来判断 X 与 Y 的独立性.

定理 4 连续型随机变量 X 与 Y 相互独立的充要条件是

$$f(x,y) = f_X(x) \cdot f_Y(y), \tag{2-63}$$

在 $f(x,y)$，$f_X(x)$，$f_Y(y)$ 的一切公共连续点上都成立.

证 若 X 与 Y 独立，由定义知 $F(x,y)=F_X(x)\cdot F_Y(y)$，两边先关于 x 求偏导数，然后再关于 y 求偏导数，就可得

$$f(x,y)=f_X(x)\cdot f_Y(y).$$

反之，若 $f(x,y)=f_X(x)\cdot f_Y(y)$，两边积分得

$$\int_{-\infty}^{x}\int_{-\infty}^{y}f(x,y)\mathrm{d}x\mathrm{d}y=\int_{-\infty}^{x}f_X(x)\mathrm{d}x\int_{-\infty}^{y}f_Y(y)\mathrm{d}y,$$

即 $F(x,y)=F_X(x)\cdot F_Y(y)$，由定义知，$X$ 与 Y 独立.

下面，给出二维正态变量的两个分量相互独立的充要条件.

定理 5 如果二维随机变量 $(X,Y)\sim N(\mu_1,\mu_2,\sigma_1^2,\sigma_2^2,\rho)$，则 X 与 Y 独立的充要条件是 $\rho=0$.

证 由上节知道，若 $(X,Y)\sim N(\mu_1,\mu_2,\sigma_1^2,\sigma_2^2,\rho)$，则 $X\sim N(\mu_1,\sigma_1^2)$，$Y\sim N(\mu_2,\sigma_2^2)$，即 (X,Y) 的两个边缘概率密度分别为

$$f_X(x)=\frac{1}{\sqrt{2\pi}\sigma_1}\mathrm{e}^{-\frac{(x-\mu_1)^2}{2\sigma_1^2}},$$

$$f_Y(y)=\frac{1}{\sqrt{2\pi}\sigma_2}\mathrm{e}^{-\frac{(y-\mu_2)^2}{2\sigma_2^2}}.$$

易见：（ⅰ）当 $\rho=0$ 时，有 $f(x,y)=f_X(x)\cdot f_Y(y)$，故 X 与 Y 独立.

（ⅱ）反之，当 X 与 Y 独立时，由定理 4，有

$$f(\mu_1,\mu_2)=f_X(\mu_1)\cdot f_Y(\mu_2),$$

即

$$\frac{1}{2\pi\sigma_1\sigma_2\sqrt{1-\rho^2}}=\frac{1}{\sqrt{2\pi}\sigma_1}\cdot\frac{1}{\sqrt{2\pi}\sigma_2},$$

故 $\rho=0$.

例 32 设甲乙两人相约在某地会面，设甲到达的时刻在 7～8 点内均匀分布，乙到达的时刻也在 7～8 点内均匀分布，且两人到达的时刻相互独立，规定先到者等候 20 分钟. 试求两人能会面的概率.

解 用 X 表示甲到达的时刻，用 Y 表示乙到达的时刻. 由已知条件知 X 与 Y 均在 $[0,60]$ 内均匀分布. 于是 X 与 Y 的概率密度分别为：

$$f_X(x) = \begin{cases} \dfrac{1}{60}, & 0 \leqslant x \leqslant 60, \\ 0, & \text{其他}, \end{cases}$$

$$f_Y(y) = \begin{cases} \dfrac{1}{60}, & 0 \leqslant y \leqslant 60, \\ 0, & \text{其他}. \end{cases}$$

由题意知 X 与 Y 相互独立,于是 X 与 Y 的联合概率密度 $f(x,y)$ 即是 X 与 Y 的各自概率密度之乘积,于是

$$f(x,y) = f_X(x) \cdot f_Y(y) = \begin{cases} \dfrac{1}{60^2}, & 0 \leqslant x \leqslant 60, 0 \leqslant y \leqslant 60, \\ 0, & \text{其他}, \end{cases}$$

即知 (X,Y) 在图 2-19 的正方形内均匀分布.

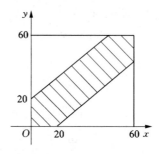

图 2-19

设 $A=$"两人能会面",由于两个能会面等价于两人到达的时刻之差的绝对值小于或等于 20 分钟,即

$$A = \{(x,y) \mid |x-y| \leqslant 20, 0 \leqslant x \leqslant 60, 0 \leqslant y \leqslant 60\},$$

即图 2-19 阴影部分所示. 于是

$$P(A) = \iint\limits_A f(x,y) \mathrm{d}x\mathrm{d}y = \iint\limits_A \frac{1}{60^2} \mathrm{d}x\mathrm{d}y = \frac{A \text{ 的面积}}{60^2}$$

$$= \frac{60^2 - 2 \times \dfrac{1}{2} \times 40^2}{60^2} = \frac{5}{9}.$$

例33 设二维随机变量 (X,Y) 具有概率密度

$$f(x,y) = \begin{cases} 15x^2 y, & 0 < x < y < 1, \\ 0, & \text{其他}. \end{cases}$$

(ⅰ)求 X,Y 的边缘概率密度;

(ⅱ) X 与 Y 是否相互独立?

解 注意 $f(x,y)$ 仅在图 2-20 的阴影部分不为 0,于是有

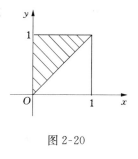

$$f_X(x) = \int_{-\infty}^{+\infty} f(x,y)\mathrm{d}y$$

$$= \begin{cases} \int_x^1 15x^2 y\mathrm{d}y, & 0<x<1, \\ 0, & \text{其他}, \end{cases}$$

图 2-20

$$= \begin{cases} \dfrac{15}{2}(x^2-x^4), & 0<x<1, \\ 0, & \text{其他}, \end{cases}$$

以及

$$f_Y(y) = \int_{-\infty}^{+\infty} f(x,y)\mathrm{d}x$$

$$= \begin{cases} \int_0^y 15x^2 y\mathrm{d}x, & 0<y<1, \\ 0, & \text{其他}, \end{cases}$$

$$= \begin{cases} 5y^4, & 0<y<1, \\ 0, & \text{其他}. \end{cases}$$

因函数 $f(x,y)$ 与 $f_X(x) \cdot f_Y(y)$ 在平面上不是处处相等,故 X 与 Y 不相互独立.

类似可讨论 n 个随机变量的独立性.

设 n 维随机变量 $(X_1, X_2, \cdots, X_n)$ 的分布函数为 $F(x_1, x_2, \cdots, x_n)$, $x_i \in \mathbf{R}$, $i=1,2,\cdots,n$, 则当且仅当,对任意实数 $x_1, x_2, \cdots, x_n$ 均有

$$F(x_1, x_2, \cdots, x_n) = F_{X_1}(x_1) \cdot F_{X_2}(x_2) \cdot \cdots \cdot F_{X_n}(x_n) \tag{2-64}$$

成立时,称 $X_1, X_2, \cdots, X_n$ 相互独立.

§2.9 两个随机变量的函数的分布

设 (X,Y) 是二维随机变量,$g(x,y)$ 是一个二元函数. 一般来说,$Z=g(X,Y)$ 就是一个一维随机变量. 当已知 (X,Y) 的联合分布时,如何求出 $Z=g(X,Y)$ 的分布呢? 下面,就离散型和连续型两种情况分别举例说明.

例34 设二维随机变量(X,Y)的联合分布律为

X \ Y	-1	1	2
0	$\dfrac{5}{20}$	$\dfrac{2}{20}$	$\dfrac{6}{20}$
1	$\dfrac{3}{20}$	$\dfrac{3}{20}$	$\dfrac{1}{20}$

试求 $Z_1 = X - Y$ 及 $Z_2 = X \cdot Y$ 的分布律.

解 由(X,Y)的分布律,可得下表

P	$\dfrac{5}{20}$	$\dfrac{2}{20}$	$\dfrac{6}{20}$	$\dfrac{3}{20}$	$\dfrac{3}{20}$	$\dfrac{1}{20}$
(X,Y)	$(0,-1)$	$(0,1)$	$(0,2)$	$(1,-1)$	$(1,1)$	$(1,2)$
$X-Y$	1	-1	-2	2	0	-1
$X \cdot Y$	0	0	0	-1	1	2

由此,容易求得 $Z_1 = X - Y$ 及 $Z_2 = X \cdot Y$ 的分布律分别如下:

Z_1	-2	-1	0	1	2
P	$\dfrac{6}{20}$	$\dfrac{3}{20}$	$\dfrac{3}{20}$	$\dfrac{5}{20}$	$\dfrac{3}{20}$

Z_2	-1	0	1	2
P	$\dfrac{3}{20}$	$\dfrac{13}{20}$	$\dfrac{3}{20}$	$\dfrac{1}{20}$

若已知(X,Y)的联合概率密度为 $f(x,y)$,欲求 $Z = g(X,Y)$ 的概率密度 $f_Z(z)$,解决此类问题的一般思路是:

（ⅰ）先求出 $Z = g(X,Y)$ 的分布函数.

$$F_Z(z) = P(Z \leqslant z) = P(g(X,Y) \leqslant z)$$

$$= \iint\limits_{G_z} f(x,y)\mathrm{d}x\mathrm{d}y \quad (\text{其中 } G_z = \{(x,y) \mid g(x,y) \leqslant z\}).$$

亦可记为

$$F_Z(z) = \iint\limits_{g(x,y) \leqslant z} f(x,y)\mathrm{d}x\mathrm{d}y.$$

（ⅱ）再求导,即可得 $Z = g(X,Y)$ 的概率密度

$$f_Z(z) = \frac{\mathrm{d}F_Z(z)}{\mathrm{d}z}.$$

通常,我们称这种方法为**"分布函数法"**.

例35 设随机变量 $X \sim N(0,1), Y \sim N(0,1)$,且 X 与 Y 独立,试求 $Z = \sqrt{X^2 + Y^2}$ 的概率密度.

解 先求 Z 的分布函数 $F_Z(z)$.由于随机变量 X 与 Y 独立,因

而 (X,Y) 的联合概率密度为

$$f(x,y)=f_X(x)f_Y(y)=\frac{1}{\sqrt{2\pi}}\mathrm{e}^{-\frac{x^2}{2}}\cdot\frac{1}{\sqrt{2\pi}}\mathrm{e}^{-\frac{y^2}{2}}=\frac{1}{2\pi}\mathrm{e}^{-\frac{x^2+y^2}{2}}.$$

因为 $Z=\sqrt{X^2+Y^2}$ 非负,故当 $z<0$ 时,$F_Z(z)=0$;

当 $z\geqslant0$ 时,

$$F_Z(z)=P(Z\leqslant z)=\iint\limits_{\sqrt{x^2+y^2}\leqslant z}\frac{1}{2\pi}\mathrm{e}^{-\frac{x^2+y^2}{2}}\mathrm{d}x\mathrm{d}y$$

$$\xrightarrow[\substack{\diamondsuit\,x=r\cos\theta\\ y=r\sin\theta}]{}\frac{1}{2\pi}\int_0^{2\pi}\int_0^z\mathrm{e}^{-\frac{r^2}{2}}r\mathrm{d}r\mathrm{d}\theta$$

$$=\frac{1}{2\pi}\cdot2\pi(1-\mathrm{e}^{-\frac{z^2}{2}})=1-\mathrm{e}^{-\frac{z^2}{2}},$$

于是,Z 的分布函数为

$$F_Z(z)=\begin{cases}1-\mathrm{e}^{-\frac{z^2}{2}}, & z\geqslant0,\\ 0, & \text{其他,}\end{cases}$$

再求导,可得 Z 的概率密度

$$f_Z(z)=F_Z{}'(z)=\begin{cases}z\mathrm{e}^{-\frac{z^2}{2}}, & z\geqslant0,\\ 0, & \text{其他.}\end{cases}$$

下面,我们仅就和的分布、极值分布及商的分布进行讨论.

1. $Z=X+Y$ 的分布

设二维随机变量 (X,Y) 的联合概率密度为 $f(x,y)$,欲求 $Z=X+Y$ 的概率密度 $f_Z(z)$,可先求 Z 的分布函数 $F_Z(z)$,这时

$$F_Z(z)=\iint\limits_{x+y\leqslant z}f(x,y)\mathrm{d}x\mathrm{d}y$$

$$\xrightarrow[\text{参见图 2-21}]{}\int_{-\infty}^{+\infty}\mathrm{d}x\int_{-\infty}^{z-x}f(x,y)\mathrm{d}y$$

$$\xrightarrow[\diamondsuit\,y=u-x]{}\int_{-\infty}^{+\infty}\mathrm{d}x\int_{-\infty}^z f(x,u-x)\mathrm{d}u$$

$$=\int_{-\infty}^z\left[\int_{-\infty}^{+\infty}f(x,u-x)\mathrm{d}x\right]\mathrm{d}u, \quad (2\text{-}65)$$

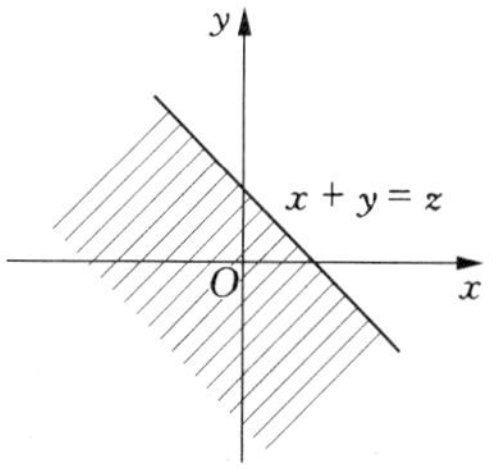

再求导,可得

图 2-21

$$f_Z(z)=\frac{\mathrm{d}F_Z(z)}{\mathrm{d}z}=\int_{-\infty}^{+\infty}f(x,z-x)\mathrm{d}x. \quad (2\text{-}66)$$

由对称性,又可得

$$f_Z(z) = \int_{-\infty}^{+\infty} f(z-y,y)\mathrm{d}y, \tag{2-67}$$

特别,当 X 与 Y 独立时,$f(x,y) = f_X(x)f_Y(y)$,这时

$$f_Z(z) = \int_{-\infty}^{+\infty} f_X(x) \cdot f_Y(z-x)\mathrm{d}x$$

$$= \int_{-\infty}^{+\infty} f_X(z-y) \cdot f_Y(y)\mathrm{d}y, \tag{2-68}$$

这就是所谓的**卷积公式**.

例 36 设随机变量 $X \sim N(0,1)$,$Y \sim N(0,1)$,且 X 与 Y 独立,试求 $Z = X+Y$ 的概率密度 $f_Z(z)$.

解 由卷积公式

$$f_Z(z) = \int_{-\infty}^{+\infty} f_X(x) \cdot f_Y(z-x)\mathrm{d}x = \int_{-\infty}^{+\infty} \frac{1}{2\pi} e^{-\frac{1}{2}\left[x^2 + (z-x)^2\right]}\mathrm{d}x$$

$$= \frac{1}{2\pi} e^{-\frac{z^2}{4}} \int_{-\infty}^{+\infty} e^{-\left(x-\frac{z}{2}\right)^2}\mathrm{d}x \xlongequal[\quad]{\diamondsuit \frac{t}{\sqrt{2}} = x - \frac{z}{2}} \frac{1}{2\pi} e^{-\frac{z^2}{4}} \cdot \frac{1}{\sqrt{2}} \int_{-\infty}^{+\infty} e^{-\frac{t^2}{2}}\mathrm{d}t$$

$$= \frac{1}{2\sqrt{\pi}} e^{-\frac{z^2}{4}} \int_{-\infty}^{+\infty} \frac{1}{\sqrt{2\pi}} e^{-\frac{t^2}{2}}\mathrm{d}t = \frac{1}{2\sqrt{\pi}} e^{-\frac{z^2}{4}} = \frac{1}{\sqrt{2\pi}\sqrt{2}} e^{-\frac{z^2}{2\times(\sqrt{2})^2}},$$

即 $Z \sim N(0,2)$.

类似,由卷积公式,经计算可得如下定理.

定理 6(正态分布的可加性) 设随机变量 $X \sim N(\mu_1, \sigma_1^2)$,$Y \sim N(\mu_2, \sigma_2^2)$,且 X 与 Y 独立,则 $X+Y \sim N(\mu_1+\mu_2, \sigma_1^2+\sigma_2^2)$.

再由数学归纳法可得如下定理.

定理 7 设随机变量 $X_i \sim N(\mu_i, \sigma_i^2)$ $(i=1,2,\cdots,n)$,且 X_1,$X_2,\cdots,X_n$ 相互独立,则有

$$\sum_{i=1}^{n} X_i \sim N\left(\sum_{i=1}^{n} \mu_i, \sum_{i=1}^{n} \sigma_i^2\right).$$

当 $f_X(x)$ 及 $f_Y(y)$ 在 $(-\infty, +\infty)$ 有统一的解析表达式时,求 $Z = X+Y$ 的概率密度 $f_Z(z)$ 时,就像例 36 所示,只要直接套用卷积公式即可. 但当 $f_X(x)$ 或 $f_Y(y)$ 是分段定义的函数时,在积分 $\int_{-\infty}^{+\infty} f_X(x)f_Y(z-x)\mathrm{d}x$ 中,$f_X(x)f_Y(z-x)$ 究竟代入什么表达式,就不是显而易见的了. 下面通过例子,说明处理此类问题的方法.

例 37 设随机变量 X 与 Y 独立,且它们的概率密度分别为

$$f_X(x) = \begin{cases} 1, & 0 \leqslant x \leqslant 1, \\ 0, & \text{其他}; \end{cases} \qquad f_Y(y) = \begin{cases} e^{-y}, & y > 0, \\ 0, & \text{其他}, \end{cases}$$

试求 $Z = X + Y$ 的概率密度 $f_Z(z)$.

解法 1 由卷积公式

$$f_Z(z) = \int_{-\infty}^{+\infty} f_X(x) f_Y(z-x) \mathrm{d}x = \int_0^1 1 \cdot f_Y(z-x) \mathrm{d}x$$

$$\xrightarrow{\quad \diamondsuit \; z - x = y \quad} \int_{z-1}^z f_Y(y) \mathrm{d}y = \int_{[z-1,z] \cap (0,+\infty)} e^{-y} \mathrm{d}y.$$

当 $z \leqslant 0$ 时,$[z-1,z] \cap (0,+\infty) = \varnothing$,$f_Z(z) = 0$;

当 $0 < z \leqslant 1$ 时,$[z-1,z] \cap (0,+\infty) = (0,z]$,

$$f_Z(z) = \int_0^z e^{-y} \mathrm{d}y = 1 - e^{-z};$$

当 $z > 1$ 时,$[z-1,z] \cap (0,+\infty) = [z-1,z]$,

$$f_Z(z) = \int_{z-1}^z e^{-y} \mathrm{d}y = e^{-z}(e-1),$$

故

$$f_Z(z) = \begin{cases} 0, & z \leqslant 0, \\ 1 - e^{-z}, & 0 < z \leqslant 1, \\ e^{-z}(e-1), & z > 1. \end{cases}$$

解法 2 由卷积公式 $f_Z(z) = \displaystyle\int_{-\infty}^{+\infty} f_X(x) f_Y(z-x) \mathrm{d}x$ 欲使 $f_X(x) f_Y(z-x) \neq 0$,积分变量 x 的变化范围必须满足如下联立不等式:

$$\begin{cases} 0 \leqslant x \leqslant 1, \\ z - x > 0, \end{cases} \quad \text{即} \quad \begin{cases} 0 \leqslant x \leqslant 1, \\ x < z. \end{cases} \qquad (*)$$

这时,$f_X(x) f_Y(z-x) = e^{-(z-x)}$.

下面分情况讨论联立不等式 $(*)$ 的解.

当 $z \leqslant 0$ 时,$(*)$ 无解,即对任意的 x,有 $f_X(x) f_Y(z-x) \equiv 0$,故 $f_Z(z) = 0$.

当 $0 < z \leqslant 1$ 时,$(*)$ 的解为 $0 \leqslant x < z$,这时

$$f_Z(z) = \int_0^z e^{-(z-x)} \mathrm{d}x = 1 - e^{-z};$$

当 $z>1$ 时，(*) 的解为 $0 \leqslant x < 1$，这时

$$f_Z(z) = \int_0^1 e^{-(z-x)} dx = e^{-z}(e-1).$$

注 本题还可用分布函数法求解，请读者自行练习.

2. $\max(X, Y)$ 及 $\min(X, Y)$ 的分布

设随机变量 X, Y 相互独立，其分布函数分别为 $F_X(x), F_Y(y)$，现在来求 $M = \max(X, Y)$ 及 $N = \min(X, Y)$ 的分布函数 $F_M(z)$ 及 $F_N(z)$. 利用独立性可得

$$\begin{aligned} F_M(z) = P(\max(X, Y) \leqslant z) &= P(X \leqslant z, Y \leqslant z) \\ &= F_X(z) F_Y(z), \end{aligned} \quad (2\text{-}69)$$

$$\begin{aligned} F_N(z) = P(N \leqslant z) &= 1 - P(\min(X, Y) > z) \\ &= 1 - P(X > z, Y > z) \\ &= 1 - (1 - F_X(z))(1 - F_Y(z)). \end{aligned} \quad (2\text{-}70)$$

一般情况下，设随机变量 $X_1, X_2, \cdots, X_n$ 相互独立，其分布函数分别为 $F_1(x), F_2(x), \cdots, F_n(x)$，则 $M = \max(X_1, X_2, \cdots, X_n)$ 的分布函数为

$$F_M(z) = F_1(z) F_2(z) \cdots F_n(z); \quad (2\text{-}71)$$

$N = \min(X_1, X_2, \cdots, X_n)$ 的分布函数为

$$F_N(z) = 1 - (1 - F_1(z))(1 - F_2(z)) \cdots (1 - F_n(z)). \quad (2\text{-}72)$$

特别地，当 $X_1, X_2, \cdots, X_n$ 独立且同分布时，设分布函数为 $F(x)$，则

$$F_M(z) = (F(z))^n, \quad F_N(z) = 1 - (1 - F(z))^n. \quad (2\text{-}73)$$

例 38 设 $X_1, X_2, \cdots, X_n$ 相互独立，且均在区间 $[0, \theta]$ $(\theta > 0)$ 上均匀分布，设 $Y = \max(X_1, X_2, \cdots, X_n)$，$Z = \min(X_1, X_2, \cdots, X_n)$，求 Y, Z 的概率密度 $f_Y(y)$ 及 $f_Z(z)$.

解 $X_1, X_2, \cdots, X_n$ 具有相同的概率密度 $f(x)$ 及相同的分布函数 $F(x)$：

$$f(x) = \begin{cases} \dfrac{1}{\theta}, & 0 < x < \theta, \\ 0, & \text{其他,} \end{cases}$$

$$F(x)=\begin{cases} 0, & x<0, \\ \dfrac{x}{\theta}, & 0\leqslant x<\theta, \\ 1, & x\geqslant\theta. \end{cases}$$

于是

$$f_Y(y)=n[F(y)]^{n-1}\cdot f(y)$$

$$=\begin{cases} n\cdot\dfrac{y^{n-1}}{\theta^n}, & 0<y<\theta, \\ 0, & \text{其他}, \end{cases}$$

以及

$$f_Z(z)=n[1-F(z)]^{n-1}\cdot f(z)$$

$$=\begin{cases} n\cdot\dfrac{(\theta-z)^{n-1}}{\theta^n}, & 0<z<\theta, \\ 0, & \text{其他}. \end{cases}$$

3. 商的分布

设二维随机变量 (X,Y) 的联合概率密度为 $f(x,y)$，欲求 $Z=\dfrac{X}{Y}$ 的概率密度 $f_Z(z)$，可先求出 Z 的分布函数 $F_Z(z)$. 易见

$$F_Z(z)=P(Z\leqslant z)=P\left(\frac{X}{Y}\leqslant z\right)=\iint\limits_{\frac{x}{y}\leqslant z} f(x,y)\mathrm{d}x\mathrm{d}y,$$

参见图 2-22,

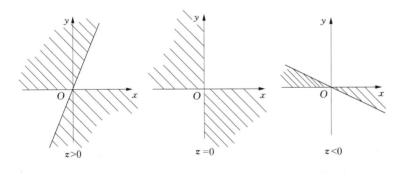

图 2-22

下面仅对 $z>0$ 情形讨论化为累次积分

$$F_Z(z)=\int_0^{+\infty}\left[\int_{-\infty}^{zy} f(x,y)\mathrm{d}x\right]\mathrm{d}y+\int_{-\infty}^0\left[\int_{zy}^{+\infty} f(x,y)\mathrm{d}x\right]\mathrm{d}y,$$

而

$$\int_{-\infty}^{zy} f(x,y)\mathrm{d}x \xlongequal[y>0]{x=yu} \int_{-\infty}^{z} f(yu,y)y\mathrm{d}u = \int_{-\infty}^{z} f(yu,y)|y|\mathrm{d}u,$$

$$\int_{zy}^{+\infty} f(x,y)\mathrm{d}x \xlongequal[y<0]{x=yu} \int_{z}^{-\infty} f(yu,y)y\mathrm{d}u$$

$$= \int_{-\infty}^{z} f(yu,y)|y|\mathrm{d}u,$$

交换积分次序得

$$F_Z(z) = \int_{-\infty}^{z} \left[\int_{0}^{+\infty} f(yu,y)|y|\mathrm{d}y\right]\mathrm{d}u + \int_{-\infty}^{z} \left[\int_{-\infty}^{0} f(yu,y)|y|\mathrm{d}y\right]\mathrm{d}u$$

$$= \int_{-\infty}^{z} \left[\int_{-\infty}^{+\infty} f(yu,y)|y|\mathrm{d}y\right]\mathrm{d}u,$$

由密度函数定义,知

$$f_Z(z) = \int_{-\infty}^{+\infty} f(yz,y)|y|\mathrm{d}y. \tag{2-74}$$

类似讨论 $z=0$ 及 $z<0$ 的情形.

特别当 X 与 Y 相互独立时,

$$f_Z(z) = \int_{-\infty}^{+\infty} f_X(yz)f_Y(y)|y|\mathrm{d}y. \tag{2-75}$$

例 39 设随机变量 X 与 Y 相互独立,它们的密度函数分别为

$$f_X(x) = \begin{cases} \mathrm{e}^{-x}, & x\geqslant 0, \\ 0, & x<0, \end{cases} \qquad f_Y(y) = \begin{cases} 2\mathrm{e}^{-2y}, & y\geqslant 0, \\ 0, & y<0, \end{cases}$$

试求随机变量 $Z=\dfrac{X}{Y}$ 的密度函数 $f_Z(z)$.

解 由(2-75),得 Z 的密度函数为

$$f_Z(z) = \int_{-\infty}^{+\infty} f_X(yz)f_Y(y)|y|\mathrm{d}y$$

$$= \int_{0}^{+\infty} f_X(yz)2y\mathrm{e}^{-2y}\mathrm{d}y.$$

所以,当 $z\leqslant 0$ 时,$f_Z(z)=0$;

当 $z>0$ 时,

$$f_Z(z) = \int_{0}^{+\infty} 2y\mathrm{e}^{-2y} \cdot \mathrm{e}^{-yz}\mathrm{d}y = 2\int_{0}^{+\infty} y\mathrm{e}^{-(2+z)y}\mathrm{d}y$$

$$= \frac{2}{(2+z)^2}.$$

即 $Z=\dfrac{X}{Y}$ 的密度函数为

$$f_Z(z)=\begin{cases} \dfrac{2}{(2+z)^2}, & z>0, \\ 0, & z\leqslant 0. \end{cases}$$

扫一扫，阅读名人传记

习　题

1. 掷一均匀的骰子 2 次，令 X 为两次掷出的最大点数.试求随机变量 X 的分布律.

2. 设随机变量 X 的分布为 $P(X=k)=C\dfrac{\lambda^k}{k!}$，$(k=1,2,3,\cdots)$，试确定常数 C 的值（$\lambda>0$ 为常数）.

3. 15 个同类型的零件中有 2 个次品，13 个正品，从中任取 3 个，令 X 为取出 3 个产品中的次品数，求 X 的分布律.

4. 袋中有 m 个白球，$n-m$ 个黑球，从中不放回地取球，直至取出黑球为止.设此时取出了 X 个白球，求 X 的分布律.

5. 将一颗骰子掷两次，以 X 表示两次所得的点数之和，求 X 的分布律.

6. 从编号为 $1,2,3,\cdots,9$ 的九个球中任取三个球，试求所取三球的编号数依大小排列位于中间的编号数 X 的概率分布律.

7. 甲、乙两名篮球队员独立轮流投篮，直到某人投中篮圈为止，设甲投中的概率为 0.4，乙为 0.6，令 X 为甲队员的投篮次数，求 X 的分布律（假定甲先投篮）.

8. 设甲、乙两人进行投篮比赛，甲的命中率为 0.6，乙的命中率为 0.7，规定每人投篮两次，谁投进的球数多谁就为优胜者，若投进的球数同样多，则每人再加投一次以决胜负，如仍为同样则为平局.

试求甲获胜、乙获胜、平局的概率各为多少？

9. 设离散型随机变量 X 的分布列为

X	-2	-1	$-\dfrac{1}{2}$	$\dfrac{3}{2}$	3	5
P	$\dfrac{1}{12}$	$\dfrac{1}{6}$	$\dfrac{1}{6}$	$\dfrac{1}{4}$	$\dfrac{1}{12}$	$\dfrac{1}{4}$

试求 X 的分布函数 $F(x)$ 以及 $P(X>0)$.

10. 设随机变量 X 具有分布函数

$$F(x) = \begin{cases} 0, & x<0, \\ x^3, & 0 \leqslant x < 1, \\ 1, & x \geqslant 1, \end{cases}$$

试求 $P(X \leqslant -3), P\left(X \leqslant \dfrac{1}{2}\right), P\left(\dfrac{1}{3} < X \leqslant \dfrac{1}{2}\right), P\left(X > \dfrac{1}{2} \middle| X \leqslant \dfrac{2}{3}\right)$.

11. 设随机变量 X 的分布函数为

$$F(x) = \begin{cases} A + B\mathrm{e}^{-\frac{x^2}{2}}, & x>0, \\ 0, & x \leqslant 0, \end{cases}$$

试确定系数 A 与 B.

12. 设随机变量 X 的分布函数为

$$F(x) = \begin{cases} \dfrac{1}{2}\mathrm{e}^x, & x \leqslant 0, \\ 1 - \dfrac{1}{2}\mathrm{e}^{-x}, & x > 0, \end{cases}$$

试求(1) $P(0 \leqslant X \leqslant 1)$；（2）$P(-1 \leqslant X \leqslant 1)$.

13. 设随机变量 X 的分布函数为

$$F(x) = \begin{cases} 0, & x \leqslant -a, \\ A + B\arcsin\dfrac{x}{a}, & -a < x \leqslant a, \\ 1, & x > a, \end{cases}$$

试确定常数 A 与 B.

14. 设随机变量 X 服从泊松分布,其分布律为 $P(X=k) = \dfrac{\lambda^k}{k!}\mathrm{e}^{-\lambda}$, $k=0,1,2,\cdots$,问当 k 取何值时,$P(X=k)$ 为最大.

15. 一商店每月某商品的销售量 X 服从参数 $\lambda=7$ 的泊松分布,问在月初进货时要库存多少此种商品,才能保证当月不脱销的概率为 0.999.

16. 设在某公路上每天发生事故的次数 X 服从 $\lambda=3$ 的泊松分布.

(1) 试求今天至少出了 3 次事故的概率;

(2) 已知今天出了 1 次事故,求今天至少出了 3 次事故的概率.

17. 如果你买了 50 张彩票,每张中彩的机会是 $\dfrac{1}{100}$. 问:

(1) 至少一张;

(2) 正好一张;

(3) 至少两张彩票中彩的概率是多少?(利用二项分布的泊松逼近近似计算).

18. 试确定下列函数中的常数 A,使之成为密度函数.

(1) $f(x) = \dfrac{A}{\mathrm{e}^x + \mathrm{e}^{-x}}$ $(-\infty < x < +\infty)$;

(2) $f(x) = \begin{cases} Ax^2 e^{-kx}, & x > 0, \\ 0, & x \leqslant 0, \end{cases}$ $(k > 0)$;

(3) $f(x) = \begin{cases} A\cos x, & -\dfrac{\pi}{2} \leqslant x \leqslant \dfrac{\pi}{2}, \\ 0, & \text{其他.} \end{cases}$

19. 设随机变量 X 具有概率密度 $f(x) = \begin{cases} Ax^2, & 0 < x < 2, \\ A(4-x), & 2 \leqslant x \leqslant 4, \\ 0, & \text{其他.} \end{cases}$

(1) 求常数 A；

(2) 求 X 的分布函数；

(3) 求 $P(1 < X < 3)$；

(4) 求条件概率 $P(X > 1 \mid X < 3)$.

20. 某种型号的电子元件的寿命 X(单位:小时)有以下的密度函数:

$$f(x) = \begin{cases} \dfrac{1000}{x^2}, & x > 1000, \\ 0, & \text{其他.} \end{cases}$$

现在一大批此种元件(设各元件损坏与否相互独立),任取 5 只,求其中至少有 2 只元件的寿命大于 1500 小时的概率.

21. 设随机变量 K 在 $[0,10]$ 内均匀分布,试求二次方程 $4x^2 + 4Kx + (8K - 15) = 0$ 有实根的概率.

22. 某地区 18 岁的女青年的血压(收缩压)服从 $N(110, 12^2)$,从该地区任选一名女青年,测量她的血压 X.

(1) 求 $P(X \leqslant 105)$, $P(100 < X \leqslant 120)$；

(2) 试确定最小的 x,使得 $P(X > x) \leqslant 0.05$.

23. 已知随机变量 X 的分布律为

X	-2	-1	0	1	3
P	$\dfrac{1}{5}$	$\dfrac{1}{6}$	$\dfrac{1}{5}$	$\dfrac{1}{15}$	$\dfrac{11}{30}$

试求随机变量 $Y = X^2$ 的分布律.

24. 设随机变量 X 服从 $(-1,1)$ 上的均匀分布,试求

(1) $P\left(|X| > \dfrac{1}{2} \right)$；

(2) $P\left(\sin \dfrac{\pi X}{2} > \dfrac{1}{3} \right)$；

(3) 随机变量 $Y = |X|$ 的密度函数.

25. 由点 $(0, a)$ 任意作一直线与 y 轴相交成角 X(即 X 是服从区间 $\left(-\dfrac{\pi}{2}, \dfrac{\pi}{2} \right)$ 上均匀分布的随机变量),求此直线与 x 轴交点横坐标 Y 的密度函数.

26. 设随机变量 X 服从 $[0,1]$ 上均匀分布.

(1) 求 $Y=e^X$ 的概率密度;

(2) 求 $Z=-2\ln X$ 的概率密度.

27. 设 $X\sim N(\mu,\sigma^2)$,称 $Y=e^X$ 所服从的分布为对数正态分布.试求 Y 的概率密度函数.

28. 设有两种鸡蛋混放在一起,其中甲种鸡蛋每只的重量(单位:克)服从 $N(50,25)$ 分布;乙种鸡蛋单只的重量(单位:克)服从 $N(45,16)$ 分布,设甲种蛋占总只数的 70%.

(1) 今从该批鸡蛋中任选一只,试求其重量超过 55 克的概率;

(2) 若已知所抽出的鸡蛋超过 55 克,问它是甲种蛋的概率是多少?

29. 掷两枚均匀的骰子,令 X 为第一个骰子出现的点数,Y 为两个骰子点数的较大者.求 (X,Y) 的联合分布律.

30. 掷三枚均匀硬币,令 X 为正面出现的次数,Y 为正面出现的次数与反面出现的次数之差的绝对值.求 (X,Y) 的联合分布律以及 X 与 Y 的边缘分布律.

31. 从一副扑克牌(52 张)中任取 13 张牌,设 X 为"红桃"张数,Y 为"方块"张数.试求 X 与 Y 的联合分布律.

32. 设 D 是平面上由曲线 $y=x^2$ 及直线 $y=x$ 所围成的区域,二维随机变量 (X,Y) 服从区域上的均匀分布.

(1) 求 (X,Y) 的联合密度函数;

(2) 分别计算 X 与 Y 的边缘密度函数.

33. 设随机变量 (X,Y) 的联合密度函数为

$$f(x,y)=\begin{cases} \dfrac{1}{2}\sin(x+y), & 0\leqslant x\leqslant\dfrac{\pi}{2},\ 0\leqslant y\leqslant\dfrac{\pi}{2}, \\ 0, & \text{其他}, \end{cases}$$

求 (X,Y) 的联合分布函数.

34. 设 (X,Y) 的联合密度函数为

$$f(x,y)=\begin{cases} Ae^{-(2x+3y)}, & x>0,y>0, \\ 0, & \text{其他}. \end{cases}$$

求:(1) 常数 A;

(2) (X,Y) 的联合分布函数 $F(x,y)$;

(3) $P(-1\leqslant X\leqslant 1,\ -2\leqslant Y\leqslant 2)$.

35. 设 (X,Y) 的联合密度函数为

$$f(x,y)=\begin{cases} 6(1-x-y), & 0\leqslant x\leqslant 1,\ 0\leqslant y\leqslant 1,\ 0\leqslant x+y\leqslant 1, \\ 0, & \text{其他}, \end{cases}$$

试求 X 和 Y 的边缘密度.

36. 设二维离散型随机变量 (X,Y) 具有概率分布律为：

X\Y	3	6	9	12	15	18
1	0.01	0.03	0.02	0.01	0.05	0.06
2	0.02	0.2	0.01	0.05	0.03	0.07
3	0.05	0.04	0.03	0.01	0.02	0.03
4	0.03	0.09	0.06	0.15	0.09	0.02

(1) 求 X 的边缘分布律和 Y 的边缘分布律；

(2) 求在 $Y=9$ 时随机变量 X 的条件分布律.

37. 设二维随机变量 (X,Y) 的联合密度函数为

$$f(x,y)=\begin{cases} \dfrac{6}{7}\left(x^2+\dfrac{xy}{2}\right), & 0<x<1,\ 0<y<2, \\ 0, & \text{其他}, \end{cases}$$

(1) 计算 X 的边缘密度函数；

(2) 求 $P\left(Y>\dfrac{1}{2}\ \middle|\ X<\dfrac{1}{2}\right)$；

(3) 求 $P(X>Y)$.

38. 设二维随机变量 (X,Y) 的概率密度为

$$f(x,y)=\begin{cases} A(x^2+y), & x^2<y<1, \\ 0, & \text{其他}, \end{cases}$$

(1) 求常数 A；

(2) 求 X 和 Y 的边缘密度；

(3) X 和 Y 是否相互独立；

(4) 求 $P(Y<X)$.

39. 设 (X,Y) 的联合分布律为

X\Y	0	1	2	3
1	$\dfrac{2}{27}$	0	0	$\dfrac{1}{27}$
2	$\dfrac{6}{27}$	$\dfrac{6}{27}$	$\dfrac{6}{27}$	0
3	0	$\dfrac{6}{27}$	0	0

(1) 求 X,Y 的边缘分布律；

(2) 判断 X,Y 是否独立；

(3) 求在 $X=1$ 的条件下 Y 的条件分布律以及 $Y=0$ 的条件下 X 的条件分布律；

(4) 求 $P(X=3|Y=2)$ 以及 $P(Y=2|X=3)$.

40. 设（X,Y）服从椭圆 $\dfrac{x^2}{a^2}+\dfrac{y^2}{b^2}\leqslant 1$（$a>0,b>0$）上的均匀分布，求 $f_{X|Y}(x\,|\,y)$ 及 $f_{Y|X}(y\,|\,x)$.

41. 设随机变量 Y 服从 Γ-分布，其密度函数为：

$$f_Y(y)=\begin{cases}\dfrac{\beta^\alpha}{\Gamma(\alpha)}y^{\alpha-1}\mathrm{e}^{-\beta y}, & y>0,\\[2mm] 0, & y\leqslant 0,\end{cases}$$

其中 $\alpha>0,\beta>0$，而随机变量 X 关于 Y 的条件密度函数为：

$$当\ y>0\ 时，f_{X|Y}(x\,|\,y)=\begin{cases}y\mathrm{e}^{-xy}, & x\geqslant 0,\\ 0, & x<0,\end{cases}$$

求 X 的密度函数.

42. 设 $X\sim B(n,p)$，$Y\sim B(m,p)$，且 X 与 Y 相互独立，试证：$X+Y\sim B(m+n,p)$.

43. 设 X 与 Y 相互独立，分别服从参数为 λ,μ 的泊松分布.试证：$X+Y$ 服从参数为 $\lambda+\mu$ 的泊松分布.

44. 设 X 与 Y 相互独立，X 的密度函数为

$$f_X(x)=\begin{cases}1, & 0\leqslant x\leqslant 1,\\ 0, & 其他,\end{cases}$$

Y 的密度函数为

$$f_Y(y)=\begin{cases}2\mathrm{e}^{-2y}, & y\geqslant 0,\\ 0, & y<0,\end{cases}$$

求 $Z=X+Y$ 的密度函数.

45. 设二维离散型随机变量（X,Y）具有分布律

X \ Y	1	2	3	4	5	6
1	0.01	0.01	0.02	0.03	0.04	0.09
2	0.02	0	0.04	0.01	0.08	0.03
3	0.05	0.03	0	0.02	0.05	0.03
4	0.08	0.07	0.05	0.08	0.14	0.02

(1) 求 $Z=\max(X,Y)$ 的概率分布律；

(2) 求 $V=\min(X,Y)$ 的概率分布律.

46. 设随机变量 X 与 Y 相互独立，都服从区间（0,1）上的均匀分布，试求 $Z=\dfrac{X}{Y}$ 的密度函数.

47. 设某种产品的甲种指标 $X\sim N(60,16)$，乙种指标 $Y\sim U[10,40]$，且两指标相互独立.试求两指标之和 $Z=X+Y$ 的概率密度.

48. 已知随机变量 X 和 Y 的概率分布

$$X \sim \begin{pmatrix} -1 & 0 & 1 \\ \dfrac{1}{4} & \dfrac{1}{2} & \dfrac{1}{4} \end{pmatrix}, \quad Y \sim \begin{pmatrix} 0 & 1 \\ \dfrac{1}{2} & \dfrac{1}{2} \end{pmatrix},$$

而且 $P(XY=0)=1$.

(1) 求 X 与 Y 的联合分布律；

(2) 试问 X 和 Y 是否独立?

49*. 设随机变量 X 与 Y 相互独立, Y 服从 $(0,1)$ 上的均匀分布, X 的概率分布为

$$P(X = i) = \frac{1}{3}, \ i = -1,0,1,$$

记 $Z=X+Y$.

(1) 求 $P\left(Z \leqslant \dfrac{1}{2} \mid X=0\right)$；

(2) 求 Z 的密度函数 $f_Z(z)$.

扫一扫，获取参考答案

第3章

随机变量的数字特征

从上章内容可知,随机试验的样本点与随机变量的对应关系确定了随机变量的分布.本章要介绍的随机变量的数字特征则是通过求平均值的计算,以一维实数描述随机变量的取值的平均状况、离散程度以及二维随机变量的两个分量在线性意义上的联系.这些称为数学期望、方差和相关系数的数字特征,以简捷的方式反映了随机变量的一些分布特征.随机变量的数字特征是研究处理概率统计问题的重要工具.

§3.1 随机变量的数学期望

在反映整体的数量特征时,人们经常使用平均值.例如某班级一次考试成绩的平均分数反映整个班级该项测试内容的掌握水平;两个地区人均收入不同,则反映了两地区经济水平的差异,此时使用两地区总收入数值不能完全反映两地的经济水平.

为有助于理解数学期望的平均意义,在介绍数学期望的定义前,考虑下面这个例题.

现有甲、乙两位射手,他们的射击技术由下表显示:

击中环数	8	9	10
概率	0.2	0.5	0.3

击中环数	8	9	10
概率	0.1	0.8	0.1

试问哪个射手水平高.

这不是一眼即可看出答案的问题,虽然已经知道随机变量的分布律,但反映出的随机变量的特征不够明显.下面研究他们每次射击的平均击中环数来做比较,甲、乙各射击 N 发子弹,他们击中的环数大约为:

甲选手:$8 \times 0.2N + 9 \times 0.5N + 10 \times 0.3N = 9.1N$,

乙选手:$8 \times 0.1N + 9 \times 0.8N + 10 \times 0.1N = 9.0N$,

这样平均起来看,甲每枪击中 9.1 环,乙每枪击中 9.0 环,因此认为甲选手的水平好些.对一般离散型随机变量,我们引进如下定义:

定义 1　设离散型随机变量 X 的分布律为 $P(X = x_i) = p_i$,$i = 1, 2, \cdots$,若级数 $\sum\limits_{i=1}^{\infty} x_i p_i$ 绝对收敛,则称 $\sum\limits_{i=1}^{\infty} x_i p_i$ 的值为 X 的**数学期望**(或均值),记作 $E(X)$,即

$$E(X) = \sum_{i=1}^{\infty} x_i p_i. \tag{3-1}$$

这里要求级数 $\sum\limits_{i=1}^{\infty} x_i p_i$ 绝对收敛保证了 $\sum\limits_{i=1}^{\infty} x_i p_i$ 为无穷级数时,$\sum\limits_{i=1}^{\infty} x_i p_i$ 的和不会因级数各项求和次序的改变而改变.

下面给出几个常用离散型随机变量的数学期望.

(1)两点分布

随机变量 $X \sim B(1, p)$,其概率分布律为

X	0	1
P	$1-p$	p

$$E(X) = 0 \cdot (1-p) + 1 \cdot p = p.$$

(2)二项分布(参数为 n, p)

随机变量 $X \sim B(n, p)$,X 的概率分布律为

$$P(X = k) = C_n^k p^k (1-p)^{n-k}, \quad k = 0, 1, \cdots, n,$$

$$E(X) = \sum_{k=0}^{n} k \cdot C_n^k p^k (1-p)^{n-k}$$

$$= np \sum_{k=1}^{n} \frac{(n-1)!}{(k-1)!(n-k)!} p^{k-1} (1-p)^{n-k}$$

$$\xrightarrow{l=k-1} np \sum_{l=0}^{n-1} C_{n-1}^l p^l (1-p)^{(n-1)-l}$$

$$= np(p+1-p)^{n-1} = np.$$

（3）泊松分布（参数为 λ）

随机变量 $X \sim P(\lambda)$，X 的概率分布律为

$$P(X=k) = e^{-\lambda} \cdot \frac{\lambda^k}{k!}, \ k=0,1,2,\cdots,(\lambda>0),$$

$$E(X) = \sum_{k=0}^{\infty} \left(k \cdot e^{-\lambda} \frac{\lambda^k}{k!} \right) = \lambda \sum_{k=1}^{\infty} \left(e^{-\lambda} \cdot \frac{\lambda^{k-1}}{(k-1)!} \right)$$

$$\xrightarrow{l=k-1} \lambda e^{-\lambda} \sum_{l=0}^{\infty} \frac{\lambda^l}{l!} = \lambda.$$

（4）几何分布（参数为 p）

随机变量 X 服从几何分布，X 的概率分布律为

$$P(X=k) = q^{k-1}p, \ k=1,2,\cdots,$$

$$E(X) = \sum_{k=1}^{\infty} kq^{k-1}p = p \sum_{k=1}^{\infty} kq^{k-1} = p \cdot \frac{1}{p^2} = \frac{1}{p},$$

其中利用幂级数

$$\left(\sum_{k=0}^{\infty} x^k \right)' = \sum_{k=1}^{\infty} kx^{k-1}, \quad |x|<1,$$

而 $\sum_{k=0}^{\infty} x^k = \frac{1}{1-x}$,

$$\sum_{k=1}^{\infty} kx^{k-1} = \left(\frac{1}{1-x} \right)' = \frac{1}{(1-x)^2},$$

再令 $x=q$ 可得 $E(X) = \frac{1}{p}$.

以上对离散型随机变量的数学期望进行了定义，那么对于连续型随机变量情况又是怎样的呢？

连续型随机变量是随机试验的样本点与实数的对应，欲知连续型随机变量的均值，即数学期望，我们给出下列定义.

定义 2 设 X 为连续型随机变量，其概率密度为 $f(x)$，若 $\int_{-\infty}^{+\infty} xf(x)\mathrm{d}x$ 绝对收敛，称 $\int_{-\infty}^{+\infty} xf(x)\mathrm{d}x$ 的值为 X 的**数学期望**（或均

值),记作 $E(X)$,即

$$E(X) = \int_{-\infty}^{+\infty} xf(x)\mathrm{d}x. \tag{3-2}$$

紧接着给出下面几个常用的连续型随机变量的数学期望.

(1)均匀分布

随机变量 X 服从区间 $[a,b]$ 上的均匀分布,其概率密度为

$$f(x) = \begin{cases} \dfrac{1}{b-a}, & x \in [a,b], \\ 0, & x \overline{\in} [a,b], \end{cases}$$

其中 a,b 为常数,且 $a < b$. 则

$$E(X) = \int_{-\infty}^{+\infty} xf(x)\mathrm{d}x = \int_a^b \frac{x}{b-a}\mathrm{d}x = \frac{1}{b-a}\int_a^b x\mathrm{d}x = \frac{a+b}{2}.$$

(2)指数分布

随机变量 X 服从参数为 $\lambda > 0$ 的指数分布,其概率密度为

$$f(x) = \begin{cases} \lambda\mathrm{e}^{-\lambda x}, & x \geqslant 0, \\ 0, & x < 0, \end{cases}$$

$$E(X) = \int_{-\infty}^{+\infty} xf(x)\mathrm{d}x = \int_0^{+\infty} x\lambda\mathrm{e}^{-\lambda x}\mathrm{d}x = \frac{1}{\lambda}.$$

(3)正态分布

随机变量 $X \sim N(\mu,\sigma^2)$,其概率密度为

$$f(x) = \frac{1}{\sqrt{2\pi}\sigma}\mathrm{e}^{-\frac{(x-\mu)^2}{2\sigma^2}}, \quad -\infty < x < +\infty$$

$$E(X) = \int_{-\infty}^{+\infty} x\frac{1}{\sqrt{2\pi}\sigma}\mathrm{e}^{-\frac{(x-\mu)^2}{2\sigma^2}}\mathrm{d}x$$

$$\xrightarrow{t=\frac{x-\mu}{\sigma}} \int_{-\infty}^{+\infty} \frac{\sigma t+\mu}{\sqrt{2\pi}}\mathrm{e}^{-\frac{t^2}{2}}\mathrm{d}t = \mu.$$

(4)Γ-分布

随机变量 X 服从 Γ-分布,其概率密度为

$$f(x) = \begin{cases} \dfrac{\beta^\alpha}{\Gamma(\alpha)}x^{\alpha-1}\mathrm{e}^{-\beta x}, & x > 0, \\ 0, & x \leqslant 0, \end{cases} \quad \alpha,\beta > 0,$$

$$E(X) = \int_0^{+\infty} x \frac{\beta^\alpha}{\Gamma(\alpha)} x^{\alpha-1} e^{-\beta x} dx = \frac{1}{\Gamma(\alpha)} \int_0^{+\infty} \beta^\alpha x^{(\alpha+1)-1} e^{-\beta x} dx$$

$$\xlongequal{t=\beta x} \frac{1}{\beta\Gamma(\alpha)} \int_0^{+\infty} t^{(\alpha+1)-1} e^{-t} dt$$

$$= \frac{\Gamma(\alpha+1)}{\beta\Gamma(\alpha)} = \frac{\alpha}{\beta}.$$

数学期望是随机变量的均值,随机变量的函数仍为一维实数表达的随机变量,自然应对它的数学期望进行研究.但实际中求已知随机变量的函数的分布运算较复杂,为简单起见,我们引进一个定理,无须求出随机变量的函数的分布,而直接由已知随机变量的分布,求出该随机变量的函数的数学期望.

定理1 设 X 是随机变量,$Y = g(X)$ 是 X 的函数.

(ⅰ)当 X 是离散型随机变量,其分布律为 $P(X = x_i) = p_i$,$i = 1, 2, \cdots$,当级数 $\sum_{i=1}^{\infty} |g(x_i)| p_i$ 收敛时,随机变量 $Y = g(X)$ 的数学期望为

$$E(Y) = E[g(X)] = \sum_{i=1}^{\infty} g(x_i) p_i; \tag{3-3}$$

(ⅱ)当 X 是连续型随机变量,概率密度是 $f(x)$,若积分 $\int_{-\infty}^{+\infty} g(x) f(x) dx$ 绝对收敛,则随机变量 $Y = g(X)$ 的数学期望为

$$E(Y) = E[g(X)] = \int_{-\infty}^{+\infty} g(x) f(x) dx. \tag{3-4}$$

例1 设 X 是离散型随机变量,分布律为下表:

X	0	1	2
P	$\frac{1}{4}$	$\frac{1}{3}$	$\frac{5}{12}$

求 $E(X^2 + X)$.

解 这里 $g(x) = x^2 + x$,

$$E(X^2 + X) = \left[(0^2 + 0) \times \frac{1}{4}\right] + \left[(1^2 + 1) \times \frac{1}{3}\right] + \left[(2^2 + 2) \times \frac{5}{12}\right]$$

$$= \frac{19}{6}.$$

例 2 设 $X \sim N(0,1)$, $Y=|X|$, 求 Y 的数学期望.

解 $E(Y) = \int_{-\infty}^{+\infty} |x| f(x) \mathrm{d}x = \int_{-\infty}^{+\infty} |x| \cdot \frac{1}{\sqrt{2\pi}} \mathrm{e}^{-\frac{x^2}{2}} \mathrm{d}x$

$\qquad = 2 \cdot \int_0^{+\infty} x \cdot \frac{1}{\sqrt{2\pi}} \mathrm{e}^{-\frac{x^2}{2}} \mathrm{d}x = 2 \cdot \frac{1}{\sqrt{2\pi}} = \sqrt{\frac{2}{\pi}}.$

例 3 设 X 服从参数为 λ 的指数分布, 概率密度为

$$f(x) = \begin{cases} \lambda \mathrm{e}^{-\lambda x} & x \geq 0, \\ 0, & x < 0, \end{cases}$$

设 $Y = \mathrm{e}^{-\beta X}$, $\beta > 0$, 求 $E(Y)$.

解 $E(Y) = E(\mathrm{e}^{-\beta X}) = \int_{-\infty}^{+\infty} \mathrm{e}^{-\beta x} f(x) \mathrm{d}x$

$\qquad = \int_0^{+\infty} \mathrm{e}^{-\beta x} \cdot \lambda \mathrm{e}^{-\lambda x} \mathrm{d}x = \frac{\lambda}{\lambda + \beta}.$

二维随机变量 (X, Y) 的函数 $g(X, Y)$ 也是一维随机变量. 设 $Z = g(X, Y)$, 当已知 (X, Y) 的分布时, 无须求出 Z 的概率分布, 通过对 (X, Y) 的分布以及函数 $g(X, Y)$ 的运算, 就可得到 Z 的数学期望 $E(Z)$.

定理 2 设 (X, Y) 是二维随机变量, $Z = g(X, Y)$ 是 X 和 Y 的函数.

（ⅰ）设 (X, Y) 的联合分布律为

$$P(X = x_i, Y = y_j) = p_{ij}, \quad i, j = 1, 2, \cdots,$$

当级数 $\sum\limits_{i=1}^{\infty} \sum\limits_{j=1}^{\infty} |g(x_i, y_i)| p_{ij}$ 收敛时, Z 的数学期望为

$$E(Z) = E[g(X, Y)] = \sum_{i=1}^{\infty} \sum_{j=1}^{\infty} g(x_i, y_j) p_{ij}, \tag{3-5}$$

特别,

$$E(X) = \sum_{i=1}^{\infty} \sum_{j=1}^{\infty} x_i p_{ij} = \sum_{i=1}^{\infty} x_i p_i.; \tag{3-6}$$

$$E(Y) = \sum_{j=1}^{\infty} \sum_{i=1}^{\infty} y_j p_{ij} = \sum_{j=1}^{\infty} y_j p_{\cdot j}. \tag{3-7}$$

（ⅱ）设二维随机变量 (X, Y) 的联合概率密度为 $f(x, y)$, 若 $\int_{-\infty}^{+\infty}\int_{-\infty}^{+\infty} |g(x, y)| f(x, y) \mathrm{d}x\mathrm{d}y$ 收敛, 则 X, Y 的函数 $Z = g(X, Y)$

的数学期望

$$E(Z) = E[g(X,Y)] = \int_{-\infty}^{+\infty} \int_{-\infty}^{+\infty} g(x,y)f(x,y)\mathrm{d}x\mathrm{d}y, \quad (3\text{-}8)$$

特别,

$$E(X) = \int_{-\infty}^{+\infty} \int_{-\infty}^{+\infty} xf(x,y)\mathrm{d}x\mathrm{d}y = \int_{-\infty}^{+\infty} xf_X(x)\mathrm{d}x, \quad (3\text{-}9)$$

$$E(Y) = \int_{-\infty}^{+\infty} \int_{-\infty}^{+\infty} yf(x,y)\mathrm{d}x\mathrm{d}y = \int_{-\infty}^{+\infty} yf_Y(y)\mathrm{d}y. \quad (3\text{-}10)$$

严格证明此定理超出了本课程的要求,故略去.

例4 设二维随机变量(X,Y)具有概率密度

$$f(x,y) = \begin{cases} 15x^2y, & 0 < x < y < 1, \\ 0, & \text{其他,} \end{cases}$$

设$Z = XY$,试求Z的数学期望.

解 $E(Z) = E(XY) = \int_{-\infty}^{+\infty} \int_{-\infty}^{+\infty} xy \cdot f(x,y)\mathrm{d}x\mathrm{d}y$

$$= \int_0^1 \left[\int_0^y xy \cdot 15x^2y\mathrm{d}x \right]\mathrm{d}y = \frac{15}{28}.$$

例5 设随机变量X与Y的联合概率密度为

$$f(x,y) = \begin{cases} 2xy, & (x,y) \in G, \\ 0, & \text{其他,} \end{cases}$$

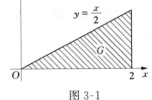

图 3-1

其中区域G如图3-1所示,求$E(2XY)$.

解 $E(2XY) = \int_{-\infty}^{+\infty} \int_{-\infty}^{+\infty} 2xyf(x,y)\mathrm{d}x\mathrm{d}y$

$$= \int_0^2 \mathrm{d}x \int_0^{\frac{x}{2}} 2xy \cdot 2xy\mathrm{d}y$$

$$= 4\int_0^2 x^2\mathrm{d}x \int_0^{\frac{x}{2}} y^2\mathrm{d}y$$

$$= \frac{1}{6}\int_0^2 x^5\mathrm{d}x = \frac{16}{9}.$$

数学期望是随机变量的数字特征.本章介绍的其他各随机变量的数字特征,均使用了对随机变量的函数求数学期望的运算.下面介绍数学期望的运算性质:

性质 1 若 C 为常数,则

$$E(C) = C; \tag{3-11}$$

性质 2 若 C 为常数,X 为随机变量,则

$$E(CX) = CE(X); \tag{3-12}$$

性质 3 若 X, Y 为任意两个随机变量,则有

$$E(X+Y) = E(X) + E(Y); \tag{3-13}$$

此性质可推广到 n 个随机变量 $X_1, X_2, \cdots, X_n$,则有

$$E(X_1 + X_2 + \cdots + X_n) = E(X_1) + E(X_2) + \cdots + E(X_n); \tag{3-14}$$

性质 4 若 X, Y 相互独立,则

$$E(XY) = E(X) \cdot E(Y). \tag{3-15}$$

此性质也可推广到 n 个相互独立的随机变量. 若 $X_1, X_2, \cdots, X_n$ 相互独立,则有

$$E(X_1 \cdot X_2 \cdot \cdots \cdot X_n) = E(X_1)E(X_2)\cdots E(X_n). \tag{3-16}$$

证 对于性质 1,将常数 C 视为随机变量 X,则 $P(X=C)=1$,有 $E(X) = C \times 1 = C.$

对于性质 2,设 $Y = g(X) = CX$ 即可证得.

对于性质 3,仅就连续型情况证明(离散型的证法类似).

设 (X, Y) 的联合概率密度为 $f(x, y)$,X, Y 的边缘概率密度分别为 $f_X(x), f_Y(y), g(X, Y) = X + Y$,

$$E(X+Y) = \int_{-\infty}^{+\infty} \int_{-\infty}^{+\infty} (x+y) f(x, y) \mathrm{d}x \mathrm{d}y$$

$$= \int_{-\infty}^{+\infty} x \left[\int_{-\infty}^{+\infty} f(x, y) \mathrm{d}y \right] \mathrm{d}x + \int_{-\infty}^{+\infty} y \left[\int_{-\infty}^{+\infty} f(x, y) \mathrm{d}x \right] \mathrm{d}y$$

$$= \int_{-\infty}^{+\infty} x f_X(x) \mathrm{d}x + \int_{-\infty}^{+\infty} y f_Y(y) \mathrm{d}y$$

$$= E(X) + E(Y).$$

对于性质 4,设 (X, Y) 的联合概率密度为 $f(x, y)$,X, Y 的边缘概率密度分别为 $f_X(x), f_Y(y), g(X, Y) = XY$,当 X 与 Y 相互独立时,有

$$f(x, y) = f_X(x) \cdot f_Y(y)$$

$$E(XY) = \int_{-\infty}^{+\infty} \int_{-\infty}^{+\infty} xyf(x,y)\mathrm{d}x\mathrm{d}y$$

$$= \int_{-\infty}^{+\infty} xf_X(x)\mathrm{d}x \int_{-\infty}^{+\infty} yf_Y(y)\mathrm{d}y$$

$$= E(X) \cdot E(Y),$$

(X,Y) 为离散型变量证法类似.

例 6 一民航机场的送客车载有 20 名乘客从机场开出,旅客有 10 个车站可以下车,如到达一个站无旅客下车就不停车,假设每位旅客在各个车站下车是等可能的,且旅客之间在哪一个站下车相互独立,以 X 表示停车的次数,求平均停车次数 $E(X)$.

解 显然 X 的可能取值是 $1,2,\cdots,10$,但由于 X 的分布律 $P(X=k)$,$k=1,2,\cdots,10$ 不易求出,因此要通过先求出 X 的分布律再计算 X 的数学期望较为困难,且问题中仅感兴趣于数学期望.因此,我们设法将 X 分解成一些较易求得数学期望的随机变量的和,再利用性质 3 求得 X 的数学期望.为此,引入随机变量

$$X_i = \begin{cases} 1, & \text{第 } i \text{ 站有人下车}, \\ 0, & \text{第 } i \text{ 站无人下车}, \end{cases} \quad i=1,2,\cdots,10,$$

则

$$X = X_1 + X_2 + \cdots + X_{10}.$$

按题意,对一位旅客而言,他在第 i 站下车的概率是 $1/10$,在第 i 站不下车的概率是 $9/10$.由于在各个站旅客下车与否相互独立,故第 i 站无人下车的概率为 $\left(\dfrac{9}{10}\right)^{20}$,从而第 i 站有人下车的概率为 $1-\left(\dfrac{9}{10}\right)^{20}$.于是有 X_i 的分布律:

X_i	0	1	
P	$\left(\dfrac{9}{10}\right)^{20}$	$1-\left(\dfrac{9}{10}\right)^{20}$	$i=1,2,\cdots,10,$

则

$$E(X_i) = 0 \times \left(\frac{9}{10}\right)^{20} + 1 \times \left[1 - \left(\frac{9}{10}\right)^{20}\right]$$

$$= 1 - \left(\frac{9}{10}\right)^{20}, \quad i=1,2,\cdots,10,$$

进而得

$$E(X) = E(X_1) + E(X_2) + \cdots + E(X_{10})$$

$$= 10 \times \left[1 - \left(\frac{9}{10} \right)^{20} \right] = 8.784,$$

即平均停车 8.784 次.

本例将欲求数学期望的随机变量表示为 n 个随机变量的和,再利用性质 3 求其数学期望,这种处理方法,具有一定的普遍意义.

例 7 设某种零件的长、宽相互独立地分别在区间 $[a,b]$,$[c,d]$ 上均匀分布,试求此零件面积的数学期望.

解 用 X 表示零件的长,Y 表示零件的宽,由于 X,Y 相互独立,故

$$E(XY) = E(X) \cdot E(Y) = \frac{a+b}{2} \times \frac{c+d}{2} = \frac{(a+b)(c+d)}{4}.$$

例 8 设有 n 个人过节日互相赠礼物,设每人准备一件礼物,集中在一起,然后每个人从中随机地挑选一件礼物. 试求恰好取回自己所准备的礼物的人数的数学期望.

解 设 Y 为恰好取回自己所准备的礼物人数,并设

$$X_i = \begin{cases} 1, & \text{第 } i \text{ 个人恰好取回自己的礼物,} \\ 0, & \text{第 } i \text{ 个人未取回自己的礼物,} \end{cases} \quad i = 1, 2, \cdots, n.$$

则

$$Y = X_1 + X_2 + \cdots + X_n,$$

且

$$P(X_i = 1) = \frac{1}{n}, P(X_i = 0) = 1 - \frac{1}{n},$$

于是

$$E(X_i) = 1 \times \frac{1}{n} + 0 \times \left(1 - \frac{1}{n} \right) = \frac{1}{n}, \quad i = 1, 2, \cdots, n,$$

由性质 3,即得

$$E(Y) = E(X_1) + \cdots + E(X_n) = 1,$$

即无论人数为多少,恰好取回自己礼物的人数的数学期望总为 1.

§3.2　随机变量的方差

数学期望反映了随机变量分布的平均取值,但在实际问题中,我们不仅关心某指标的平均取值,而且还关心其取值与平均值的偏离程度. 例如,对一批灯泡的寿命,我们不仅希望其平均寿命要长,另外也希望这批灯泡相互间寿命的差异要小,即平时所说的质量较稳定,而衡量质量稳定性的数量指标即本节所要讨论的数字特征——方差.

怎样衡量一个随机变量与其均值的偏离程度呢？一个直接的想法是用 $E[|X-E(X)|]$ 的大小来衡量,但由于它带有绝对值,将给计算和理论研究带来很大的不便,为此通常采用 $E\{[X-E(X)]^2\}$ 来度量随机变量与其均值的偏离程度,我们引入如下定义.

定义 3　设 X 为随机变量,若 $E[X-E(X)]^2$ 存在,则称 $E[X-E(X)]^2$ 为 X 的**方差**,记为 $D(X)$,即

$$D(X)=E[X-E(X)]^2, \tag{3-17}$$

并称 $\sigma(X)=\sqrt{D(X)}$ 为 X 的**标准差**.

$[X-E(X)]^2$ 是 X 的函数,从定义可知,方差 $D(X)$ 反映了 X 的分布的集中状况,由于 $D(X)$ 与 X 的量纲不同,因此在工程技术应用中,经常使用与 X 有相同量纲的标准差 $\sigma(X)$,从方差的定义可知,$D(X)\geqslant 0$.

利用数学期望的运算性质,可得计算方差的重要公式:

$$D(X)=E(X^2)-[E(X)]^2. \tag{3-18}$$

这是由于

$$\begin{aligned}
D(X)&=E\{[X-E(X)]^2\}\\
&=E(X^2)-2E(X)\cdot E(X)+[E(X)]^2\\
&=E(X^2)-[E(X)]^2,
\end{aligned}$$

今后,计算方差时,常使用这一公式.

下面给出几个常用分布的方差.

(1)两点分布

随机变量 X 服从 $0-1$ 分布(两点分布),分布律为

X	0	1
P	$1-p$	p

由于 $EX^2=0^2 \cdot (1-p)+1^2 \cdot p=p$,所以

$\quad D(X)=EX^2-[E(X)]^2=p-p^2=p(1-p)=pq \quad (记\ q=1-p).$

(2)二项分布

随机变量 $X \sim B(n,p)$,X 的分布律为

$$P(X=k)=C_n^k p^k(1-p)^{n-k}, \quad k=0,1,2,\cdots,n.$$

由 §3.1 已知 $E(X)=np$,

$E(X^2)=E[X+X(X-1)]=E(X)+E[X(X-1)]$

$$=np+\sum_{k=0}^{n} k(k-1)C_n^k p^k(1-p)^{n-k}$$

$$=np+\sum_{k=2}^{n} k(k-1)C_n^k p^k(1-p)^{n-k}$$

$$=np+\sum_{k=2}^{n} \frac{n!}{(k-2)!(n-k)!}p^k(1-p)^{n-k}$$

$$\xlongequal{l=k-2} np+n(n-1)p^2 \sum_{l=0}^{n-2} \frac{(n-2)!}{l!(n-2-l)!} \cdot p^l(1-p)^{n-2-l}$$

$$=np+n(n-1)p^2,$$

$$D(X)=E(X^2)-[E(X)]^2=npq.$$

(3)泊松分布

随机变量 $X \sim P(\lambda)$,$P(X=k)=\dfrac{\lambda^k e^{-\lambda}}{k!}$,$k=0,1,2,\cdots$,已知 $E(X)=\lambda$,

由此得

$$E(X^2)=\sum_{k=0}^{\infty} k^2 \frac{\lambda^k e^{-\lambda}}{k!}=\sum_{k=0}^{\infty}(k-1+1) \cdot k\frac{\lambda^k e^{-\lambda}}{k!}$$

$$=\sum_{k=0}^{\infty} k(k-1)\frac{\lambda^k e^{-\lambda}}{k!}+\sum_{k=0}^{\infty} k\frac{\lambda^k e^{-\lambda}}{k!}$$

$$=\sum_{k=2}^{\infty} \frac{\lambda^2 \lambda^{k-2} e^{-\lambda}}{(k-2)!}+E(X)$$

$$=\lambda^2 e^{-\lambda} \sum_{k-2=0}^{\infty} \frac{\lambda^{k-2}}{(k-2)!}+\lambda=\lambda^2+\lambda,$$

于是
$$D(X)=E(X^2)-[E(X)]^2=\lambda.$$

注:泊松分布 $E(X)=D(X)$ 其直观意义可解释如下:设售票站单位时间接待的顾客人数服从泊松分布.当 λ 越大时,即出现顾客人数越多的时段,顾客数的离散程度也就越高,即越忙时,越会发生时忙时闲,忙闲不均的情况.

(4)指数分布

随机变量 X 服从参数为 λ 的指数分布,其概率密度为
$$f(x)=\begin{cases}\lambda \mathrm{e}^{-\lambda x}, & x\geqslant 0, \\ 0, & x<0,\end{cases}\quad \lambda>0,$$

由 §3.1 已知
$$E(X)=\frac{1}{\lambda},$$

由此得
$$E(X^2)=\int_{-\infty}^{+\infty} x^2 f(x)\mathrm{d}x=\int_0^{+\infty} x^2 \lambda \mathrm{e}^{-\lambda x}\mathrm{d}x=\frac{2}{\lambda^2},$$
$$D(X)=E(X^2)-[E(X)]^2=\frac{1}{\lambda^2}.$$

(5)正态分布

随机变量 $X\sim N(\mu,\sigma^2)$,
$$D(X)=\int_{-\infty}^{+\infty} [x-E(X)]^2 f(x)\mathrm{d}x$$
$$=\int_{-\infty}^{+\infty} (x-\mu)^2 \frac{1}{\sqrt{2\pi}\sigma}\mathrm{e}^{-\frac{(x-\mu)^2}{2\sigma^2}}\mathrm{d}x$$
$$=\sigma^2,$$

标准差为 $\sigma(X)=\sqrt{D(X)}=\sigma.$

(6)几何分布

随机变量 X 服从几何分布,其分布律为
$$P(X=k)=pq^{k-1}, \quad k=1,2,\cdots, q=1-p.$$

由 §3.1 知
$$E(X)=\frac{1}{p},$$

由此可知

$$E(X^2) = \sum_{k=1}^{\infty} k^2 pq^{k-1} = p \sum_{k=1}^{\infty} [(k+1)-1]kq^{k-1}$$

$$= p \sum_{k=1}^{\infty} (k+1)kq^{k-1} - p \sum_{k=1}^{\infty} kq^{k-1},$$

由幂级数性质，当 $|x| < 1$ 时

$$\left(\frac{1}{1-x}\right)'' = \left(\sum_{k=0}^{\infty} x^k\right)'' = \sum_{k=2}^{\infty} k(k-1)x^{k-2}$$

$$= \sum_{k=1}^{\infty} k(k+1)x^{k-1},$$

$$\sum_{k=1}^{\infty} k(k+1)x^{k-1} = \frac{2}{(1-x)^3},$$

令 $x=q$ 得

$$\sum_{k=1}^{\infty} k(k+1)q^{k-1} = \frac{2}{(1-q)^3} = \frac{2}{p^3},$$

则有

$$E(X^2) = p \cdot \frac{2}{p^3} - \frac{1}{p} = \frac{2-p}{p^2},$$

所以有

$$D(X) = E(X^2) - [E(X)]^2 = \frac{1-p}{p^2} = \frac{q}{p^2}.$$

(7)均匀分布

随机变量 X 服从均匀分布，其概率密度为

$$f(x) = \begin{cases} \dfrac{1}{b-a}, & x \in [a,b], \\ 0, & x \overline{\in} [a,b], \end{cases}$$

则

$$E(X^2) = \int_{-\infty}^{+\infty} x^2 f(x) dx = \int_a^b x^2 \frac{1}{b-a} dx = \frac{b^2+ab+a^2}{3},$$

$$D(X) = E(X^2) - [E(X)]^2 = \frac{b^2+ab+a^2}{3} - \frac{(b+a)^2}{4} = \frac{(b-a)^2}{12}.$$

(8)Γ-分布

随机变量 X 服从 Γ-分布，其概率密度为

$$f(x) = \begin{cases} \dfrac{\beta^{\alpha}}{\Gamma(\alpha)} x^{\alpha-1} e^{-\beta x}, & x > 0, \\ 0, & x \leqslant 0, \end{cases}$$

则

$$E(X^2) = \int_{-\infty}^{+\infty} x^2 f(x) \, dx = \int_0^{+\infty} x^2 \frac{\beta^\alpha}{\Gamma(\alpha)} x^{\alpha-1} e^{-\beta x} \, dx$$

$$= \frac{\Gamma(\alpha+2)}{\beta^2 \Gamma(\alpha)} \int_0^{+\infty} \frac{\beta^{\alpha+2}}{\Gamma(\alpha+2)} x^{(\alpha+2)-1} e^{-\beta x} \, dx$$

$$= \frac{(\alpha+1)\alpha}{\beta^2},$$

所以

$$D(X) = E(X^2) - [E(X)]^2 = \frac{(\alpha+1)\alpha}{\beta^2} - \left(\frac{\alpha}{\beta}\right)^2 = \frac{\alpha}{\beta^2}.$$

与数学期望具有一些好的性质一样,方差也具有很多好的性质.

性质 1 若 C 为常数,则

$$D(C) = 0; \tag{3-19}$$

反之,若 $D(X) = 0$,则存在常数 C,使 $P(X=C) = 1$(这时,$C = E(X)$);

性质 2 若 X 为随机变量,C 为常数,则

$$D(CX) = C^2 D(X); \tag{3-20}$$

性质 3 若 X_1, X_2 是任意两个随机变量,则

$$D(X_1 \pm X_2) = D(X_1) + D(X_2) \pm 2E\{[X_1 - E(X_1)][X_2 - E(X_2)]\}$$

$$= D(X_1) + D(X_2) \pm 2[E(X_1 X_2) - E(X_1) \cdot E(X_2)]; \tag{3-21}$$

性质 4 若 X_1, X_2 相互独立,则

$$D(X_1 \pm X_2) = D(X_1) + D(X_2). \tag{3-22}$$

推论 若 $X_1, X_2, \cdots, X_n$ 是 n 个相互独立的随机变量,则

$$D(X_1 \pm X_2 \pm \cdots \pm X_n) = D(X_1) + D(X_2) + \cdots + D(X_n). \tag{3-23}$$

证 性质 1 由方差的运算公式 $D(C) = E(C^2) - [E(C)]^2 = C^2 - C^2 = 0$ 得出.

这一性质说明当随机变量只取一个值 C 时分布最集中,方差最小. 反之,证明略.

性质 2 由方差定义有

$$D(CX) = E[CX - E(CX)]^2 = E[CX - CE(X)]^2$$
$$= E\{C^2[X - E(X)]^2\} = C^2 E[X - E(X)]^2 = C^2 D(X).$$

性质 3 同样由方差定义得：

$$D(X_1 \pm X_2) = E[(X_1 \pm X_2) - E(X_1 \pm X_2)]^2$$
$$= E\{[X_1 - E(X_1)]^2 + [X_2 - E(X_2)]^2$$
$$\pm 2E[X_1 - E(X_1)][X_2 - E(X_2)]\}$$
$$= D(X_1) + D(X_2) \pm 2[E(X_1 X_2) - E(X_1) \cdot E(X_2)].$$

性质 4 由性质 3 结论，由 X_1 与 X_2 相互独立，有 $E(X_1 X_2)$ $= E(X_1) \cdot E(X_2)$，则

$$D(X_1 \pm X_2) = D(X_1) + D(X_2).$$

注：由上述性质再去求方差，问题会简便得多.

例 9 离散型随机变量 X 具有分布律

X	-2	-1	0	1	2
P	$\frac{1}{16}$	$\frac{2}{16}$	$\frac{3}{16}$	$\frac{2}{16}$	$\frac{8}{16}$

求 X 的方差.

解 $E(X) = \sum\limits_{i=1}^{\infty} x_i p_i$

$$= (-2) \times \frac{1}{16} + (-1) \times \frac{2}{16} + 0 \times \frac{3}{16} + 1 \times \frac{2}{16} + 2 \times \frac{8}{16}$$

$$= \frac{7}{8},$$

$$D(X) = E(X^2) - [E(X)]^2$$

$$= (-2)^2 \times \frac{1}{16} + (-1)^2 \times \frac{2}{16} + 0^2 \times \frac{3}{16} + 1^2 \times \frac{2}{16} + 2^2 \times \frac{8}{16} - \left(\frac{7}{8}\right)^2$$

$$= \frac{40}{16} - \frac{49}{64} = \frac{111}{64}.$$

例 10 设随机变量 X 具有概率密度

$$f(x) = \begin{cases} x, & 0 < x \leqslant 1, \\ 2 - x, & 1 < x \leqslant 2, \\ 0, & \text{其他}, \end{cases}$$

求 $E(X), D(X)$.

解 $E(X)=\int_{-\infty}^{+\infty}xf(x)\mathrm{d}x=\int_0^1 x\cdot x\mathrm{d}x+\int_1^2 x\cdot(2-x)\mathrm{d}x=1,$

由于 $D(X)=E(X^2)-[E(X)]^2,$

$$E(X^2)=\int_{-\infty}^{+\infty}x^2 f(x)\mathrm{d}x=\int_0^1 x^2\cdot x\mathrm{d}x+\int_1^2 x^2\cdot(2-x)\mathrm{d}x=\frac{7}{6},$$

于是

$$D(X)=\frac{7}{6}-1^2=\frac{1}{6}.$$

例 11 袋中有 n 张卡片,号码分别为 $1,2,\cdots,n$,从中有放回地抽出 k 张卡片,令 X 表示所抽得的 k 张卡片的号码之和,试求 $E(X)$ 及 $D(X)$.

解 令 X_i 表示第 i 次抽取的卡片号码 $(i=1,2,\cdots,k)$,则 $X=X_1+X_2+\cdots+X_k$,因为是有放回抽取,所以诸 X_i 相互独立,且

$$P(X_i=j)=\frac{1}{n},\quad j=1,2,\cdots,n,\ i=1,2,\cdots k,$$

故

$$E(X_i)=\sum_{j=1}^n j\cdot\frac{1}{n}=\frac{1}{n}\frac{n(n+1)}{2}=\frac{n+1}{2},$$

$$E(X_i^2)=\sum_{j=1}^n j^2\cdot\frac{1}{n}=\frac{1}{n}\cdot\frac{n(n+1)(2n+1)}{6}$$

$$=\frac{1}{6}(n+1)(2n+1),$$

$$D(X_i)=E(X_i^2)-[E(X_i)]^2=\frac{1}{12}(n^2-1),$$

从而

$$E(X)=\sum_{i=1}^k E(X_i)=\frac{k}{2}(n+1),$$

$$D(X)=\sum_{i=1}^k D(X_i)=\frac{k}{12}(n^2-1).$$

§3.3 随机变量的协方差与相关系数

对于二维随机变量 (X,Y),需要研究描述 X 与 Y 之间相互关系的数字特征.

从方差性质 4 的证明中可知,当两个随机变量 X 与 Y 相互独立时,

$$E\{[X-E(X)][Y-E(Y)]\}=0.$$

当 $E\{[X-E(X)][Y-E(Y)]\}\neq 0$ 时,X 与 Y 不相互独立,它们的取值有无联系? 以下介绍的协方差和相关系数描述了两个随机变量 X 与 Y 之间存在的线性联系.

定义 4 当 $E\{[X-E(X)][Y-E(Y)]\}$ 存在时,则称此为 X 与 Y 的**协方差**,记为 $\mathrm{cov}(X,Y)$,即

$$\mathrm{cov}(X,Y)=E\{[X-E(X)][Y-E(Y)]\},\qquad (3\text{-}24)$$

而当 $D(X)\cdot D(Y)\neq 0$ 时,定义

$$\rho_{XY}=\frac{\mathrm{cov}(X,Y)}{\sqrt{D(X)}\sqrt{D(Y)}}\qquad (3\text{-}25)$$

为 X,Y 的**相关系数**,或称为**标准协方差**.

不难推得协方差的另一计算公式:

$$\mathrm{cov}(X,Y)=E(XY)-E(X)\cdot E(Y).\qquad (3\text{-}26)$$

证 $\mathrm{cov}(X,Y)=E\{[X-E(X)]\cdot[Y-E(Y)]\}$

$$\begin{aligned}
&=E(XY)-E(X)\cdot E(Y)-E(X)\cdot E(Y)\\
&\quad+E(X)\cdot E(Y)\\
&=E(XY)-E(X)\cdot E(Y).
\end{aligned}$$

由协方差的定义,以及上节中的展式,不难得到:

$$D(X+Y)=D(X)+D(Y)+2\mathrm{cov}(X,Y),\qquad (3\text{-}27)$$

$$D(X-Y)=D(X)+D(Y)-2\mathrm{cov}(X,Y),\qquad (3\text{-}28)$$

$$\begin{aligned}
D(X+Y+Z)=&D(X)+D(Y)+D(Z)+2\mathrm{cov}(X,Y)\\
&+2\mathrm{cov}(X,Z)+2\mathrm{cov}(Y,Z),\qquad (3\text{-}29)
\end{aligned}$$

等等.同时协方差还具有如下性质:

(ⅰ) $\mathrm{cov}(X,Y)=\mathrm{cov}(Y,X)$; $\qquad (3\text{-}30)$

(ⅱ) $\mathrm{cov}(aX,bY)=ab\mathrm{cov}(X,Y)$; $\qquad (3\text{-}31)$

(ⅲ) $\mathrm{cov}(X+Y,Z)=\mathrm{cov}(X,Z)+\mathrm{cov}(Y,Z)$; $\qquad (3\text{-}32)$

(ⅳ) $\rho_{XY}=\mathrm{cov}\left[\dfrac{X-E(X)}{\sqrt{D(X)}},\dfrac{Y-E(Y)}{\sqrt{D(Y)}}\right].$ $\qquad (3\text{-}33)$

我们称 $\dfrac{X-E(X)}{\sqrt{D(X)}}$ 为 X 的**标准化变量**. 标准化变量的期望为 0,

方差为 1, 于是由(ⅳ)即知 X 和 Y 的相关系数就是它们各自的标准化变量的协方差.

性质(ⅰ)很显然, 故略证, 下面证明(ⅱ), (ⅲ).

证明(ⅱ) $\begin{aligned}\mathrm{cov}(aX,bY)&=E(aX\cdot bY)-E(aX)\cdot E(bY)\\&=ab[E(XY)-E(X)\cdot E(Y)]\\&=ab\mathrm{cov}(X,Y).\end{aligned}$

(ⅲ) $\begin{aligned}\mathrm{cov}(X+Y,Z)&=E[(X+Y)Z]-E(X+Y)\cdot E(Z)\\&=E(XZ)+E(YZ)-E(X)\cdot E(Z)-E(Y)\cdot E(Z)\\&=[E(XZ)-E(X)E(Z)]+[E(YZ)-E(Y)E(Z)]\\&=\mathrm{cov}(X,Z)+\mathrm{cov}(Y,Z).\end{aligned}$

关于性质(ⅳ), 把随机变量 X,Y 标准化, 即可得到.

定理 3 $|\rho_{XY}|\leqslant 1$. 即相关系数的绝对值小于或等于 1.

证 由于

$$D\left[\dfrac{X-E(X)}{\sqrt{D(X)}}\pm\dfrac{Y-E(Y)}{\sqrt{D(Y)}}\right]$$

$$=D\left[\dfrac{X-E(X)}{\sqrt{D(X)}}\right]+D\left[\dfrac{Y-E(Y)}{\sqrt{D(Y)}}\right]$$

$$\pm 2\mathrm{cov}\left[\dfrac{X-E(X)}{\sqrt{D(X)}},\dfrac{Y-E(Y)}{\sqrt{D(Y)}}\right]$$

$$=1+1\pm 2\rho_{XY}$$

$$=2(1\pm\rho_{XY}),\tag{3-34}$$

再注意到方差的非负性, 就有 $2(1\pm\rho_{XY})\geqslant 0$, 即得 $|\rho_{XY}|\leqslant 1$.

定理 4 $|\rho_{XY}|=1$ 的充要条件是 X 与 Y 以概率 1 存在线性关系.

证 必要性:

(ⅰ) 设 $\rho_{XY}=1$, 由式(3-34)可知必有

$$D\left[\dfrac{X-E(X)}{\sqrt{D(X)}}-\dfrac{Y-E(Y)}{\sqrt{D(Y)}}\right]=0,$$

由方差的性质 1, 可知必有

$$P\left[\dfrac{X-E(X)}{\sqrt{D(X)}}-\dfrac{Y-E(Y)}{\sqrt{D(Y)}}=C\right]=1,$$

其中 $C=E\left[\dfrac{X-E(X)}{\sqrt{D(X)}}-\dfrac{Y-E(Y)}{\sqrt{D(Y)}}\right]=0$,于是,

$$P\left(\frac{X-E(X)}{\sqrt{D(X)}}=\frac{Y-E(Y)}{\sqrt{D(Y)}}\right)=1,$$

即 X 与 Y 以概率 1 存在线性关系. 此时我们称 X 与 Y 完全正相关.

（ⅱ）当 $\rho_{XY}=-1$ 时,由式(3-34)有

$$D\left[\frac{X-E(X)}{\sqrt{D(X)}}+\frac{Y-E(Y)}{\sqrt{D(Y)}}\right]=0,$$

同样由方差性质 1,有

$$P\left[\frac{X-E(X)}{\sqrt{D(X)}}+\frac{Y-E(Y)}{\sqrt{D(Y)}}=C\right]=1,$$

其中

$$C=E\left[\frac{X-E(X)}{\sqrt{D(X)}}+\frac{Y-E(Y)}{\sqrt{D(Y)}}\right]=0,$$

于是,

$$P\left[\frac{X-E(X)}{\sqrt{D(X)}}=-\frac{Y-E(Y)}{\sqrt{D(Y)}}\right]=1,$$

即 X 与 Y 以概率 1 存在线性关系,此时我们称 X 与 Y 完全负相关.

充分性可由相关系数定义直接证明.

定义 5 若 $\rho_{XY}=0$,则称 X 与 Y **不相关**.

定理 5 若 X 与 Y 相互独立,则 X 与 Y 必不相关.

证 因 X 与 Y 独立,则 $E(XY)=E(X)\cdot E(Y)$,

从而 $\mathrm{cov}(X,Y)=E(XY)-E(X)\cdot E(Y)=0$,故 $\rho_{XY}=0$.

即由随机变量的独立性可推出其不相关性,反之,由随机变量的不相关性一般不能推出独立性.

例 12 设二维随机变量 (X,Y) 具有分布律,

X \ Y	0	1
-1	$\dfrac{1}{3}$	0
0	0	$\dfrac{1}{3}$
1	$\dfrac{1}{3}$	0

易知 X,Y,XY 的分布律分别为:

X	-1	0	1
P	$\frac{1}{3}$	$\frac{1}{3}$	$\frac{1}{3}$

Y	0	1
P	$\frac{2}{3}$	$\frac{1}{3}$

XY	0
P	1

从而 $E(X)=0,E(Y)=\frac{1}{3},E(XY)=0$,

$$\text{cov}(X,Y)=E(XY)-E(X)\cdot E(Y)=0-0=0,$$

即知 $\rho_{XY}=0$,即 X 与 Y 不相关,但由于

$$P(X=0,Y=0)=0\neq P(X=0)\cdot P(Y=0)=\frac{2}{9},$$

即知 X 与 Y 并不相互独立.

例 13 设二维随机变量 (X,Y) 在圆 $x^2+y^2\leqslant1$ 内均匀分布,其概率密度为

$$f(x,y)=\begin{cases}\dfrac{1}{\pi}, & x^2+y^2\leqslant1, \\ 0, & \text{其他},\end{cases}$$

则易知 $\rho_{XY}=0$,即 X 与 Y 不相关,但 X 与 Y 并不相互独立.事实上,由题意易知边缘密度为

$$f_X(x)=\begin{cases}\dfrac{2}{\pi}\sqrt{1-x^2}, & |x|\leqslant1, \\ 0, & \text{其他},\end{cases}$$

$$f_Y(y)=\begin{cases}\dfrac{2}{\pi}\sqrt{1-y^2}, & |y|\leqslant1, \\ 0, & \text{其他}.\end{cases}$$

显然 X 与 Y 的联合密度 $f(x,y)$ 与边缘密度的乘积 $f_X(x)\cdot f_Y(y)$ 在平面上并不几乎处处相等,即得 X 与 Y 并不相互独立.

一般来说,由不相关性并不能推出独立性.但由下例可知,对于二维正态变量来说不相关与独立是等价的,这也是二维正态变量的重要性质.

例 14 设 (X,Y) 为二维正态变量,$(X,Y)\sim N(\mu_1,\mu_2,\sigma_1^2,\sigma_2^2,\rho)$,其概率密度为

$$f(x,y)=\frac{1}{2\pi\sigma_1\sigma_2\sqrt{1-\rho^2}}e^{\left\{-\frac{1}{2(1-\rho^2)}\left[\frac{(x-\mu_1)^2}{\sigma_1^2}-2\rho\frac{(x-\mu_1)(y-\mu_2)}{\sigma_1\sigma_2}+\frac{(y-\mu_2)^2}{\sigma_2^2}\right]\right\}},$$

$$-\infty<x<+\infty,-\infty<y<+\infty,$$

前面已经算得，

$$E(X)=\mu_1, \quad D(X)=\sigma_1^2,$$
$$E(Y)=\mu_2, \quad D(Y)=\sigma_2^2.$$

下面计算 X 与 Y 的相关系数. 因

$$\mathrm{cov}(X,Y)=\int_{-\infty}^{+\infty}\int_{-\infty}^{+\infty}(x-\mu_1)(y-\mu_2)f(x,y)\mathrm{d}x\mathrm{d}y$$
$$=\int_{-\infty}^{+\infty}\int_{-\infty}^{+\infty}(x-\mu_1)(y-\mu_2)$$
$$\cdot\frac{1}{2\pi\sigma_1\sigma_2\sqrt{1-\rho^2}}e^{\left\{-\frac{1}{2(1-\rho^2)}\left[\frac{(x-\mu_1)^2}{\sigma_1^2}-2\rho\frac{(x-\mu_1)(y-\mu_2)}{\sigma_1\sigma_2}+\frac{(y-\mu_2)^2}{\sigma_2^2}\right]\right\}}\mathrm{d}x\mathrm{d}y,$$

令 $t=\frac{1}{\sqrt{1-\rho^2}}\left(\frac{y-\mu_2}{\sigma_2}-\rho\frac{x-\mu_1}{\sigma_1}\right)$, $u=\frac{x-\mu_1}{\sigma_1}$,

则雅可比行列式 $J=\sqrt{1-\rho^2}\cdot\sigma_1\sigma_2$, 于是

$$\mathrm{cov}(X,Y)=\frac{1}{2\pi}\int_{-\infty}^{+\infty}\int_{-\infty}^{+\infty}(\sigma_1\sigma_2\sqrt{1-\rho^2}tu+\rho\sigma_1\sigma_2u^2)e^{-\frac{u^2}{2}-\frac{t^2}{2}}\mathrm{d}t\mathrm{d}u$$
$$=\frac{\rho\sigma_1\sigma_2}{2\pi}\left(\int_{-\infty}^{+\infty}u^2\cdot e^{-\frac{u^2}{2}}\mathrm{d}u\right)\cdot\left(\int_{-\infty}^{+\infty}e^{-\frac{t^2}{2}}\mathrm{d}t\right)$$
$$+\frac{\sigma_1\sigma_2\sqrt{1-\rho^2}}{2\pi}\left(\int_{-\infty}^{+\infty}ue^{-\frac{u^2}{2}}\mathrm{d}u\right)\left(\int_{-\infty}^{+\infty}te^{-\frac{t^2}{2}}\mathrm{d}t\right)$$
$$=\frac{\rho\sigma_1\sigma_2}{2\pi}\cdot\sqrt{2\pi}\cdot\sqrt{2\pi}+0=\rho\sigma_1\sigma_2,$$

从而

$$\rho_{XY}=\frac{\mathrm{cov}(X,Y)}{\sigma_1\sigma_2}=\frac{\rho\sigma_1\sigma_2}{\sigma_1\sigma_2}=\rho,$$

即对二维正态分布而言，参数 ρ 正是 X 与 Y 的相关系数.

例 15 设随机变量 X 的概率密度函数 $f(x)$ 为偶函数，且 $EX^2<\infty$. 证明：

（ⅰ）X 与 $|X|$ 不相关；

（ⅱ）X 与 $|X|$ 不独立.

证明 （ⅰ）由于 $f(x)$ 为偶函数，所以

$$E(X)=\int_{-\infty}^{+\infty}xf(x)\mathrm{d}x=0,$$
$$E(X|X|)=\int_{-\infty}^{+\infty}x|x|f(x)\mathrm{d}x=0,$$

从而
$$\operatorname{cov}(X, |X|) = E(X|X|) - E(X) \cdot E(|X|) = 0,$$
即 X 与 $|X|$ 不相关.

（ⅱ）由于 $f(x)$ 为偶函数,故存在常数 $c > 0$,使得
$$0 < P(X \leqslant c) < 1,$$
从而
$$0 < P(|X| \leqslant c) < 1.$$
由于
$$P(X \leqslant c, |X| \leqslant c) = P(|X| \leqslant c) < P(X \leqslant c) \cdot P(|X| \leqslant c),$$
故 X 与 $|X|$ 不独立.

以上对相关系数的定义及性质作了一番说明,下面进一步简要介绍一下相关系数的意义.

相关系数 $\rho(X, Y)$ 反映了二维随机向量 (X, Y) 的两分量 X 与 Y 间的线性联系. 以离散型为例,当 $|\rho(X, Y)| = 1$ 时,$P(X = x_i, Y = y_j) \neq 0$ 的点 (x_i, y_j) 几乎全部落在直线 $Y = aX + b$ 上, （其中 a, b 为常数,它们的值与 (X, Y) 的分布状况有关）. 若 $\rho(X, Y) = 0$,X 与 Y 无线性联系,(X, Y) 的分布不在一条直线上,$|\rho(X, Y)|$ 的值越接近 1,(X, Y) 的分布越接近一条直线. 当 $a > 0$ 时该直线斜率为正,当 $a < 0$ 时,该直线斜率为负. $|\rho(X, Y)|$ 的值接近 0 时,(X, Y) 的分布不在一条直线上.

当 $|\rho(X, Y)|$ 接近 1 时,若知 $P(X = x_i, Y = y_j) \neq 0$,可以认为点 (x_i, y_j) 在直线 $Y = aX + b$ 附近. 因此由 x_i 的值大致估计 $y_j = ax_i + b$, 或由 y_j 的值大致估计 $x_i = \dfrac{y_j - b}{a}$,这是预测估计的一种方法.

需要注意的是 $\rho(X, Y)$ 仅能反映随机变量 X 与 Y 的线性联系. 而当 X 与 Y 具有非线性的联系(如 X 与 Y 的点分布在一条抛物线上)时,$\rho(X, Y)$ 的值会接近于 0. 应该指出,本课程并未介绍能反映随机变量 X 与 Y 的非线性联系的数字特征. 相关系数 $\rho(X, Y)$ 只有当其值接近于 ± 1 时,才说明 X 与 Y 的分布接近于一条直线.

随机变量 X 与 Y 相互独立和 X 与 Y 不相关是两个不同的概念. X 与 Y 独立则必有 X 与 Y 不相关,而 X 与 Y 不相关,则是说明

X 与 Y 无线性联系，X 与 Y 不一定相互独立.

下面以图形示意相关系数 $\rho(X,Y)$ 在 X 与 Y 具有各种关系时的取值情况.

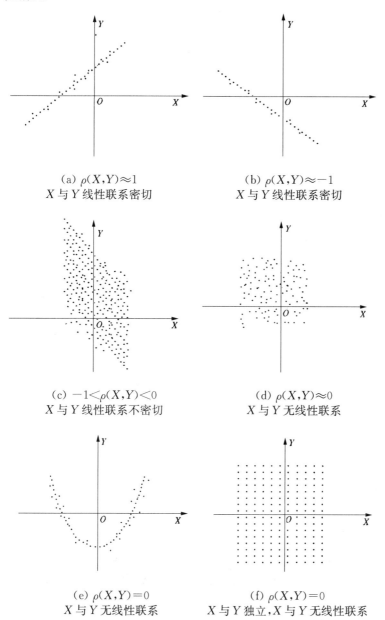

(a) $\rho(X,Y)\approx 1$
X 与 Y 线性联系密切

(b) $\rho(X,Y)\approx -1$
X 与 Y 线性联系密切

(c) $-1<\rho(X,Y)<0$
X 与 Y 线性联系不密切

(d) $\rho(X,Y)\approx 0$
X 与 Y 无线性联系

(e) $\rho(X,Y)=0$
X 与 Y 无线性联系

(f) $\rho(X,Y)=0$
X 与 Y 独立，X 与 Y 无线性联系

§3.4 矩与协方差矩阵

前面几节分别对随机变量的数学期望、方差、协方差及相关系数等数字特征进行了介绍.本节将介绍随机变量的另两个数字特征:原点矩和中心矩.

定义 6 设 X 是随机变量,若 $E(X^k)$,$k=1,2,\cdots$ 存在,则称 $E(X^k)$ 是 X 的 k **阶原点矩**.

定义 7 设 X 是随机变量,$\mu=E(X)$ 存在.若 $E(X-\mu)^k$,$k=1,2,\cdots$ 存在,则称 $E(X-\mu)^k$ 为 X 的 k **阶中心矩**.

定义 8 设 (X,Y) 为二维随机变量,若 $E(X^kY^l)$,$k,l=1,2,\cdots$ 存在,则称 $E(X^kY^l)$ 是 X 与 Y 的 (k,l) **阶联合原点矩**.

定义 9 设 (X,Y) 为二维随机变量,$E(X)=\mu_1$,$E(Y)=\mu_2$ 存在,若 $E[(X-\mu_1)^k(Y-\mu_2)^l]$,$k,l=1,2,\cdots$ 存在,则称 $E[(X-\mu_1)^k(Y-\mu_2)^l]$ 是 X 与 Y 的 (k,l) **阶联合中心矩**.

显然,X 的数学期望 $E(X)$ 是 X 的一阶原点矩,方差 $D(X)$ 是 X 的二阶中心矩,而 (X,Y) 的协方差 $\mathrm{cov}(X,Y)$ 是 X 与 Y 的 $(1,1)$ 阶联合中心矩.

对于二维随机变量 (X,Y),由其分量 X,Y 的数字特征,以及 X 与 Y 的联合矩,可构成 (X,Y) 的数字特征矩阵.

定义 10 设 (X,Y) 是二维随机变量,称向量 $\begin{bmatrix} E(X) \\ E(Y) \end{bmatrix}$ 为 (X,Y) 的**期望向量**(或**均值向量**);称矩阵

$$\begin{bmatrix} D(X) & \mathrm{cov}(X,Y) \\ \mathrm{cov}(X,Y) & D(Y) \end{bmatrix} = \begin{bmatrix} \mathrm{cov}(X,X) & \mathrm{cov}(X,Y) \\ \mathrm{cov}(X,Y) & \mathrm{cov}(Y,Y) \end{bmatrix}$$

为 (X,Y) 的**协方差矩阵**.

又可定义 n 维随机向量 $(X_1,X_2,\cdots,X_n)$ 的协方差矩阵为

$$\begin{bmatrix} \mathrm{cov}(X_1,X_1) & \cdots & \mathrm{cov}(X_1,X_n) \\ \vdots & & \vdots \\ \mathrm{cov}(X_n,X_1) & \cdots & \mathrm{cov}(X_n,X_n) \end{bmatrix}.$$

二维正态分布 $N(\mu_1,\mu_2,\sigma_1^2,\sigma_2^2,\rho)$ 的概率密度可表示为

$$f(x_1,x_2)=\frac{1}{2\pi|\Sigma|^{\frac{1}{2}}}e^{\left\{-\frac{1}{2}(X-\mu)^T\Sigma^{-1}(X-\mu)\right\}},$$

$$-\infty<x_1,x_2<+\infty,$$

其中 $X=\begin{bmatrix}x_1\\x_2\end{bmatrix},\mu=\begin{bmatrix}\mu_1\\\mu_2\end{bmatrix},\Sigma=\begin{pmatrix}\sigma_1^2 & \rho\sigma_1\sigma_2\\\rho\sigma_1\sigma_2 & \sigma_2^2\end{pmatrix},\Sigma^{-1}$ 为 Σ 的逆矩阵, $|\Sigma|$ 为 Σ 的行列式, $(X-\mu)^T$ 为 $(X-\mu)$ 的转置向量.

一般 n 维正态分布的概率密度定义为

$$f(x_1,x_2,\cdots,x_n)=(2\pi)^{-\frac{n}{2}}|\Sigma|^{-\frac{1}{2}}\cdot e^{\left\{-\frac{1}{2}(X-\mu)^T\Sigma^{-1}(X-\mu)\right\}},$$

$$-\infty<x_1,x_2,\cdots,x_n<+\infty,$$

其中 $X=(x_1,x_2,\cdots,x_n)^T,\mu=(\mu_1,\mu_2,\cdots,\mu_n)^T,\Sigma$ 为 n 维正态分布的协方差矩阵.

扫一扫，阅读名人传记

习　题

1. 设离散型随机变量 X 具有概率分布律:

X	-2	-1	0	1	2	3
P	0.1	0.2	0.2	0.3	0.1	0.1

试求 $E(X),E(X^2+5),E(|X|)$.

2. 从 $1,2,3,4,5$ 这五个数字中，无放回地任取两数，试求其中较大一个数字的分布律，并求其数学期望.

3. 设 X 表示能除尽 k 的正整数的个数, k 等可能地取 $1,2,\cdots,10$, 求 $E(X)$.

4. 箱中有 5 个元件，其中有 1 个是次品，每次从箱中随机地取出一件进行检验，直至查出全部次品为止. 求所需检验次数的数学期望.

5. 设 X 的分布律为:

$$P(X=k)=\frac{a^k}{(1+a)^{k+1}},\ k=0,1,2,\cdots,$$

其中 $a>0$ 为常数，求 $E(X)$ 和 $D(X)$.

6. 设随机变量 X 的分布律为:

$$P\left(X=(-1)^k\frac{2^k}{k}\right)=\frac{1}{2^k},\ k=1,2,\cdots,$$

试求 $E(X)$.

7. 设随机变量 X 具有概率密度

$$f(x)=\begin{cases} 0, & x\leqslant 0, \\ x, & 0<x<1, \\ Ae^{-x}, & x>1. \end{cases}$$

(1)求常数 A;(2)求 $E(X)$.

8. 已知分子的运动速度 X 服从马克斯威尔分布,其概率密度为

$$f(x)=\begin{cases} \dfrac{4x^2}{a^3\sqrt{\pi}}e^{-\frac{x^2}{a^2}}, & x>0, \\ 0, & x\leqslant 0, \end{cases}$$

其中 $a>0$ 是常数. 试求分子的平均速度及平均动能.

9. 设随机变量 X 的密度函数为

$$f(x)=\begin{cases} \dfrac{2}{\pi}\cos^2 x, & |x|<\dfrac{\pi}{2}, \\ 0, & 其他. \end{cases}$$

求 $E(X)$ 及 $D(X)$.

10. 设随机变量 X 的密度函数为

$$f(x)=\frac{1}{2\lambda}e^{-\frac{|x-\mu|}{\lambda}},(-\infty<x<+\infty),$$

其中 $\lambda>0,\mu>0$ 为常数,试求 $E(X)$ 及 $D(X)$.

11. 将 n 个球随机地丢入编号为 $1,2,\cdots,k$ 的 k 个盒子中去,试求没有球的盒子的个数 X 的数学期望.

12. 设 X 为随机变量,C 是常数,$D(X)$ 存在,试证:对于任意的 $C\neq E(X)$,必有 $E(X-C)^2>D(X)$.

13. 设随机变量 X 服从参数为 σ 的瑞利分布,具有概率密度

$$f(x)=\begin{cases} \dfrac{x}{\sigma^2}e^{-\frac{x^2}{2\sigma^2}}, & x\geqslant 0, \\ 0, & x<0, \end{cases}$$

其中 $\sigma>0$ 是常数,试求 $E(X)$ 与 $D(X)$.

14. 设一圆盘的直径服从 (a,b) 上的均匀分布,试求该圆盘面积的数学期望.

15. 袋中有 a 只白球和 b 只黑球,从中摸出 c 只球,试求摸得白球只数的数学期望.

16. 设二维随机变量 (X,Y) 的联合分布律为

X \ Y	-1	0	1
-1	$\dfrac{1}{8}$	$\dfrac{1}{8}$	$\dfrac{1}{16}$
0	$\dfrac{1}{16}$	0	$\dfrac{1}{4}$
1	$\dfrac{1}{8}$	$\dfrac{1}{16}$	$\dfrac{3}{16}$

求 $E(X),D(X),E(Y)$ 及 $D(Y)$.

17. 设二维连续型随机变量 (X,Y) 具有概率密度

$$f(x,y)=\begin{cases} \dfrac{3}{2}x, & 0<x<1,-x<y<x, \\ 0, & \text{其他}. \end{cases}$$

求 $E(X),E(Y),E(XY^2),E(X+3Y)$.

18. 设随机变量 X,Y 相互独立,且具有概率密度

$$f_X(x)=\begin{cases} 2x, & 0<x<1, \\ 0, & \text{其他}, \end{cases}$$

$$f_Y(y)=\begin{cases} 3e^{-3(y-1)}, & y>1, \\ 0, & y\leqslant 1. \end{cases}$$

(1)求 $E(2X+5Y)$;(2)求 $E(X^2Y)$.

19. 设二维随机变量 (X,Y) 的联合密度函数为

$$f(x,y)=\begin{cases} \dfrac{1}{2}\sin(x+y), & 0\leqslant x\leqslant\dfrac{\pi}{2},0\leqslant y\leqslant\dfrac{\pi}{2}, \\ 0, & \text{其他}. \end{cases}$$

试求 $E(X),E(Y),D(X),D(Y)$ 及 $\text{cov}(X,Y)$.

20. 设二维随机变量 (X,Y) 的联合密度函数为

$$f(x,y)=\begin{cases} \dfrac{1}{8}(x+y), & 0\leqslant x\leqslant 2,0\leqslant y\leqslant 2, \\ 0, & \text{其他}. \end{cases}$$

试求 $E(X),E(Y),D(X),D(Y)$ 及 $\text{cov}(X,Y)$.

21. 设 D 是平面上由直线 $x+y+1=0$ 以及 x 轴、y 轴所围成的区域,二维随机变量 (X,Y) 服从 D 上的均匀分布,试求 $E(X),E(Y),D(X),D(Y)$ 以及 $\text{cov}(X,Y)$.

22. 设二维随机变量 (X,Y) 的联合分布律为

X＼Y	−1	0	1
1	0.2	0.1	0.1
2	0.1	0	0.1
3	0	0.3	0.1

(1)求 $E(X)$ 及 $E(Y)$;

(2)设 $Z=\dfrac{Y}{X}$,求 $E(Z)$;

(3)设 $Z=(X-Y)^2$,求 $E(Z)$.

23. 设随机变量 X 与 Y 相互独立,都服从几何分布

$$P(X=k)=P(Y=k)=p(1-p)^k,\ k=0,1,2,\cdots.$$

求 $E[\max(X,Y)]$.

24. 设随机变量 (X,Y) 具有联合概率密度:

$$f(x,y) = \begin{cases} \dfrac{1}{2}, & |x|+|y| \leqslant 1, \\ 0, & \text{其他.} \end{cases}$$

试求:(1) X 的边缘密度;

(2) Y 的边缘密度;

(3) $E(X),D(X)$;

(4) $E(Y),D(Y)$;

(5) X 与 Y 是否不相关?

(6) X 与 Y 是否相互独立?

25. 设二维离散型随机变量 (X,Y) 具有联合分布律:

X \ Y	−2	−1	0	1	2
−1	0.1	0.1	0.05	0.1	0.1
0	0	0.05	0	0.05	0
1	0.1	0.1	0.05	0.1	0.1

试验证 X 与 Y 是不相关的,且 X 与 Y 不是相互独立的.

26. 设二维连续型随机变量 (X,Y) 具有概率密度

$$f(x,y) = \begin{cases} 2, & 0<x<1, 2x<y<3x, \\ 0, & \text{其他.} \end{cases}$$

试求:(1) $E(X)$;(2) $E(Y)$;(3) $D(X)$;(4) $D(Y)$;(5) $\text{cov}(X,Y)$;(6) ρ_{XY}.

27. 设已知三个随机变量 X,Y,Z 中,$E(X)=1,E(Y)=2,E(Z)=3,D(X)=9,$
$D(Y)=4,D(Z)=1,\rho_{XY}=\dfrac{1}{2},\rho_{XZ}=-\dfrac{1}{3},\rho_{YZ}=\dfrac{1}{4}.$

试求:(1) $E(X+Y+Z)$;(2) $D(X+Y+Z)$;(3) $D(X-2Y+3Z)$.

28. 丢一颗骰子直到所有的点数全部出现为止,试求所需投掷次数的数学期望.

扫一扫,获取参考答案

第 4 章

大数定律与中心极限定理

对于自然界中的随机现象,虽然无法确切地判断其状态的变化,但如果对随机现象进行大量的重复试验,却呈现出明显的规律性.用极限方法讨论其规律性,所导出的一系列重要命题统称为**大数定律**和**中心极限定理**.大数定律阐明大量随机现象平均值的稳定性,中心极限定理阐明在什么条件下,n 个独立随机变量之和的分布,当 n 趋于无穷时以正态分布为极限分布.这两大类定理是概率统计中的基本理论,在概率统计中具有重要的地位.

§4.1 大数定律

在第 1 章中已经指出,人们在长期的实践中发现,虽然每个随机事件在一次试验中可能发生也可能不发生,但在大量重复试验时,随机事件的发生与否呈现某种统计规律性,即所谓的频率稳定性.在这一节中,我们将对这一点给予理论上的论证.

先给出一个重要的不等式:**切比雪夫(Chebyshev)不等式**.

定理 1(切比雪夫不等式) 设 X 为随机变量,$E(X)=\mu$,$D(X)=\sigma^2$,则对任意实数 $\varepsilon>0$,有

$$P(|X-\mu|\geqslant\varepsilon)\leqslant\frac{\sigma^2}{\varepsilon^2};$$ (4-1)

它的等价不等式是

$$P(|X-\mu|<\varepsilon)\geqslant1-\frac{\sigma^2}{\varepsilon^2}. \tag{4-2}$$

证 设 X 是连续型随机变量,X 的密度函数为 $f(x)$,则有

$$D(X)=\int_{-\infty}^{+\infty}[x-E(X)]^2f(x)\mathrm{d}x$$

$$\geqslant\int_{\{x:|x-E(X)|\geqslant\varepsilon\}}[x-E(X)]^2f(x)\mathrm{d}x$$

$$\geqslant\varepsilon^2\int_{\{x:|x-E(X)|\geqslant\varepsilon\}}f(x)\mathrm{d}x$$

$$=\varepsilon^2P(|X-E(X)|\geqslant\varepsilon).$$

所以

$$P(|X-\mu|\geqslant\varepsilon)\leqslant\frac{D(X)}{\varepsilon^2}=\frac{\sigma^2}{\varepsilon^2},$$

而

$$P(|X-\mu|<\varepsilon)=1-P(|X-\mu|\geqslant\varepsilon)\geqslant1-\frac{\sigma^2}{\varepsilon^2}.$$

对离散型随机变量,可类似证明.

从上式可见,方差 $D(X)$ 越小,随机变量 X 在区间 $[\mu-\varepsilon,\mu+\varepsilon]$ 以外取值的概率越小,即 X 的分布集中在 $E(X)$ 附近.

例1 进行独立重复的试验,设在每次试验中事件 A 发生的概率均为 $\frac{1}{4}$,问是否可用 0.925 的概率确信在 1000 次试验中,事件 A 发生的次数有 200~300 次?

解 设 X 为 1000 次试验中事件 A 发生的次数,则 $X\sim B\left(1000,\frac{1}{4}\right)$. 所以

$$E(X)=1000\times\frac{1}{4}=250,D(X)=1000\times\frac{1}{4}\times\frac{3}{4}=\frac{375}{2},$$

因此,由切比雪夫不等式,得

$$P(200\leqslant X\leqslant300)=P(|X-250|\leqslant50)$$

$$=P(|X-E(X)|\leqslant50)$$

$$\geqslant1-\frac{D(X)}{50^2}=0.925,$$

所以,可以用 0.925 的概率确信在 1000 次试验中,事件 A 发生的次数在 200~300 次.

下面给出**随机变量序列**的几个定义.

定义 1(独立同分布)　如果对于任何 $n > 1$,X_1,X_2,$\cdots$,X_n 是相互独立的,那么称随机变量序列 X_1,X_2,$\cdots$,X_n,$\cdots$ 是相互独立的.

此时,若所有的 X_i 都有共同的分布,则称 X_1,X_2,$\cdots$,X_n,$\cdots$ 是**独立同分布的随机变量序列**.

定义 2(依概率收敛)　设 $\{X_n\}$ 为随机变量序列,若存在随机变量 X,对任意 $\varepsilon > 0$,有

$$\lim_{n \to \infty} P(|X_n - X| \geqslant \varepsilon) = 0, \tag{4-3}$$

或

$$\lim_{n \to \infty} P(|X_n - X| < \varepsilon) = 1, \tag{4-4}$$

则称随机变量序列 $\{X_n\}$**依概率收敛**于随机变量 X,并用符号表示:

$$X_n \xrightarrow{P} X.$$

定义 3(大数定律)　设 $\{X_n\}$ 为一随机变量序列,并且 $E(X_n)$ 存在,令 $\overline{X}_n = \dfrac{1}{n} \sum\limits_{i=1}^{n} X_i$. 若对任意的 $\varepsilon > 0$,有

$$\lim_{n \to \infty} P(|\overline{X}_n - E(\overline{X}_n)| \geqslant \varepsilon) = 0, \tag{4-5}$$

则称**随机变量序列 $\{X_n\}$ 服从大数定律**.

以下的切比雪夫大数定律及伯努利大数定律阐述了重复同样的随机试验时,以事件发生的频率值作为事件在一次随机试验中发生的概率的合理性及稳定性.

定理 2(切比雪夫大数定律)　设 X_1,X_2,$\cdots$,X_n,$\cdots$ 独立同分布,$E(X_1)$ 及 $D(X_1)$ 存在,$\overline{X}_n = \dfrac{1}{n} \sum\limits_{i=1}^{n} X_i$,则对任意 $\varepsilon > 0$,有

$$\lim_{n \to \infty} P(|\overline{X}_n - E(\overline{X}_n)| \geqslant \varepsilon) = 0,$$

或

$$\lim_{n \to \infty} P(|\overline{X}_n - E(\overline{X}_n)| < \varepsilon) = 1.$$

证　因为 X_1,X_2,$\cdots$,X_n,$\cdots$ 独立同分布,所以

$$E(X_1) = E(X_2) = \cdots = E(X_n) = \cdots,$$

$$D(X_1)=D(X_2)=\cdots=D(X_n)=\cdots,$$

$$E(\overline{X}_n)=E\left(\frac{1}{n}\sum_{i=1}^{n}X_i\right)=\frac{1}{n}\sum_{i=1}^{n}E(X_i)=E(X_1),$$

$$D(\overline{X}_n)=D\left(\frac{1}{n}\sum_{i=1}^{n}X_i\right)=\frac{1}{n^2}\sum_{i=1}^{n}D(X_i)=\frac{1}{n}D(X_1),$$

由切比雪夫不等式,对任意的 $\varepsilon>0$,有

$$P(|\overline{X}_n-E(\overline{X}_n)|\geqslant\varepsilon)\leqslant\frac{D(\overline{X}_n)}{\varepsilon^2}=\frac{D(X_1)}{n\varepsilon^2},$$

令 $n\to\infty$,则有

$$\lim_{n\to\infty}P(|\overline{X}_n-E(\overline{X}_n)|\geqslant\varepsilon)\leqslant\lim_{n\to\infty}\frac{D(X_1)}{n\varepsilon^2}=0,$$

或者为

$$\lim_{n\to\infty}P(|\overline{X}_n-E(\overline{X}_n)|<\varepsilon)=1.$$

切比雪夫大数定律的一般形式,当 $X_1,X_2,\cdots,X_n,\cdots$ 两两不相关,且存在常数 C,使 $D(X_i)\leqslant C$, $i=1,2,\cdots$,定理 2 的结论仍可成立. 读者可自行证明.

定理 3(伯努利大数定律) 设 $f_n(A)$ 是 n 次独立重复试验中事件 A 发生的频率,p 是事件 A 在每次试验中发生的概率,则对任意的 $\varepsilon>0$,有

$$\lim_{n\to\infty}P(|f_n(A)-p|<\varepsilon)=1, \tag{4-6}$$

或

$$\lim_{n\to\infty}P(|f_n(A)-p|\geqslant\varepsilon)=0. \tag{4-7}$$

证 设 $X_i(i=1,2,\cdots,n)$ 为第 i 次试验的随机变量,

$$X_i=\begin{cases}1, & \text{当第 } i \text{ 次试验事件 } A \text{ 发生,}\\ 0, & \text{当第 } i \text{ 次试验事件 } A \text{ 不发生,}\end{cases}$$

设 n_A 为 n 次独立重复试验中事件 A 发生的次数,则有

$$n_A=\sum_{i=1}^{n}X_i, \quad f_n(A)=\frac{n_A}{n}=\frac{1}{n}\sum_{i=1}^{n}X_i=\overline{X}_n.$$

随机变量 $X_i(i=1,2,\cdots,n)$ 相互独立、同分布且服从参数为 p 的两点分布 $B(1,p)$,$E(X_1)=E(X_2)=\cdots=E(X_n)=p$,$D(X_1)=$

$D(X_2) = \cdots = D(X_n) = pq.$ 由定理 2 有

$$\lim_{n \to \infty} P(|f_n(A) - p| < \varepsilon) = 1$$

或

$$\lim_{n \to \infty} P(|f_n(A) - p| \geqslant \varepsilon) = 0.$$

伯努利大数定律是最早的一个大数定律,它刻画了频率的稳定性. 因此,当独立试验次数 n 很大时,可以用事件 A 发生的频率 f_n (A) 估算一次试验时事件 A 发生的概率. 例如估计某种商品的不合格率时,可以从这种商品中随机抽取 n 件进行测试,当 n 足够大时,不合格品的频率 f_n 可以作为该种商品不合格率(概率) p 的估计值.

定理 4(辛钦(Khinchine)大数定律) 设 $X_1, X_2, \cdots, X_n, \cdots$ 是独立同分布的随机变量序列,且 $E(X_n) = \mu$,则对任意的 $\varepsilon > 0$,有

$$\lim_{n \to \infty} P\left(\left| \frac{1}{n} \sum_{i=1}^{n} X_i - \mu \right| < \varepsilon \right) = 1,$$

或

$$\frac{1}{n} \sum_{i=1}^{n} X_i \xrightarrow{P} \mu.$$

§4.2 中心极限定理

在客观实际中,有许多随机变量,它们是由大量的相互独立的随机变量的综合影响所形成的,而其中每个个别的因素都不起主要的作用,这种随机变量往往服从或近似服从正态分布. 本节将讨论在一定的条件下,相互独立的随机变量的和近似服从正态分布的问题,有关的定理称之为中心极限定理. 这里仅给出两个最常用的中心极限定理.

定理 5(林德贝格-列维(Lindeberg-Levy)中心极限定理)(独立同分布的中心极限定理) 设随机变量 $X_1, X_2, \cdots, X_n, \cdots$ 独立同分布,具有有限的数学期望和方差 $E(X_k) = \mu, D(X_k) = \sigma^2 \neq 0, k = 1, 2, \cdots$,则随机变量

$$Y_n = \frac{\sum\limits_{k=1}^{n} X_k - n\mu}{\sqrt{n\sigma^2}}$$

的分布函数 $F_n(x)$ 对任意的 x,有

$$\lim_{n \to \infty} F_n(x) = \lim_{n \to \infty} P\left(\frac{\sum\limits_{k=1}^{n} X_k - n\mu}{\sqrt{n\sigma^2}} \leqslant x\right)$$

$$= \int_{-\infty}^{x} \frac{1}{\sqrt{2\pi}} e^{-\frac{t^2}{2}} dt. \tag{4-8}$$

从定理可知,当 n 很大时,近似地有

$$Y_n = \frac{\sum\limits_{k=1}^{n} X_k - n\mu}{\sqrt{n\sigma^2}} \sim N(0,1), \tag{4-9}$$

或

$$\sum_{k=1}^{n} X_k \sim N(n\mu, n\sigma^2).$$

由于定理的证明超出本书的数学知识,不予证明.

定理说明,某种量若由具有相同分布(可以是各种分布)、相互独立的很多影响因素所决定,这种量的分布近似于正态分布.

例 2 一加法器同时收到 20 个噪声电压 V_k, $k=1,2,\cdots,20$. 设这 20 个噪声电压是独立产生的,均服从区间 $(0,10)$ 上的均匀分布. 若 $V = \sum\limits_{k=1}^{20} V_k$,求 $P(V > 105)$.

解 V_k 均服从 $(0,10)$ 上的均匀分布,则有

$$E(V_k) = 5, \quad D(V_k) = \frac{25}{3}, \quad k=1,2,\cdots,20,$$

由定理 5,随机变量

$$Y_{20} = \frac{\sum\limits_{k=1}^{20} V_k - 20 \times 5}{\sqrt{20 \times \left(\frac{25}{3}\right)}}$$

$$= \frac{V - 100}{\sqrt{\frac{500}{3}}}$$

近似地服从正态分布 $N(0,1)$. 故

$$P(V>105)=1-P\left(\frac{V-100}{\sqrt{\frac{500}{3}}}\leqslant\frac{105-100}{\sqrt{\frac{500}{3}}}\right)$$

$$=1-P\left(\frac{V-100}{\sqrt{\frac{500}{3}}}\leqslant 0.387\right)$$

$$\approx 1-\int_{-\infty}^{0.387}\frac{1}{\sqrt{2\pi}}e^{-\frac{t^2}{2}}dt$$

$$=0.348,$$

因此 $P(V>105)\approx 0.348$.

定理 6(棣莫弗-拉普拉斯(De Moirve-Laplace)极限定理) 若 μ_n 是 n 次独立重复试验(n 重伯努利试验)中事件 A 发生的次数, $0<p<1$ 是事件 A 在每次试验中发生的概率,则

(ⅰ)对任意的有限区间 $[a,b]$,当 $a\leqslant x_k=\frac{\mu_n-np}{\sqrt{npq}}\leqslant b$ 及 $n\to\infty$ 时,一致地有

$$P(\mu_n=k)\div\left(\frac{1}{\sqrt{npq}}\cdot\frac{1}{\sqrt{2\pi}}e^{-\frac{x_k^2}{2}}\right)\to 1; \qquad (4-10)$$

(ⅱ)对任何 x,一致地有

$$\lim_{n\to\infty}P\left(\frac{\mu_n-np}{\sqrt{npq}}\leqslant x\right)=\frac{1}{\sqrt{2\pi}}\int_{-\infty}^{x}e^{-\frac{t^2}{2}}dt=\Phi(x). \qquad (4-11)$$

证明略.

例 3 甲乙两个电影院在竞争 1000 名观众,假定每名观众完全随机地选择一个电影院,并且观众之间选择电影院是相互独立的,问每个电影院至少应设多少座位,才能保证因缺少座位而使观众离去的概率小于 1%.

解 设 X 为去甲影院的人数,再设

$$X_i=\begin{cases}1, & \text{第 } i \text{ 个观众选择甲影院,}\\ 0, & \text{反之,}\end{cases} \qquad i=1,2,\cdots,1000,$$

则

$$X=\sum_{i=1}^{1000}X_i\sim B(1000,0.5).$$

设甲影院需设 n 个座位,则有 $X \leqslant n$,所以由中心极限定理有

$$P(X \leqslant n) = P\left(\frac{X - 1000 \times 0.5}{\sqrt{1000 \times 0.5 \times 0.5}} \leqslant \frac{n - 1000 \times 0.5}{\sqrt{1000 \times 0.5 \times 0.5}}\right)$$

$$\approx \Phi\left(\frac{n - 500}{\sqrt{250}}\right),$$

由题意

$$\Phi\left(\frac{n - 500}{\sqrt{250}}\right) \geqslant 0.99,$$

查表得 $\frac{n - 500}{\sqrt{250}} \geqslant 2.33$,所以,$n \geqslant 2.33 \times \sqrt{250} + 500 = 536.84$. 因此,至少有 537 个座位,才能满足要求.

例 4 现有一批种子,其中良种占 $\frac{1}{6}$,今任取 6000 粒,问能以 0.99 的概率保证在这 6000 粒种子中,良种所占的比例与 $\frac{1}{6}$ 的差的绝对值不超过多少? 相应的良种粒数在哪个范围内?

解 设 X 为 6000 粒种子中的良种数,则 $X \sim B\left(6000, \frac{1}{6}\right)$.

设这 6000 粒种子中良种所占的比例与 $\frac{1}{6}$ 的差的绝对值不超过 α,则由题意,得

$$P\left(\left|\frac{X}{6000} - \frac{1}{6}\right| \leqslant \alpha\right) = 0.99,$$

由中心极限定理,有

$$P\left(\left|\frac{X}{6000} - \frac{1}{6}\right| \leqslant \alpha\right) = P\left(\left|\frac{X - 6000 \times \frac{1}{6}}{\sqrt{6000 \times \frac{1}{6} \times \frac{5}{6}}}\right| \leqslant \frac{6000\alpha}{\sqrt{6000 \times \frac{1}{6} \times \frac{5}{6}}}\right)$$

$$\approx 2\Phi\left[\frac{6000\alpha}{\sqrt{6000 \times \frac{1}{6} \times \frac{5}{6}}}\right] - 1,$$

所以,近似地有

$$2\Phi\left[\frac{6000\alpha}{\sqrt{6000 \times \frac{1}{6} \times \frac{5}{6}}}\right] - 1 = 0.99,$$

即

$$\Phi\left[\frac{6000\alpha}{\sqrt{6000\times\frac{1}{6}\times\frac{5}{6}}}\right]=0.995,$$

查表得

$$\frac{6000\alpha}{\sqrt{6000\times\frac{1}{6}\times\frac{5}{6}}}=2.58,$$

所以，$\alpha=0.0124$，此时，良种粒数 X 的范围为

$$\left(\frac{1}{6}-0.0124\right)\times6000\leqslant X\leqslant\left(\frac{1}{6}+0.0124\right)\times6000$$

即 $925\leqslant X\leqslant1075$.

扫一扫，阅读名人传记

习 题

1. 设 X 服从区间 $(-1,1)$ 上的均匀分布：

(1) 求 $P(|X|<0.6)$；

(2) 试用切比雪夫不等式估计 $P(|X|<0.6)$ 的下界.

2. 设随机变量 X 满足：$EX=\mu,DX=\sigma^2$. 试用切比雪夫不等式估计概率 $P(|X-\mu|\geqslant3\sigma)$.

3. 设电站供电网中有 10000 盏电灯，夜晚每盏灯开灯的概率均为 0.7，假定每盏灯的开与关是相互独立的，试用切比雪夫不等式估计夜晚同时开着的灯数在 6800～7200 盏的概率.

4. 已知正常成年男子的血液中，每一毫升白细胞的平均数为 7300 个，根方差为 700. 试利用切比雪夫不等式估计每毫升含白细胞数在 5200～9400 个的概率.

5. 抽样检查产品质量时，若发现次品数多于 10 个，则拒绝接受该批产品. 设有某批产品的次品率为 10%，则应至少抽取多少个产品，才能保证拒绝该批产品的概率为 0.9？

6. 已知某种疾病的发病率为 0.001，某单位有 5000 人，求该单位患有这种疾病的人数超过 5 人的概率为多大.

7. 某车间有 200 台车床，每台车床由于种种原因出现停车，设每台车床开工的概率为 0.6，并设每台车床是否开工是相互独立的，求至多有 130 台车床同时开工的概率.

8. 设某电话总机要为 2000 个用户服务,在最忙时,平均每户有 3% 的时间占线,设各户是否打电话是相互独立的,问若要使 99% 的可能性满足用户要求,最少需要设多少条线路?

9. 已知生男孩的概率为 0.515,求在 10000 个新生婴儿中,女孩不少于男孩的概率.

10. 一家保险公司共有 10000 人参加人寿保险,每人每年付保险费 12 元,设一年内每人的死亡率均为 0.006,某人死亡后,其家属可从保险公司领取 1000 元保险金.求:

(1) 保险公司亏损的概率;

(2) 保险公司一年利润不小于 40000 元的概率.

11. 有 1000 名旅客每天需同时从甲地出发到乙地,每名旅客坐汽车的概率均为 $\frac{1}{2}$,若能够保证一年(365 天)中有 355 天汽车上都有足够的座位,则汽车应设有多少个座位?

12. 某个复杂系统由 100 个相互独立的子系统组成,系统在运行期间,每个子系统失效的概率为 0.1,当失效的子系统超过 15 个时,总系统便自动停止运行,求总系统不自动停止运行的概率.

扫一扫,获取参考答案

第 5 章

数理统计的基本概念

数理统计是一门应用性很强的数学分支,本书所讨论的数理统计问题不同于一般的资料统计,它以概率论为理论基础,侧重于应用随机现象本身的规律性来考虑资料的收集、整理和分析,从而对研究对象的客观规律作出科学的估计和推断.

随着知识经济、信息时代的来临,研究随机现象的数学理论、方法及其应用愈来愈广泛,数理统计的思想方法已经渗透到了自然科学与社会科学的各个领域.

本章介绍总体、样本及统计量等基本概念,并着重介绍几个常用统计量及其概率分布.

§5.1   总体与随机样本

1. 总体与个体

在数理统计中,把研究对象的全体称为**总体**,总体中的每一个元素称为**个体**. 例如,要研究某批灯泡的平均寿命时,该批灯泡的全体就组成了总体,而其中每个灯泡就是个体. 又如,某化肥厂生产的所有打包后的化肥成品就组成了一个总体,其中每一包化肥是一个个体,总体依其包含的个体总数可分为有限总体和无限总体. 例如,某工厂 2003 年生产的灯泡所组成的总体中,个体的总数就是该厂

2003 年生产的灯泡数,这是一个有限总体,而该工厂 2003 年生产的所有灯泡的寿命所组成的总体是一个无限总体. 当有限总体所包含的个体总数很大时,可以近似地将它看成是无限总体. 但是在数理统计里,我们所关心的并不是总体中个体的一切方面,而往往是研究对象的某一项或某几项数量指标 X(如灯泡的寿命). 通常,它可看作是一个随机变量,而总体可看作是该随机变量可能取值的全体,其中每一个个体就是该随机变量的一个具体取值. 以后我们就把总体和它的数量指标 X 可能取值的全体组成的集合等同起来. 据此,X 的分布函数和数字特征分别称为总体的分布函数和数字特征,今后将不区分总体和相应的随机变量. 这种把总体与随机变量联系起来的做法大有好处. 有了这种联系,就可以将概率论中的许多研究结果应用到统计问题之中. 为了方便,本书常用大写字母 X,Y 等来表示总体.

2. 随机样本

由于大量的随机试验必能呈现出它的规律性,因而从理论上讲,只要对随机现象进行足够多次的观察,被研究的随机现象的规律性一定能清楚地呈现出来. 但是实际上所允许的观察永远只能是有限的,有时甚至是少量的.

我们知道,总体是一个带有确定概率分布的随机变量,为了对总体 X 的分布规律进行各种研究,就必须对总体进行抽样观察,再根据抽样观察的结果来推断总体的性质,这种从总体 X 中抽取有限个个体对总体进行观察的取值过程,称为**抽样**. 从一个总体 X 中,随机地抽取 n 个个体 $x_1, x_2, \cdots, x_n$,其中每个 x_i 是一次抽样观察结果,我们称 $x_1, x_2, \cdots, x_n$ 为总体 X 的一组**样本观察值**. 对于某一次具体的抽样结果来说,它是完全确定的一组数. 但由于抽样的随机性,所以每个 x_i 的取值也带有随机性,这样每个 x_i 又可以看作某个随机变量 $X_i (i=1, 2, \cdots, n)$ 所取的观察值. 我们将 $(X_1, X_2, \cdots, X_n)$ 称为**容量为 n 的样本**,称 $(x_1, x_2, \cdots, x_n)$ 是样本 $(X_1, X_2, \cdots, X_n)$ 的一组观察值,称为**样本值**. 抽取样本的目的是为了对总体 X 的分布进行分析推断. 对总体 X 的抽样方法,将直接影响到由样本推断总体的效果. 一般来说,选取的样本应具有与总体相似的结构且能很好地反

映总体的特征,这就必须对随机抽样的方法提出一定的要求:(i)
代表性:要求样本的每个分量 X_i 与考察的总体 X 具有相同的分布
$F(x)$;(ii)独立性:$X_1,X_2,\cdots,X_n$ 为相互独立的随机变量,也就是
说,每个观察结果既不影响其他观察结果,也不受其他观察结果的
影响.满足上述两条性质的样本称为**简单随机样本**,获得简单随机
样本的抽样方法称为简单随机抽样.今后如无特殊声明,我们所提
到的样本都是简单随机样本.

对于有限总体,采用有放回抽样能得到简单随机样本,但有放
回抽样使用起来不方便,当个体的总数 N 相对于样本容量 n 大得多
时,在实际中可将不放回抽样近似地当作有放回抽样处理,由概率
论知道,如果总体 X 具有概率密度函数 $f(x)$(或分布函数 $F(x)$),
则样本$(X_1,X_2,\cdots,X_n)$具有联合概率密度函数

$$f_n(x_1,x_2,\cdots,x_n)=\prod_{i=1}^{n}f(x_i)$$

或联合分布函数

$$F_n(x_1,x_2,\cdots,x_n)=\prod_{i=1}^{n}F(x_i).$$

§5.2　统计量与抽样分布

1. 统计量

样本是总体的代表和反映,为了对总体的分布或数字特征进行
各种统计推断,还需要对子样进行一番"加工和提炼",把子样中所
包含的关于我们所关心的事物的信息集中起来,即针对不同的问题
构造出样本的某种函数,再利用这种函数作统计推断.这些样本函
数称为统计量.

定义 1　设 $X_1,X_2,\cdots,X_n$ 是总体 X 的一个样本,$g(x_1,x_2,\cdots,x_n)$
是连续函数[①],如果这个函数不包含任何未知的参数,则称随机变量

---

① 连续函数这一条件可放宽为 *Borel* 可测函数,参见复旦大学编的"概
率论".

$g(X_1,X_2,\cdots,X_n)$ 是一个**统计量**. 如果 $(x_1,x_2,\cdots,x_n)$ 是一个样本值, 则称 $g(x_1,x_2,\cdots,x_n)$ 是统计量 $g(X_1,X_2,\cdots,X_n)$ 的一个**观察值**.

例如, 若 $X_1,X_2,\cdots,X_n$ 是从具有分布密度为 $N(\mu,\sigma^2)$ 的正态总体中抽取的容量为 n 的样本, 且 μ 未知, σ^2 已知, 那么

$$g_1(X_1,X_2,\cdots,X_n)=\Big(\sum_{i=1}^{n}X_i^2\Big)/\sigma^2,$$

$$g_2(X_1,X_2,\cdots,X_n)=X_1+2$$

都是统计量, 而

$$g_3(X_1,X_2,\cdots,X_n)=\sum_{i=1}^{n}(X_i-\mu)^3$$

不是统计量, 因为它含有未知参数 μ.

下面介绍几种常用的统计量. 设 $(X_1,X_2,\cdots,X_n)$ 是来自总体 X 的一个样本, 则可定义统计量:

样本均值 $\overline{X}=\dfrac{1}{n}\sum_{i=1}^{n}X_i,$

样本方差 $S^2=\dfrac{1}{n-1}\sum_{i=1}^{n}(X_i-\overline{X})^2=\dfrac{1}{n-1}\Big(\sum_{i=1}^{n}X_i^2-n\overline{X}^2\Big),$

样本 k 阶原点矩 $A_k=\dfrac{1}{n}\sum_{i=1}^{n}X_i^k,\quad k=1,2,\cdots,$

样本 k 阶中心矩 $B_k=\dfrac{1}{n}\sum_{i=1}^{n}(X_i-\overline{X})^k,\quad k=1,2,\cdots.$

在下面的讨论中, 用 μ 表示总体的均值, σ^2 表示总体的方差, α_k 表示总体的 k 阶原点矩, μ_k 表示总体的 k 阶中心矩, 即

$$E(X)=\mu,\ D(X)=\sigma^2,\ E(X^k)=\alpha_k,\ E(X-\mu)^k=\mu_k.$$

定理 1 设总体 X 的期望及方差均存在, $X_1,X_2,\cdots,X_n$ 是取自总体的一个样本, 则有

$$E(\overline{X})=E(X)=\mu,\quad D(\overline{X})=\frac{D(X)}{n}=\frac{\sigma^2}{n}. \tag{5-1}$$

证 $E(\overline{X})=\dfrac{1}{n}\sum_{i=1}^{n}E(X)=\mu, D(\overline{X})=\dfrac{1}{n^2}\sum_{i=1}^{n}D(X)=\dfrac{\sigma^2}{n}.$

定理 2 设总体 X 的方差存在, 则对样本方差有 $E(S^2)=\sigma^2.$

证　$E(S^2) = \dfrac{1}{n-1} E\left\{ \displaystyle\sum_{i=1}^{n} \left[(X_i - \mu) - (\overline{X} - \mu) \right]^2 \right\}$

$\qquad\qquad = \dfrac{1}{n-1} E\left[\displaystyle\sum_{i=1}^{n} (X_i - \mu)^2 - n(\overline{X} - \mu)^2 \right]$

$\qquad\qquad = \dfrac{1}{n-1} \left[n\sigma^2 - n \times \dfrac{\sigma^2}{n} \right] = \sigma^2.$

定义 2　设 $(X_1, X_2, \cdots, X_n)$ 是取自总体 X 的一个样本, 则对于任意的样本观测值 $(x_1, x_2, \cdots, x_n)$, 将 $x_1, x_2, \cdots, x_n$ 按从小到大的顺序排列, 得

$$x_{(1)} \leqslant x_{(2)} \leqslant \cdots \leqslant x_{(n)},$$

定义随机变量 $X_{(i)}$, 对于上述的排列, 它取值 $x_{(i)}$. 称 $X_{(i)}$ 为样本 $(X_1, X_2, \cdots, X_n)$ 的第 i 个顺序统计量 $(i = 1, 2, \cdots, n)$.

由定义知, $X_{(1)} \leqslant X_{(2)} \leqslant \cdots \leqslant X_{(n)}$, $X_{(1)} = \min(X_1, X_2, \cdots, X_n)$, $X_{(n)} = \max(X_1, X_2, \cdots, X_n)$.

若总体的分布函数为 $F(x)$, 则可以求出 $X_{(1)}$ 和 $X_{(n)}$ 的分布函数:

$F_{X_{(1)}}(x) = P(X_{(1)} \leqslant x) = 1 - P(X_{(1)} > x)$

$\qquad\quad = 1 - P(X_1 > x, X_2 > x, \cdots, X_n > x)$

$\qquad\quad = 1 - \displaystyle\prod_{i=1}^{n} \left[1 - P(X \leqslant x) \right] = 1 - \left[1 - F(x) \right]^n, \qquad (5\text{-}2)$

$F_{X_{(n)}}(x) = P(X_{(n)} \leqslant x) = P(X_1 \leqslant x, X_2 \leqslant x, \cdots, X_n \leqslant x)$

$\qquad\quad = \displaystyle\prod_{i=1}^{n} P(X_i \leqslant x) = \prod_{i=1}^{n} P(X \leqslant x) = \left[F(x) \right]^n. \qquad (5\text{-}3)$

当总体 X 为连续型随机变量且密度函数为 $f(x)$ 时, $X_{(1)}, X_{(n)}$ 的密度函数分别为

$$f_{(1)}(x) = \frac{\mathrm{d} F_{X_{(1)}}(x)}{\mathrm{d}x} = n\left[1 - F(x) \right]^{n-1} f(x), \qquad (5\text{-}4)$$

$$f_{X_{(n)}}(x) = \frac{\mathrm{d} F_{X_{(n)}}(x)}{\mathrm{d}x} = n\left[F(x) \right]^{n-1} f(x). \qquad (5\text{-}5)$$

2. 抽样分布

我们知道, 每一个统计量都是样本的已知函数, 当总体的分布函数已知时, 统计量的分布是确定的. 统计量的分布称为**抽样分布**. 一般说来, 要求出一个统计量的精确分布是较困难的, 可是对于一

些重要的特殊情形,例如对于来自正态总体的几个常用统计量的分布,已取得了一些重要的结果.

(1)χ^2分布

定义3 设 $X_1, X_2, \cdots, X_n$ 是来自总体 $N(0,1)$ 的一个样本,则称统计量

$$\chi^2 = X_1^2 + X_2^2 + \cdots + X_n^2 \tag{5-6}$$

服从自由度为 n 的 χ^2 **分布**,记为 $\chi^2 \sim \chi^2(n)$.

定理3 自由度为 n 的 χ^2 分布的密度函数为

$$f(x) = \begin{cases} \dfrac{1}{2^{\frac{n}{2}} \Gamma\left(\dfrac{n}{2}\right)} x^{\frac{n}{2}-1} e^{-\frac{x}{2}}, & x > 0, \\ 0, & x \leqslant 0, \end{cases} \tag{5-7}$$

即 $\chi^2(n)$ 与参数为 $\dfrac{n}{2}, \dfrac{1}{2}$ 的 Γ 分布 $\Gamma\left(\dfrac{n}{2}, \dfrac{1}{2}\right)$ 具有相同的分布.

证 由于总体 $X \sim N(0,1)$,故每个 $X_i \sim N(0,1)$ 且 X_i 之间相互独立. 由概率论中随机变量的函数分布及相互独立的随机变量的性质知 $X_i^2 \sim \Gamma\left(\dfrac{1}{2}, \dfrac{1}{2}\right)$ 分布,且 $X_1^2, X_2^2, \cdots, X_n^2$ 相互独立,所以由 Γ 分布的可加性知,$\chi^2 = \sum\limits_{i=1}^{n} X_i^2$ 服从 $\Gamma\left(\dfrac{n}{2}, \dfrac{1}{2}\right)$ 分布.

χ^2 分布的密度函数 $f(x)$ 的图形如图 5-1 所示,其形状与自由度有关.

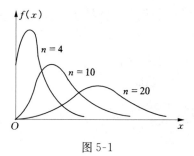

图 5-1

定理4 设 $\chi_1^2 \sim \chi^2(n_1), \chi_2^2 \sim \chi^2(n_2)$,且 χ_1^2 与 χ_2^2 相互独立,则

$$\chi_1^2 + \chi_2^2 \sim \chi^2(n_1 + n_2). \tag{5-8}$$

证 由于 $\chi_1^2 \sim \Gamma\left(\dfrac{n_1}{2}, \dfrac{1}{2}\right), \chi_2^2 \sim \Gamma\left(\dfrac{n_2}{2}, \dfrac{1}{2}\right), \chi_1^2$ 与 χ_2^2 独立,所以由 Γ 分布的可加性知

$$\chi_1^2 + \chi_2^2 \sim \Gamma\left(\frac{n_1 + n_2}{2}, \frac{1}{2}\right) = \chi^2(n_1 + n_2),$$

上述定理表明 χ^2 分布关于自由度具有可加性.

由于 $\Gamma(\alpha, \beta)$ 分布的期望为 $\dfrac{\alpha}{\beta}$,方差为 $\dfrac{\alpha}{\beta^2}$,所以 $\chi^2(n)$ 分布的期望、方差分别为

$$E(\chi^2(n)) = \frac{n}{2}\bigg/\frac{1}{2} = n, \quad D(\chi^2(n)) = \frac{n}{2}\bigg/\left(\frac{1}{2}\right)^2 = 2n. \quad (5\text{-}9)$$

χ^2 分布的分位数对于给定的数 $\alpha \in (0,1)$,称满足条件

$$P(\chi^2 > \chi_\alpha^2(n)) = \int_{\chi_\alpha^2(n)}^{+\infty} f(x)\mathrm{d}x = \alpha$$

的点 $\chi_\alpha^2(n)$ 为 $\chi^2(n)$ 分布的上 α 分位点,其中 $f(x)$ 为 $\chi^2(n)$ 分布的密度函数(图 5-2).

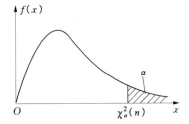

图 5-2

对于不同的 α, n,上 α 分位点的值可在书后附表中查到. 例如,对于 $\alpha = 0.05, n = 10, \chi_{0.05}^2(10) = 18.307$. 表中最大可取到 $n = 45$. 当 n 充分大时,费歇曾证明近似地有 $\sqrt{2\chi^2} \sim N(\sqrt{2n-1}, 1)$,从而近似地有

$$\sqrt{2\chi^2} - \sqrt{2n-1} \sim N(0,1),$$

于是可推出

$$\chi_\alpha^2(n) \approx \frac{1}{2}(u_\alpha + \sqrt{2n-1})^2, \quad (5\text{-}10)$$

其中 u_α 是标准正态分布的上 α 分位点,即由 $\Phi(u_\alpha) = 1 - \alpha$ 确定. 利用上

述近似式可求出 $n>45$ 时，$\chi^2(n)$ 分布的上 α 分位点的近似值. 例如，

$$\chi^2_{0.05}(50) \approx \frac{1}{2}(1.645+\sqrt{99})^2 = 67.22.$$

(2)t 分布

定义 4　设 $X \sim N(0,1)$，$Y \sim \chi^2(n)$，且 X,Y 相互独立，则称随机变量

$$T = \frac{X}{\sqrt{Y/n}} \tag{5-11}$$

服从自由度为 n 的 **t 分布**，记作 $T \sim t(n)$. t 分布又称学生氏(Student)分布.

经理论推导可得，t 分布 $t(n)$ 的概率密度函数为

$$f(x) = \frac{\Gamma\left(\dfrac{n+1}{2}\right)}{\sqrt{\pi n}\,\Gamma\left(\dfrac{n}{2}\right)}\left(1+\frac{x^2}{n}\right)^{-\frac{n+1}{2}}, \quad -\infty<x<\infty, \tag{5-12}$$

t 分布的概率密度函数图形如图 5-3 所示.

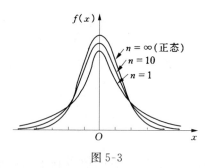

图 5-3

由 t 分布的密度函数表达式知 $f(x)$ 是偶函数，图形关于纵轴对称，又利用 Γ 函数的性质：当 $x \to +\infty$ 时

$$\frac{\Gamma(x+\alpha)}{\Gamma(x)} \sim x^{\alpha}, \quad (\text{其中 } \alpha>0 \text{ 给定})$$

可得

$$\lim_{n\to\infty}f(x) = \frac{1}{\sqrt{\pi}}e^{-\frac{x^2}{2}}\lim_{n\to\infty}\frac{\Gamma\left(\dfrac{n+1}{2}\right)}{\sqrt{n}\,\Gamma\left(\dfrac{n}{2}\right)} = \frac{1}{\sqrt{2\pi}}e^{-\frac{x^2}{2}},$$

故当 n 充分大时，t 分布趋近于 $N(0,1)$ 分布. 但 n 较小时，t 分布与

$N(0,1)$分布相差较大(见附表 2 与附表 4).

t 分布的分位数. 对于给定的数 $\alpha \in (0,1)$,称满足条件

$$P(t > t_\alpha(n)) = \int_{t_\alpha(n)}^{+\infty} f(x)\mathrm{d}x = \alpha$$

的点 $t_\alpha(n)$ 为 $t(n)$分布的上 α 分位点,如图 5-4 所示,其中 $f(x)$ 为 $t(n)$ 分布的密度函数. 由于 $f(x) = f(-x)$,故

$$\int_{-t_\alpha(n)}^{+\infty} f(x)\mathrm{d}x = 1 - \alpha,$$

所以

$$t_{1-\alpha}(n) = -t_\alpha(n).$$

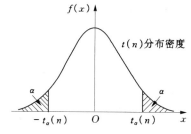

图 5-4

这样,在附表 4 中只对接近于零的 α 给出了 $t_\alpha(n)$ 的值,对于接近于 1 的 α 时的 $t_\alpha(n)$ 值,可由上式得到. 例如,$\alpha = 0.75$,$n = 5$ 时,$t_{0.75}(5) = t_{1-0.25}(5) = -t_{0.25}(5) = -0.7267$. 而当 n 充分大时,例如 $n > 45$ 时,近似地有 $t_\alpha(n) = u_\alpha$,其中 u_α 由 $\Phi(u_\alpha) = 1 - \alpha$ 确定.

(3)F 分布

定义 5 设 $X \sim \chi^2(n_1)$,$Y \sim \chi^2(n_2)$,且 X 与 Y 相互独立,则称随机变量

$$F = \frac{X/n_1}{Y/n_2} \qquad (5\text{-}13)$$

服从自由度为(n_1, n_2)的 **F 分布**,记作 $F \sim F(n_1, n_2)$.

经理论推导可得,F 分布 $F(n_1, n_2)$的概率密度函数为

$$f(x) = \begin{cases} \dfrac{\Gamma\left(\dfrac{n_1+n_2}{2}\right)\left(\dfrac{n_1}{n_2}\right)^{\frac{n_1}{2}} x^{\frac{n_1}{2}-1}}{\Gamma\left(\dfrac{n_1}{2}\right)\Gamma\left(\dfrac{n_2}{2}\right)\left(1+\dfrac{n_1}{n_2}x\right)^{(n_1+n_2)/2}}, & x > 0, \\ 0, & x \leqslant 0. \end{cases} \qquad (5\text{-}14)$$

F 分布的概率密度函数图形如图 5-5 所示.

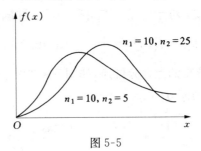

图 5-5

由定义知,若 $F \sim F(n_1, n_2)$,则 $\dfrac{1}{F} \sim F(n_2, n_1)$.

F 分布的分位数. 对于给定的数 $\alpha \in (0,1)$,称满足条件

$$P(F > F_\alpha(n_1, n_2)) = \int_{F_\alpha(n_1, n_2)}^{+\infty} f(x) \mathrm{d}x = \alpha$$

的点 $F_\alpha(n_1, n_2)$ 为 $F(n_1, n_2)$ **分布的上** α **分位点**,如图 5-6 所示.

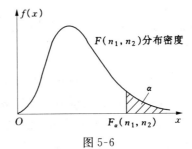

图 5-6

F 分布的上 α 分位点有如下性质:

$$F_\alpha(n_1, n_2) = \frac{1}{F_{1-\alpha}(n_2, n_1)}. \tag{5-15}$$

事实上,设 $F \sim F(n_1, n_2)$,按定义有 $\dfrac{1}{F} \sim F(n_2, n_1)$,

$$\alpha = P(F > F_\alpha(n_1, n_2)) = P\left(\frac{1}{F} < \frac{1}{F_\alpha(n_1, n_2)}\right)$$

$$= 1 - P\left(\frac{1}{F} \geqslant \frac{1}{F_\alpha(n_1, n_2)}\right)$$

$$= 1 - P\left(F(n_2, n_1) > \frac{1}{F_\alpha(n_1, n_2)}\right),$$

于是

$$P\left(F(n_2, n_1) > \frac{1}{F_\alpha(n_1, n_2)}\right) = 1 - \alpha,$$

从而有

$$F_{1-\alpha}(n_2,n_1)=\frac{1}{F_\alpha(n_1,n_2)}.$$

式(5-15)常可用来求 F 分布表中未列出的一些上 α 分位数点,例如

$$F_{0.95}(4,10)=\frac{1}{F_{0.05}(10,4)}=\frac{1}{5.96}=0.168.$$

F 分布与 t 分布有如下联系

$$F(1,n)=(t(n))^2. \tag{5-16}$$

事实上,由定义知 $t(n)=\dfrac{X}{\sqrt{Y/n}}$,其中 $X \sim N(0,1)$,$Y \sim \chi^2(n)$,X 与 Y 独立,于是 X^2 与 Y 独立,且

$$(t(n))^2=\frac{X^2/1}{Y/n}=F(1,n).$$

(4)正态总体样本均值与样本方差的分布

定理 5 设 $X_1,X_2,\cdots,X_n$ 是取自正态总体 $N(\mu,\sigma^2)$ 的样本,$\overline{X}$,S^2 分别为样本均值和样本方差,则有

(ⅰ)$\overline{X} \sim N\left(\mu,\dfrac{\sigma^2}{n}\right)$;

(ⅱ)$\dfrac{n-1}{\sigma^2}S^2=\dfrac{1}{\sigma^2}\sum\limits_{i=1}^{n}(X_i-\overline{X})^2 \sim \chi^2(n-1)$; \qquad (5-17)

(ⅲ)$\overline{X}$ 与 S^2 相互独立.

定理 5 的证明可参见复旦大学编的"概率论"教材.

定理 6 设 $X_1,X_2,\cdots,X_n$ 是取自正态总体 $N(\mu,\sigma^2)$ 的样本,$\overline{X}$,S^2 分别为样本均值和样本方差,则有

$$T=\frac{(\overline{X}-\mu)\sqrt{n}}{S} \sim t(n-1). \tag{5-18}$$

证 由定理 5 知:$\overline{X} \sim N\left(\mu,\dfrac{\sigma^2}{n}\right)$,从而

$$\frac{\overline{X}-\mu}{\sigma/\sqrt{n}} \sim N(0,1),$$

以及 $\dfrac{(n-1)S^2}{\sigma^2} \sim \chi^2(n-1)$,且 $\dfrac{\overline{X}-\mu}{\sigma/\sqrt{n}}$ 与 $\dfrac{(n-1)S^2}{\sigma^2}$ 相互独立,于是由 t

分布定义得

$$\frac{\overline{X}-\mu}{\sigma/\sqrt{n}}\Big/\sqrt{\frac{(n-1)S^2}{\sigma^2(n-1)}}=\frac{(\overline{X}-\mu)\sqrt{n}}{S}\sim t(n-1).$$

定理7 设 $X_1,X_2,\cdots,X_{n_1}$ 是从正态总体 $N(\mu_1,\sigma_1^2)$ 抽取的样本, $Y_1,Y_2,\cdots,Y_{n_2}$ 是从正态总体 $N(\mu_2,\sigma_2^2)$ 抽取的样本,且这两个样本相互独立,样本均值及方差分别为

$$\overline{X}=\frac{1}{n_1}\sum_{i=1}^{n_1}X_i,\qquad\qquad \overline{Y}=\frac{1}{n_2}\sum_{i=1}^{n_2}Y_i,$$

$$S_{n_1}^2=\frac{1}{n_1-1}\sum_{i=1}^{n_1}(X_i-\overline{X})^2,\quad S_{n_2}^2=\frac{1}{n_2-1}\sum_{i=1}^{n_2}(Y_i-\overline{Y})^2,$$

则

$$F=\frac{S_{n_1}^2/\sigma_1^2}{S_{n_2}^2/\sigma_2^2}\sim F(n_1-1,n_2-1). \tag{5-19}$$

证 由定理7的条件及定理5知 $\dfrac{n_1-1}{\sigma_1^2}S_{n_1}^2$ 与 $\dfrac{n_2-1}{\sigma_2^2}S_{n_2}^2$ 相互独立,且

$$\frac{n_1-1}{\sigma_1^2}S_{n_1}^2\sim\chi^2(n_1-1),\quad \frac{n_2-1}{\sigma_2^2}S_{n_2}^2\sim\chi^2(n_2-1),$$

故由 F 分布的定义得

$$F=\left[\frac{(n_1-1)S_{n_1}^2}{\sigma_1^2}\Big/(n_1-1)\right]\Big/\left[\frac{(n_2-1)S_{n_2}^2}{\sigma_2^2}\Big/(n_2-1)\right]$$

$$=\frac{S_{n_1}^2/\sigma_1^2}{S_{n_2}^2/\sigma_2^2}\sim F(n_1-1,n_2-1).$$

定理8 设定理7的条件满足,且 $\sigma_1^2=\sigma_2^2=\sigma^2$,则

$$T=\frac{(\overline{X}-\overline{Y})-(\mu_1-\mu_2)}{\sqrt{\dfrac{(n_1-1)S_{n_1}^2+(n_2-1)S_{n_2}^2}{n_1+n_2-2}}\sqrt{\dfrac{1}{n_1}+\dfrac{1}{n_2}}}\sim t(n_1+n_2-2).$$

$$\tag{5-20}$$

证 由定理8的条件及定理5知

$$\overline{X}\sim N\left(\mu_1,\frac{\sigma^2}{n_1}\right),\overline{Y}\sim N\left(\mu_2,\frac{\sigma^2}{n_2}\right),$$

于是 $\overline{X}-\overline{Y}\sim N\left(\mu_1-\mu_2,\dfrac{\sigma^2}{n_1}+\dfrac{\sigma^2}{n_2}\right)$,

$$U=\frac{\overline{X}-\overline{Y}-(\mu_1-\mu_2)}{\sqrt{\dfrac{\sigma^2}{n_1}+\dfrac{\sigma^2}{n_2}}}\sim N(0,1),$$

再由定理 8 的条件及定理 5 得

$$\frac{(n_1-1)S_{n_1}^2}{\sigma^2}\sim\chi^2(n_1-1),\qquad\frac{(n_2-1)S_{n_2}^2}{\sigma^2}\sim\chi^2(n_2-1),$$

且它们相互独立,从而由 χ^2 分布的可加性知

$$V=\frac{(n_1-1)S_{n_1}^2+(n_2-1)S_{n_2}^2}{\sigma^2}\sim\chi^2(n_1+n_2-2),$$

又由定理 5 的结论(ⅲ)以及两个样本相互独立可证明 U 与 V 相互独立,故由 t 分布定义得

$$T=\frac{U}{\sqrt{V/(n_1+n_2-2)}}$$

$$=\frac{(\overline{X}-\overline{Y})-(\mu_1-\mu_2)}{\sqrt{\dfrac{(n_1-1)S_{n_1}^2+(n_2-1)S_{n_2}^2}{n_1+n_2-2}}\sqrt{\dfrac{1}{n_1}+\dfrac{1}{n_2}}}\sim t(n_1+n_2-2).$$

例 1 设总体 X 服从两点分布 $B(1,p)$,即 $P(X=1)=p$,$P(X=0)=1-p$,其中 p 是未知参数,$(X_1,X_2,\cdots,X_n)$ 是取自 X 的随机样本.

(ⅰ)写出 $(X_1,X_2,\cdots,X_n)$ 的联合概率分布;

(ⅱ)指出 $X_1+X_2,\min(X_1,X_2,\cdots,X_n),X_n+p,(X_n-X_1)^3$ 中哪些是统计量,哪些不是统计量?

解 (ⅰ)$(X_1,X_2,\cdots,X_n)$ 的联合概率为

$$P(X_1=x_1,X_2=x_2,\cdots,X_n=x_n)=\prod_{i=1}^{n}P(X_i=x_i)$$

$$=\prod_{i=1}^{n}P(X=x_i)=\prod_{i=1}^{n}p^{x_i}(1-p)^{1-x_i}$$

$$=p^{\sum\limits_{i=1}^{n}x_i}(1-p)^{n-\sum\limits_{i=1}^{n}x_i},\quad x_i=0\text{ 或 }1,i=1,2,\cdots,n;$$

(ⅱ)$X_1+X_2,\min(X_1,X_2,\cdots,X_n),(X_n-X_1)^3$ 都是统计量,X_n+p 不是统计量(因 p 是未知参数).

145

例2 设总体 X 服从 $N(0,0.3^2)$ 分布,$(X_1,X_2,\cdots,X_{10})$ 是 X 的容量为 10 的样本,求 $P(\sum\limits_{i=1}^{10} X_i^2 > 1.44)$.

解 因 $X_i \sim N(0,0.3^2)$ 且相互独立,所以 $\dfrac{X_i}{0.3} \sim N(0,1)$ 且相互独立,由 χ^2 分布的定义知 $\sum\limits_{i=1}^{10} \left(\dfrac{X_i}{0.3}\right)^2 \sim \chi^2(10)$,所以

$$P\Big(\sum_{i=1}^{10} X_i^2 > 1.44\Big) = P\Big(\sum_{i=1}^{10}\Big(\frac{X_i}{0.3}\Big)^2 > \frac{1.44}{0.3^2}\Big)$$
$$= P(\chi^2(10) > 16) \approx 0.1,$$

上式中的 $\chi^2(10)$ 表示随机变量 X,X 服从自由度为 10 的 χ^2 分布.

例3 设总体 X,Y 都服从正态分布 $N(0,1)$,$(X_1,X_2,\cdots,X_9)$ 与 $(Y_1,Y_2,\cdots,Y_9)$ 分别是来自 X,Y 的样本,两个样本相互独立,求

$$T = \frac{X_1+X_2+\cdots+X_9}{\sqrt{Y_1^2+Y_2^2+\cdots+Y_9^2}} \quad 的分布.$$

解 由题设知 $\sum\limits_{i=1}^{9} X_i \sim N(0,9)$,$\dfrac{1}{3}\sum\limits_{i=1}^{9} X_i \sim N(0,1)$,$\sum\limits_{i=1}^{9} Y_i^2 \sim \chi^2(9)$,且 $\dfrac{1}{3}\sum\limits_{i=1}^{9} X_i$ 与 $\sum\limits_{i=1}^{9} Y_i^2$ 相互独立,所以

$$T = \frac{X_1+X_2+\cdots+X_9}{\sqrt{Y_1^2+Y_2^2+\cdots+Y_9^2}} = \frac{\sum\limits_{i=1}^{9} X_i/3}{\sqrt{\sum\limits_{i=1}^{9} Y_i^2/9}} \sim t(9).$$

例4 设总体 X 服从区间 $(0,\theta)$ 上的均匀分布,$(X_1,X_2,\cdots,X_n)$ 是从该总体中抽取的一个样本,试求最小顺序统计量 $X_{(1)}$ 与最大顺序统计量 $X_{(n)}$ 的密度函数.

解 因为 X 的密度函数 $f(x)$、分布函数 $F(x)$ 分别为

$$f(x) = \begin{cases} \dfrac{1}{\theta}, & 0 < x < \theta, \\ 0, & 其他, \end{cases} \qquad F(x) = \begin{cases} 0, & x \leqslant 0, \\ \dfrac{x}{\theta}, & 0 < x < \theta, \\ 1, & x \geqslant \theta, \end{cases}$$

所以 $X_{(1)},X_{(n)}$ 的密度函数分别为

$$f_{X_{(1)}}(x) = n[1-F(x)]^{n-1} f(x) = \begin{cases} \dfrac{n(\theta-x)^{n-1}}{\theta^n}, & 0 < x < \theta, \\ 0, & 其他, \end{cases}$$

$$f_{X_{(n)}}(x) = n[F(x)]^{n-1} f(x) = \begin{cases} \dfrac{nx^{n-1}}{\theta^n}, & 0 < x < \theta, \\ 0, & \text{其他}. \end{cases}$$

例 5 设 $X_1, X_2, \cdots, X_n$ 为从正态总体 $N(3.4, 6^2)$ 中抽取的样本,如果要求其样本均值位于区间 $(1.4, 5.4)$ 内的概率不小于 0.95,问样本容量 n 至少应取多大?

解 以 $\overline{X}$ 记该样本均值,则

$$\overline{X} \sim N\left(3.4, \frac{6^2}{n}\right), \quad \frac{\overline{X} - 3.4}{6}\sqrt{n} \sim N(0,1),$$

从而有

$$P(1.4 < \overline{X} < 5.4) = P\left(\frac{|\overline{X} - 3.4|}{6}\sqrt{n} < \frac{2\sqrt{n}}{6}\right)$$

$$= P\left(|N(0,1)| < \frac{\sqrt{n}}{3}\right) = 2\Phi\left(\frac{\sqrt{n}}{3}\right) - 1 \geqslant 0.95,$$

上式中的 $N(0,1)$ 表示随机变量 X, X 服从标准正态分布.

故 $\Phi\left(\dfrac{\sqrt{n}}{3}\right) \geqslant 0.975$, 查表得 $\dfrac{\sqrt{n}}{3} \geqslant 1.96$,

即 $n \geqslant (1.96 \times 3)^2 \approx 34.57$, 所以 n 至少应取 35.

扫一扫,阅读名人传记

习 题

1. 设总体 X 服从泊松分布,参数为 λ, $X_1, X_2, \cdots, X_n$ 是来自 X 的样本,求 $(X_1, X_2, \cdots, X_n)$ 的概率分布.

2. 设 $X_1, X_2, \cdots, X_n$ 是来自总体 $N(\mu, \sigma^2)$ 的样本,求 $\sum\limits_{i=1}^{n}(X_i - \mu)^2/\sigma^2$ 的分布.

3. 在总体 $X \sim N(80, 400)$ 中随机抽取容量为 100 的样本,求样本平均值与总体期望之差的绝对值大于 3 的概率.

4. 设在总体 $N(\mu, \sigma^2)$ 中抽取一容量为 16 的样本, S^2 为样本方差.

(1) 求 $P\left(\dfrac{S^2}{\sigma^2} \leqslant 2.04\right)$; (2) 求 $E(S^2), D(S^2)$.

5. 设总体 $X \sim N(72, 100)$, $(X_1, X_2, \cdots, X_n)$ 是从该总体中抽取的一个样本,为使其样本均值 $\overline{X}$ 大于 70 的概率至少为 0.9,问样本容量至少应取多少?

6. 加工某种零件时,每一件需要的时间服从参数为 λ 的指数分布,设加工时间 X 为总体,任取 n 个零件,测得加工时间为 $X_1,X_2,\cdots,X_n$,求样本 $(X_1,X_2,\cdots,X_n)$ 的分布.

7. 设总体 X 服从正态分布 $N(\mu,\sigma^2)$,其中 μ 已知,σ^2 未知.(X_1,X_2,X_3,X_4) 是 X 的样本.

(1)写出 (X_1,X_2,X_3,X_4) 的联合密度函数;

(2)指出 $X_1+X_2^2,X_1+\mu,\min(X_1,X_3,X_4),\dfrac{1}{\sigma^2}(X_2^2+X_3^2+X_4^2)$ 中,哪些是统计量,哪些不是统计量?

8. 设总体 $X\sim N(\mu,4)$,$(X_1,X_2,\cdots,X_n)$ 是取自该总体的一个样本,$\overline{X}$ 是样本均值,试问样本容量 n 应取多大,才能使 $E|\overline{X}-\mu|\leqslant 1$?

9. 设 $X_1,X_2,\cdots,X_n$ 是总体 X 的子样,若

(1)$X\sim N(\mu,\sigma^2)$;

(2)X 服从参数为 λ 的泊松分布;

(3)X 服从参数为 p 的两点分布;

(4)X 服从参数为 λ 的指数分布.

分别求 $E(\overline{X}),D(\overline{X}),E(S^2)$.

10. 设总体 X,Y 都服从 $N(30,3^2)$ 分布,$X_1,X_2,\cdots,X_{20}$ 和 $Y_1,Y_2,\cdots,Y_{25}$ 是分别来自 X 和 Y 的样本,且两样本相互独立,求 $P(|\overline{X}-\overline{Y}|>0.4)$.

11. 设 $X_1,X_2,\cdots,X_{25}$ 是取自总体 $N(20,3^2)$ 的子样,计算

$$P\Big(\sum_{i=1}^{16}X_i-\sum_{i=17}^{25}X_i<180\Big).$$

12. 设 $X_1,X_2,\cdots,X_{n+1}$ 是来自总体 $N(\mu,\sigma^2)$ 的样本,记 $\overline{X}_n=\dfrac{1}{n}\sum_{i=1}^{n}X_i$,

$S_n^2=\dfrac{1}{n}\sum_{i=1}^{n}(X_i-\overline{X}_n)^2$,试求 $T=\dfrac{X_{n+1}-\overline{X}_n}{S_n}\sqrt{\dfrac{n-1}{n+1}}$ 的概率分布.

13. 设 $X_1,X_2,\cdots,X_n$ 是来自总体 $N(\mu_1,\sigma^2)$ 的子样,$Y_1,Y_2,\cdots,Y_m$ 是来自总体 $N(\mu_2,\sigma^2)$ 的子样,且两子样相互独立,$\overline{X},\overline{Y}$ 分别是两个样本的样本均值,$S^2=\dfrac{1}{n-1}\sum_{i=1}^{n}(X_i-\overline{X})^2$,试求

$$T=\dfrac{\overline{X}-\overline{Y}-(\mu_1-\mu_2)}{S\sqrt{\dfrac{1}{m}+\dfrac{1}{n}}}$$ 的概率分布.

14. 设 X_1,X_2,X_3,X_4 是来自正态总体 $N(0,2^2)$ 的子样,$X=a(X_1-2X_2)^2+b(3X_3-4X_4)^2$,则当 $a=(\quad)$,$b=(\quad)$ 时,X 服从 χ^2 分布,其自由度为$(\quad)$.

15. 设 $(X_1,X_2,\cdots,X_9)$ 是来自总体 $N(0,2^2)$ 的样本,求系数 a,b,c,使 $X=a(X_1-X_2)^2+b(X_3+X_4-X_5)^2+c(X_6+X_7-X_8-X_9)^2$ 服从 χ^2 分布,并求其自由度.

16. 设 $X_1, X_2, \cdots, X_{2n}(n \geqslant 2)$ 是从正态总体 $N(\mu, \sigma^2)$ 中抽取的子样，$\overline{X} = \dfrac{1}{2n} \sum\limits_{i=1}^{2n} X_i$，求 $Y = \sum\limits_{i=1}^{n} (X_i + X_{n+i} - 2\overline{X})^2$ 的数学期望.

17. 设随机变量 X 和 Y 都服从 $N(0,1)$ 分布，则下列结论正确的是( ).

(1)$X+Y$ 服从正态分布；　　　　(2)X^2+Y^2 服从 χ^2 分布；

(3)X^2 和 Y^2 都服从 χ^2 分布；　　(4)X^2/Y^2 服从 F 分布.

18. 设 $X_1, X_2, \cdots, X_n$ 是来自正态总体 $N(\mu, \sigma^2)$ 的样本，则下列结论正确的是( ).

(1)$\dfrac{1}{n-1} \sum\limits_{i=1}^{n} (X_i - \overline{X})^2 \sim \chi^2(n-1)$；　(2)$\dfrac{1}{n} \sum\limits_{i=1}^{n} (X_i - \overline{X})^2 \sim \chi^2(n-1)$；

(3)$\dfrac{1}{\sigma^2} \sum\limits_{i=1}^{n} (X_i - \overline{X})^2 \sim \chi^2(n-1)$；　(4)$\dfrac{1}{\sigma^2} \sum\limits_{i=1}^{n} (X_i - \overline{X})^2 \sim \chi^2(n)$.

19. 设随机变量 $X \sim N(\mu, 1)$，$Y \sim \chi^2(n)$，X 与 Y 相互独立. 令 $T = \dfrac{X-\mu}{\sqrt{Y}}\sqrt{n}$，则下列结论正确的是( ).

(1)$T \sim t(n-1)$；　　　　　　(2)$T \sim t(n)$；

(3)$T \sim N(0,1)$；　　　　　　(4)$T \sim F(1,n)$.

20. 设 $X_1, X_2, \cdots, X_{n_1}$ 与 $Y_1, Y_2, \cdots, Y_{n_2}$ 是分别来自总体 $N(\mu_1, \sigma^2)$，$N(\mu_2, \sigma^2)$ 的样本，且两个样本相互独立，则 $\dfrac{\dfrac{1}{n_1} \sum\limits_{i=1}^{n_1} (X_i - \mu_1)^2}{\dfrac{1}{n_2} \sum\limits_{i=1}^{n_2} (Y_i - \mu_2)^2}$ 的分布是( ).

扫一扫，获取参考答案

第6章

参 数 估 计

数理统计的基本问题是根据样本所提供的信息,对总体的分布以及分布的数字特征作出统计推断. 一个好的统计方法就在于能有效地利用所获得的资料,尽可能作出精确而可靠的结论. 在实际问题中我们考察的随机变量的分布往往未知,一种情况是总体 X 的分布类型未知,另一种是分布类型已知,但分布中含有未知参数 θ. 本章就是要寻找合适的统计量 $\hat{\theta}$,用它来估计参数 θ,或者是找出两个统计量 $\hat{\theta}_1$ 和 $\hat{\theta}_2$,用 $(\hat{\theta}_1,\hat{\theta}_2)$ 作为参数 θ 取值范围的一种估计,分别称为参数的点估计和区间估计.

§6.1　点估计

在参数估计问题中,首先假设总体 X 具有一族可能的分布 F,且 F 的函数形式是已知的,仅含有几个未知参数. 记 θ 是支配这分布的未知参数(可以是向量). 通常称参数 θ 的全部可容许值组成的集合为**参数空间**,记为 Θ. 若总体 X 服从正态分布 $N(\mu,\sigma^2)$,其中 μ,σ^2 均未知,则 $\theta=(\mu,\sigma^2)$ 为参数,参数空间为 $\Theta=\{(\mu,\sigma^2), -\infty<\mu<+\infty,\sigma^2>0\}$.

一般地,设总体 X 具有分布族 $\{F(x,\theta),\theta\in\Theta\}$,$X_1,X_2,\cdots,X_n$

是 X 的一个子样. 点估计问题就是要求构造一个统计量 $\hat{\theta}=\hat{\theta}(X_1,X_2,\cdots,X_n)$ 作为参数 θ 的估计 ($\hat{\theta}$ 的维数与 θ 的维数相同). 在统计学中, 称 $\hat{\theta}$ 为 θ 的**估计量**. 如果 $x_1,x_2,\cdots,x_n$ 是子样的一组观测值, 代入统计量 $\hat{\theta}(X_1,X_2,\cdots,X_n)$ 中就得到具体值 $\hat{\theta}(x_1,x_2,\cdots,x_n)$, 这个数值通常称为 θ 的**估计值**. 今后估计量和估计值这两个名词将不强调它们的区别, 统称为估计.

1. 矩估计法

矩是描写随机变量的最简单的数字特征. 设样本 $X_1,X_2,\cdots,X_n$ 取自于总体 X, 样本矩在一定程度上反映了总体矩的特征. 因而自然想到用样本矩作为总体矩的估计.

设总体的分布函数为 $F(x,\theta)$, 其中 $\theta=(\theta_1,\theta_2,\cdots,\theta_k)$ 为未知参数向量, 假设总体的 k 阶矩 $\alpha_k=E(X^k)$ 存在, 则 $\alpha_k=\alpha_k(\theta_1,\theta_2,\cdots,\theta_k)$ 为 θ 的函数. 例如, 当总体为离散型随机变量, 分布律为

$$P(X=x_i)=f(x_i,\theta_1,\theta_2,\cdots,\theta_k),\quad i=1,2,\cdots,$$

时,

$$\alpha_l(\theta_1,\theta_2,\cdots,\theta_k)=E(X^l)=\sum_{i=1}^{\infty}x_i^l f(x_i,\theta_1,\theta_2,\cdots,\theta_k),\quad l=1,2,\cdots,k.$$

当总体为连续型随机变量, 概率密度函数为 $f(x,\theta_1,\theta_2,\cdots,\theta_k)$ 时,

$$\alpha_l(\theta_1,\theta_2,\cdots,\theta_k)=E(X^l)=\int_{-\infty}^{+\infty}x^l f(x,\theta_1,\theta_2,\cdots,\theta_k)\,\mathrm{d}x,$$

$$l=1,2,\cdots,k.$$

用样本矩作为总体相应矩的估计, 即令

$$\alpha_l(\theta_1,\theta_2,\cdots,\theta_k)=A_l=\frac{1}{n}\sum_{i=1}^{n}X_i^l,\quad l=1,2,\cdots,k, \qquad (6\text{-}1)$$

这就确定了包含 k 个未知参数 $\theta=(\theta_1,,\theta_2,\cdots,\theta_k)$ 的 k 个方程组. 解此方程组 (6-1) 就可得到 $\theta=(\theta_1,\theta_2,\cdots,\theta_k)$ 的一组解 $\hat{\theta}=(\hat{\theta}_1,\hat{\theta}_2,\cdots,\hat{\theta}_k)$. 因为 $A_l=\frac{1}{n}\sum_{i=1}^{n}X_i^l$ 是随机变量, 故解得的 $\hat{\theta}$ 也是随机变量. 现在将 $\hat{\theta}_1,\cdots,\hat{\theta}_k$ 分别作为 $\theta_1,\cdots,\theta_k$ 的估计, 称为**矩估计**. 这种求估计量的方法称为矩方法.

例 1 求总体 X 均值和方差的矩估计.

解 设 $X_1,X_2,\cdots,X_n$ 是总体 X 的样本, X 的二阶矩存在, 则有

$\alpha_2 = \sigma^2 + \mu^2$. 用矩方法得方程组

$$\begin{cases} \hat{\mu} = \dfrac{1}{n} \sum_{i=1}^{n} X_i = \overline{X}, \\ \hat{\mu}^2 + \hat{\sigma}^2 = \hat{\alpha}_2 = \dfrac{1}{n} \sum_{i=1}^{n} X_i^2, \end{cases}$$

解方程组得 μ 和 σ^2 的矩估计分别为 $\hat{\mu} = \overline{X}$, $\hat{\sigma}^2 = \dfrac{1}{n} \sum_{i=1}^{n} X_i^2 - \overline{X}^2 = \dfrac{1}{n} \sum_{i=1}^{n} (X_i - \overline{X})^2 = B_2$, 所得结果表明, 对于任何分布, 只要总体均值与方差存在, 则其均值与方差的矩估计表达式相同, 这个例子的结论可作为定理使用.

例 2　设总体 $X \sim \Gamma(\alpha, \beta)$, 其中 α, β 为未知参数, $X_1, X_2, \cdots, X_n$ 为来自总体 X 的样本. 求 α, β 的矩估计.

解　因为 $X \sim \Gamma(\alpha, \beta)$, 所以 $E(X) = \dfrac{\alpha}{\beta}$, $D(X) = \dfrac{\alpha}{\beta^2}$, 再由上例, 可得

$$\begin{cases} \overline{X} = \dfrac{\hat{\alpha}}{\hat{\beta}}, \\ B_2 = \dfrac{\hat{\alpha}}{\hat{\beta}^2}, \end{cases}$$

解得 α, β 的矩估计分别为

$$\hat{\alpha} = \overline{X}^2 / B_2, \quad \hat{\beta} = \overline{X} / B_2.$$

例 3　设总体 X 服从 $[a, b]$ 上的均匀分布, a, b 未知, $X_1, X_2, \cdots, X_n$ 是 X 的一个样本. 试求参数 a, b 的矩估计.

解　因为 $E(X) = \dfrac{a+b}{2}$, $E(X^2) = \dfrac{(b-a)^2}{12} + \dfrac{(a+b)^2}{4}$, 用矩方法得方程组

$$\begin{cases} \dfrac{\hat{a} + \hat{b}}{2} = \overline{X} = \dfrac{1}{n} \sum_{i=1}^{n} X_i = A_1, \\ \dfrac{(\hat{b} - \hat{a})^2}{12} + \dfrac{(\hat{a} + \hat{b})^2}{4} = \dfrac{1}{n} \sum_{i=1}^{n} X_i^2 = A_2, \end{cases}$$

即

$$\begin{cases} \hat{a} + \hat{b} = 2A_1, \\ \hat{b} - \hat{a} = \sqrt{12(A_2 - A_1^2)}, \end{cases}$$

解上述方程组,得 a,b 的矩估计分别为

$$\hat{a}=A_1-\sqrt{3(A_2-A_1^2)}=\overline{X}-\sqrt{\frac{3}{n}\sum_{i=1}^{n}(X_i-\overline{X})^2},$$

$$\hat{b}=A_1+\sqrt{3(A_2-A_1^2)}=\overline{X}+\sqrt{\frac{3}{n}\sum_{i=1}^{n}(X_i-\overline{X})^2}.$$

例 4 设总体 X 的概率密度函数为

$$f(x)=\begin{cases}\lambda e^{-\lambda(x-\theta)}, & x\geqslant\theta,\\ 0, & x<\theta,\end{cases}$$

其中 $\lambda(\lambda>0),\theta$ 都是未知参数,$X_1,X_2,\cdots,X_n$ 是来自 X 的样本,求 θ,λ 的矩估计.

解 因为

$$\alpha_1=E(X)=\int_\theta^{+\infty}x\cdot\lambda e^{-\lambda(x-\theta)}\mathrm{d}x=\theta+\frac{1}{\lambda},$$

$$\alpha_2=E(X^2)=\int_\theta^{+\infty}x^2\cdot\lambda e^{-\lambda(x-\theta)}\mathrm{d}x=\left(\theta+\frac{1}{\lambda}\right)^2+\frac{1}{\lambda^2},$$

用矩方法得方程组

$$\begin{cases}\hat{\theta}+\dfrac{1}{\hat{\lambda}}=\dfrac{1}{n}\sum_{i=1}^{n}X_i,\\[2mm]\left(\hat{\theta}+\dfrac{1}{\hat{\lambda}}\right)^2+\dfrac{1}{\hat{\lambda}^2}=\dfrac{1}{n}\sum_{i=1}^{n}X_i^2,\end{cases}$$

解上述方程组,得 θ,λ 的矩估计分别为

$$\hat{\lambda}=\frac{1}{\sqrt{\frac{1}{n}\sum_{i=1}^{n}X_i^2-\overline{X}^2}},\quad \hat{\theta}=\overline{X}-\sqrt{\frac{1}{n}\sum_{i=1}^{n}X_i^2-\overline{X}^2}.$$

2. 极大似然估计法

由上面的介绍可以看出,矩估计法不直接依赖于总体分布的类型,而实际问题中总体的分布类型常常是已知的,这正是估计总体参数的最好信息. 极大似然估计法是利用 X 的分布 $F(x,\theta_1,\theta_2,\cdots,\theta_k)$ 的已知表达式及样本 $X_1,X_2,\cdots,X_n$ 的信息,来建立未知参数 θ_i 的估计量 $\hat{\theta}_i(X_1,X_2,\cdots,X_n)$ 的一种基于极大似然原理的统计方法.

(1)离散型总体情形

设 $X_1,X_2,\cdots,X_n$ 是取自总体 X 的一个样本,$x_1,x_2,\cdots,x_n$ 是一

组样本观察值. 若 X 为离散型随机变量,分布律为 $P(X=x)$ $=f(x,\theta)$,θ 为待估参数,则 $X_1,X_2,\cdots,X_n$ 的联合分布律为

$$P(X_1=x_1,X_2=x_2,\cdots,X_n=x_n)=\prod_{i=1}^{n}f(x_i,\theta)$$

$$\triangleq L(\theta,x_1,x_2,\cdots,x_n)\triangleq L(\theta),\ \theta\in\Theta, \qquad (6\text{-}2)$$

这一概率值随 θ 的取值而变化,它是 θ 的函数. $L(\theta)$ 称为样本的**似然函数**. 极大似然估计法,就是在样本观察值 $x_1,x_2,\cdots,x_n$ 为固定的前提下,在 θ 的取值范围 Θ 内寻找使概率 $L(\theta,x_1,x_2,\cdots,x_n)$ 达到最大的参数值 $\hat{\theta}$,作为参数 θ 的估计值,即取 $\hat{\theta}$ 使

$$L(\hat{\theta},x_1,x_2,\cdots,x_n)=\max_{\theta\in\Theta}L(\theta,x_1,x_2,\cdots,x_n), \qquad (6\text{-}3)$$

这样得到的 $\hat{\theta}$ 与样本值 $x_1,x_2,\cdots,x_n$ 有关,记为 $\hat{\theta}(x_1,x_2,\cdots,x_n)$,并称它为参数 θ 的**极大似然估计值**,而相应的统计量 $\hat{\theta}(X_1,X_2,\cdots,X_n)$ 称为参数 θ 的**极大似然估计量**.

由于 $\ln x$ 是 x 的单调增加函数,所以 $\ln L(\theta)$ 与 $L(\theta)$ 同时取到最大值,而求 $\ln L(\theta)$ 的最大值比较方便,因而往往是选取参数 θ 使 $\ln L(\theta)$ 达到最大即可.

如果 $L(\theta)$ 关于 θ 可微,则参数 θ 的极大似然估计值 $\hat{\theta}$ 必满足下列似然方程

$$\left.\frac{\partial\ln L(\theta,x_1,x_2,\cdots,x_n)}{\partial\theta_i}\right|_{\theta=\hat{\theta}}=0,\ i=1,2,\cdots,k. \qquad (6\text{-}4)$$

通常称 $\ln L(\theta)$ 为**对数似然函数**.

例5 设总体 X 服从 $0-1$ 分布,分布律为 $P(X=1)=p=1-P(X=0)$,其中 p 为未知参数,求 p 的极大似然估计.

解 设 $X_1,X_2,\cdots,X_n$ 是取自总体 X 的一个样本,$x_1,x_2,\cdots,x_n$ 是一组样本观察值,$x_i=0$ 或 $1,i=1,2,\cdots,n$,则

$$P(X=x_i)=p^{x_i}(1-p)^{1-x_i},\ i=1,2,\cdots,n.$$

似然函数为

$$L(p)=\prod_{i=1}^{n}p^{x_i}(1-p)^{1-x_i}=p^{\sum_{i=1}^{n}x_i}(1-p)^{n-\sum_{i=1}^{n}x_i},$$

$$\ln L(p)=\ln p\cdot\sum_{i=1}^{n}x_i+\left(n-\sum_{i=1}^{n}x_i\right)\ln(1-p),$$

令

$$\frac{\mathrm{dln}L(p)}{\mathrm{d}p} = \frac{\sum\limits_{i=1}^{n} x_i}{p} - \frac{n - \sum\limits_{i=1}^{n} x_i}{1-p} = 0,$$

解得 p 的极大似然估计值 $\hat{p} = \frac{1}{n} \sum\limits_{i=1}^{n} x_i$，$p$ 的极大似然估计量为

$$\hat{p} = \frac{1}{n} \sum\limits_{i=1}^{n} X_i = \overline{X}.$$

例6 设总体 X 服从参数为 $\lambda(\lambda > 0)$ 的泊松分布，即

$$P(X=x) = \frac{\lambda^x}{x!} \mathrm{e}^{-\lambda}, \ x = 0,1,2,\cdots,$$

试求 λ 的极大似然估计.

解 设 $x_1, x_2, \cdots, x_n$ 是样本 $X_1, X_2, \cdots, X_n$ 的一组观察值，则似然函数为

$$L(\lambda) = \prod_{i=1}^{n} \frac{\lambda^{x_i}}{x_i!} \mathrm{e}^{-\lambda} = \frac{\lambda^{\sum\limits_{i=1}^{n} x_i}}{\prod\limits_{i=1}^{n} x_i!} \mathrm{e}^{-n\lambda}, \ x_i = 0,1,2,\cdots,$$

$$\ln L(\lambda) = \sum_{i=1}^{n} x_i \ln \lambda - n\lambda - \ln \prod_{i=1}^{n} x_i!,$$

由

$$\frac{\mathrm{dln}L(\lambda)}{\mathrm{d}\lambda} = \frac{1}{\lambda} \sum_{i=1}^{n} x_i - n = 0,$$

解得 λ 的极大似然估计值为

$$\hat{\lambda} = \frac{1}{n} \sum_{i=1}^{n} x_i = \bar{x},$$

λ 的极大似然估计量为

$$\hat{\lambda} = \frac{1}{n} \sum_{i=1}^{n} X_i = \overline{X}.$$

(2)连续型总体情形

设总体 X 的概率密度函数 $f(x, \theta)(\theta \in \Theta)$ 的形式已知，$X_1, X_2, \cdots,$ X_n 是来自 X 的样本，则 $X_1, X_2, \cdots, X_n$ 的联合密度为 $\prod\limits_{i=1}^{n} f(x_i, \theta)$.

设 $x_1, x_2, \cdots, x_n$ 是一组样本观察值，则样本 $(X_1, X_2, \cdots, X_n)$ 落在点

$(x_1, x_2, \cdots, x_n)$ 的矩形邻域的概率近似地为

$$\prod_{i=1}^{n} f(x_i, \theta) \mathrm{d}x_i,$$

其中 $\mathrm{d}x_1, \mathrm{d}x_2, \cdots, \mathrm{d}x_n$ 分别为邻域的边长,其值随 θ 的取值而变化. 与离散型的情形类似,我们应选取 θ 使上述概率达到最大. 由于因子 $\prod\limits_{i=1}^{n} \mathrm{d}x_i$ 与 θ 无关,故只需考虑似然函数

$$L(\theta) = L(\theta, x_1, x_2, \cdots, x_n) = \prod_{i=1}^{n} f(x_i, \theta) \tag{6-5}$$

的最大值. 若当 $\theta = \hat{\theta}(x_1, x_2, \cdots, x_n)$ 时,

$$L(\hat{\theta}, x_1, x_2, \cdots, x_n) = \max_{\theta \in \Theta} \prod_{i=1}^{n} f(x_i, \theta),$$

则称 $\hat{\theta}(x_1, x_2, \cdots, x_n)$ 为 θ 的**极大似然估计值**,称 $\hat{\theta}(X_1, X_2, \cdots, X_n)$ 为 θ 的**极大似然估计量**.

例 7 设总体 X 服从 $[0, \theta]$ 上的均匀分布. 求参数 θ 的极大似然估计.

解 总体 X 的概率密度函数为

$$f(x, \theta) = \begin{cases} \dfrac{1}{\theta}, & 0 \leqslant x \leqslant \theta, \\ 0, & \text{其他}, \end{cases} \quad \theta > 0,$$

设 $x_1, x_2, \cdots, x_n$ 是样本 $X_1, X_2, \cdots, X_n$ 的一组观察值,则似然函数为

$$L(\theta) = \prod_{i=1}^{n} f(x_i, \theta) = \begin{cases} \dfrac{1}{\theta^n}, & 0 \leqslant x_1, x_2, \cdots, x_n \leqslant \theta, \\ 0, & \text{其他}. \end{cases}$$

由于 $L(\theta)$ 关于 θ 单调下降,所以当 $\theta = \max(x_1, x_2, \cdots, x_n)$ 时,$L(\theta)$ 达到最大,因此 θ 的极大似然估计量为 $\hat{\theta} = \max(X_1, X_2, \cdots, X_n) = X_{(n)}$.

注意,本例中的似然函数 $L(\theta)$ 的最大值点不能由对 $L(\theta)$ 求导得到.

例 8 设 $x_1, x_2, \cdots, x_n$ 是来自正态总体 $X \sim N(\mu, \sigma^2)$ 的一组样本值,试求参数 μ, σ^2 的极大似然估计.

解 因为 X 的概率密度函数为

$$f(x, \mu, \sigma^2) = \frac{1}{\sqrt{2\pi}\sigma} \exp\left[-\frac{1}{2\sigma^2}(x - \mu)^2\right],$$

所以似然函数为

$$L(\mu, \sigma^2) = \prod_{i=1}^{n} \frac{1}{\sqrt{2\pi}\sigma} \exp\left[-\frac{1}{2\sigma^2}(x_i - \mu)^2\right],$$

$$= \frac{1}{(2\pi)^{n/2}\sigma^n} \exp\left[-\frac{1}{2\sigma^2}\sum_{i=1}^{n}(x_i - \mu)^2\right],$$

$$\ln L(\mu, \sigma^2) = -\frac{n}{2}\ln 2\pi - \frac{n}{2}\ln\sigma^2 - \frac{1}{2\sigma^2}\sum_{i=1}^{n}(x_i - \mu)^2,$$

似然方程为

$$\begin{cases} \dfrac{\partial \ln L(\mu, \sigma^2)}{\partial \mu} = \dfrac{1}{\sigma^2}\sum_{i=1}^{n}(x_i - \mu) = 0, \\[3mm] \dfrac{\partial \ln L(\mu, \sigma^2)}{\partial \sigma^2} = -\dfrac{n}{2\sigma^2} + \dfrac{1}{2\sigma^4}\sum_{i=1}^{n}(x_i - \mu)^2 = 0, \end{cases}$$

解得 μ, σ^2 的极大似然估计分别为

$$\hat{\mu} = \frac{1}{n}\sum_{i=1}^{n} x_i = \bar{x},$$

$$\hat{\sigma}^2 = \frac{1}{n}\sum_{i=1}^{n}(x_i - \bar{x})^2,$$

它们与相应的矩估计值相同.

§6.2　估计量的评选标准

对于总体 X 的未知参数,可以用不同的估计方法,原则上任何统计量都可作为参数的估计量,但是哪一个估计量好呢? 这就涉及用什么样的标准来评价估计量的好坏问题,下面介绍几种常用的评价标准.

1. 无偏性

估计量是随机变量,不同的样本观察值就会得到不同的估计值.这样要确定一个估计量的好坏,就不能仅仅依据个别抽样的结果,必须从整体上来考察,我们希望估计值在参数真值附近徘徊且它的数学期望等于未知参数的真值,在统计学中称为**无偏性**.所谓无偏性即要求估计量无系统误差.

定义 1 设 $\hat{\theta}=\hat{\theta}(X_1,X_2,\cdots,X_n)$ 是未知参数 θ 的估计量,而且对于任意 $\theta\in\Theta$,

$$E_\theta(\hat{\theta})=E_\theta[\hat{\theta}(X_1,X_2,\cdots,X_n)]=\theta,$$

则称 $\hat{\theta}=\hat{\theta}(X_1,X_2,\cdots,X_n)$ 是 θ 的**无偏估计量**.

例 9 设总体 X 的 k 阶矩 $\alpha_k=EX^k$(k 为自然数)存在,X_1,$X_2,\cdots,X_n$ 是 X 的一个样本,证明样本的 k 阶原点矩 $A_k=\dfrac{1}{n}\displaystyle\sum_{i=1}^n X_i^k$ 是 k 阶总体矩 α_k 的无偏估计.

证 因为 $X_1,X_2,\cdots,X_n$ 与 X 同分布,所以

$$E(A_k)=\frac{1}{n}\sum_{i=1}^n E(X_i^k)=\frac{1}{n}\sum_{i=1}^n E(X^k)=\alpha_k.$$

例 10 总体 X 的方差 σ^2 的矩估计量 $\hat{\sigma}^2=\dfrac{1}{n}\displaystyle\sum_{i=1}^n (X_i-\overline{X})^2$ 是有偏的.

解 由第 5 章定理 2 知样本方差 $S^2=\dfrac{1}{n-1}\displaystyle\sum_{i=1}^n (X_i-\overline{X})^2$ 是 σ^2 的无偏估计,从而

$$E(\hat{\sigma}^2)=\frac{n-1}{n}E(S^2)=\frac{n-1}{n}\sigma^2\neq\sigma^2,$$

所以 $\hat{\sigma}^2$ 是有偏的.

例 11 设 $X_1,X_2,\cdots,X_n$ 是来自参数为 λ 的泊松分布的一个样本,证明:对 $0\leqslant\alpha\leqslant1,\alpha\overline{X}+(1-\alpha)S^2$ 都是参数 λ 的无偏估计.

证 设总体 X 服从泊松分布,则 $E(X)=D(X)=\lambda$,又因 $E(\overline{X})=E(X),E(S^2)=D(X)$,所以

$$E(\alpha\overline{X}+(1-\alpha)S^2)=\alpha\lambda+(1-\alpha)\lambda=\lambda,$$

即 $\alpha\overline{X}+(1-\alpha)S^2$ 是 λ 的无偏估计.

2. 有效性

若 $\hat{\theta}_1$ 与 $\hat{\theta}_2$ 都是未知参数 θ 的无偏估计,即没有系统误差,哪一个观察值更集中在真值附近,我们就认为该估计量较优.由于方差是反映随机变量与其期望值的离散程度的,所以认为方差小者较好.

定义 2 设 $\hat{\theta}_1 = \hat{\theta}_1(X_1, X_2, \cdots, X_n)$ 与 $\hat{\theta}_2 = \hat{\theta}_2(X_1, X_2, \cdots, X_n)$ 都是 θ 的无偏估计,若

$$D(\hat{\theta}_1) \leqslant D(\hat{\theta}_2),$$

则称 $\hat{\theta}_1$ 比 $\hat{\theta}_2$ **有效**.

考察 θ 的所有无偏估计量,如果其中存在一个估计量 $\hat{\theta}_0 = \hat{\theta}_0(X_1, X_2, \cdots, X_n)$,它的方差最小,则称 $\hat{\theta}_0$ 为 θ 的**最小方差无偏估计**. 有效性的意义是,用 $\hat{\theta}$ 估计 θ 时,除无系统偏差外,还要求估计精度更高.

例如,设 (X_1, X_2) 为总体 X 的样本,$\hat{\theta}_1(X_1, X_2) = X_1$,$\hat{\theta}_2(X_1, X_2) = \frac{1}{2}(X_1 + X_2)$ 都是总体均值 $E(X)$ 的无偏估计量,而

$$D(\hat{\theta}_1(X_1, X_2)) = D(X) \geqslant D\left(\frac{1}{2}(X_1 + X_2)\right) = \frac{1}{2}D(X),$$

所以 $\hat{\theta}_2(X_1, X_2)$ 比 $\hat{\theta}_1(X_1, X_2)$ 有效.

例 12 样本均值 $\overline{X}$ 是总体均值 μ 的所有线性无偏估计量中方差最小的.

证 因为 μ 的线性无偏估计量形如 $\sum_{i=1}^{n} C_i X_i$,其中 $\sum_{i=1}^{n} C_i = 1$,由柯西不等式得

$$\left(\sum_{i=1}^{n} C_i\right)^2 \leqslant n \sum_{i=1}^{n} C_i^2,$$

所以

$$D(\overline{X}) = \frac{\sigma^2}{n} = \sigma^2 \cdot \frac{1}{n} \left(\sum_{i=1}^{n} C_i\right)^2 \leqslant \sigma^2 \sum_{i=1}^{n} C_i^2$$

$$= \sum_{i=1}^{n} C_i^2 D(X_i) = D\left(\sum_{i=1}^{n} C_i X_i\right).$$

例 13 设总体 X 服从 $[0, \theta]$ 上的均匀分布,$X_1, X_2, \cdots, X_n$ 是 X 的样本,证明:$\hat{\theta}_1 = 2\overline{X}$ 和 $\hat{\theta}_2 = \frac{n+1}{n} \max_{1 \leqslant i \leqslant n}\{X_i\}$ 都是 θ 的无偏估计,并试求哪一个有效?

解 $E(\hat{\theta}_1) = 2E(\overline{X}) = 2E(X) = 2 \cdot \frac{\theta}{2} = \theta,$

记 $X_{(n)} = \max\limits_{1 \leqslant i \leqslant n}\{X_i\}$,因总体 X 的密度函数为

$$f(x,\theta) = \begin{cases} \dfrac{1}{\theta}, & 0 \leqslant x \leqslant \theta, \\ 0, & \text{其他}, \end{cases} \quad \theta > 0,$$

所以 $X_{(n)}$ 的密度函数为

$$f_{X_{(n)}}(x,\theta) = nF^{n-1}(x,\theta)f(x,\theta) = \begin{cases} \dfrac{nx^{n-1}}{\theta^n}, & 0 \leqslant x \leqslant \theta, \\ 0, & \text{其他}, \end{cases}$$

于是

$$E(\hat{\theta}_2) = \frac{n+1}{n}E(X_{(n)}) = \frac{n+1}{n}\int_0^\theta x \cdot \frac{nx^{n-1}}{\theta^n}\mathrm{d}x = \theta,$$

即 $\hat{\theta}_1$ 和 $\hat{\theta}_2$ 都是 θ 的无偏估计. 又

$$D(\hat{\theta}_1) = D(2\overline{X}) = 4D(\overline{X}) = \frac{4}{n}D(X) = \frac{\theta^2}{3n},$$

$$D(\hat{\theta}_2) = D\left(\frac{n+1}{n}X_{(n)}\right) = \left(\frac{n+1}{n}\right)^2 D(X_{(n)})$$

$$= \left(\frac{n+1}{n}\right)^2 \{E(X_{(n)}^2) - (EX_{(n)})^2\}$$

$$= \left(\frac{n+1}{n}\right)^2 \left\{\int_0^\theta x^2 \cdot \frac{nx^{n-1}}{\theta^n}\mathrm{d}x - (EX_{(n)})^2\right\}$$

$$= \left(\frac{n+1}{n}\right)^2 \left\{\frac{n}{n+2}\theta^2 - \left(\frac{n}{n+1}\theta\right)^2\right\}$$

$$= \frac{\theta^2}{n(n+2)},$$

由于 $\dfrac{1}{n(n+2)} \leqslant \dfrac{1}{3n}$,因此 $D(\hat{\theta}_2) \leqslant D(\hat{\theta}_1)$,即 $\hat{\theta}_2$ 比 $\hat{\theta}_1$ 有效.

3. 一致性

估计量 $\hat{\theta}(X_1, X_2, \cdots, X_n)$ 的无偏性和有效性都是在样本容量 n 固定的情况下提出的. 然而,由于估计量 $\hat{\theta}(X_1, X_2, \cdots, X_n)$ 依赖于样本容量 n,当样本容量 n 增大时,关于总体的信息也随之增加,该估计应该更精确更可靠. 因此希望随着 n 的增大,估计量的值能稳定于待估参数的真值,这就是估计量的一致性.

定义 3 设 $\hat{\theta}(X_1, X_2, \cdots, X_n)$ 为未知参数 θ 的估计量,若对于任意 $\theta \in \Theta$,当 $n \to \infty$ 时,$\hat{\theta}(X_1, X_2, \cdots, X_n)$ 依概率收敛于 θ,即对任

意 $\varepsilon > 0$, 有

$$\lim_{n \to \infty} P\{|\hat{\theta} - \theta| < \varepsilon\} = 1,$$

则称 $\hat{\theta} = \hat{\theta}(X_1, X_2, \cdots, X_n)$ 为 θ 的 **一致估计量**, 并记为 $\hat{\theta} \overset{P}{\longrightarrow} \theta \ (n \to \infty)$.

例 14 设 $(X_1, X_2, \cdots, X_n)$ 是总体 X 的样本, 证明:

（ⅰ）若 $E(X^k) = \alpha_k$ 存在有限, 则样本 k 阶原点矩 $A_k = \dfrac{1}{n} \displaystyle\sum_{i=1}^{n} X_i^k$ 是参数 α_k 的一致估计;

（ⅱ）若 $D(X) = \sigma^2 < \infty$, 则样本方差 $S^2 = \dfrac{1}{n-1} \displaystyle\sum_{i=1}^{n} (X_i - \overline{X})^2$ 和样本二阶中心矩 $B_2 = \dfrac{1}{n} \displaystyle\sum_{i=1}^{n} (X_i - \overline{X})^2$ 都是 σ^2 的一致估计.

证 （ⅰ）因为 $X_1, X_2, \cdots, X_n$ 相互独立且与 X 同分布, 故 X_1^k, $X_2^k, \cdots, X_n^k$ 也相互独立且与 X^k 同分布, 因此由独立同分布时的大数定律知, 对任意的 $\varepsilon > 0$, 有

$$\lim_{n \to \infty} P\left(\left|\frac{1}{n} \sum_{i=1}^{n} X_i^k - E(X^k)\right| < \varepsilon\right) = 1,$$

即 $\dfrac{1}{n} \displaystyle\sum_{i=1}^{n} X_i^k$ 依概率收敛于 $E(X^k)$, 所以 A_k 是 α_k 的一致估计量.

（ⅱ）因

$$B_2 = \frac{1}{n} \sum_{i=1}^{n} (X_i - \overline{X})^2 = \frac{1}{n} \sum_{i=1}^{n} X_i^2 - \overline{X}^2,$$

由（ⅰ）知 $\dfrac{1}{n} \displaystyle\sum_{i=1}^{n} X_i^2 \overset{P}{\longrightarrow} E(X^2)$, $\overline{X} \overset{P}{\longrightarrow} E(X)$, 再根据概率收敛的性质有

$$B_2 \overset{P}{\longrightarrow} E(X^2) - (E(X))^2 = D(X) = \sigma^2 \quad (n \to \infty),$$

即 B_2 是 σ^2 的一致估计.

由于 $\dfrac{n}{n-1} \to 1 (n \to \infty)$, 而

$$S^2 = \frac{1}{n-1} \sum_{i=1}^{n} (X_i - \overline{X})^2 = \frac{n}{n-1} \cdot \frac{1}{n} \sum_{i=1}^{n} (X_i - \overline{X})^2 = \frac{n}{n-1} B_2,$$

故 $S^2 \overset{P}{\longrightarrow} \sigma^2 (n \to \infty)$, 即 S^2 也是 σ^2 的一致估计.

§6.3 区间估计

前面给出了未知参数 θ 的点估计量,当给出一组样本观察值时,即可得到参数 θ 的一个估计值.实际中,人们还希望估计出未知参数 θ 的取值范围以及这个范围包含未知参数 θ 真值的可信度(即概率),这种估计方法就是区间估计.

定义 4 设总体 X 的分布函数为 $F(x,\theta)$,θ 为未知参数,$(X_1,X_2,\cdots,X_n)$ 为 X 的样本,给定 $\alpha(0<\alpha<1)$,若统计量 $\hat\theta_1=\hat\theta_1(X_1,X_2,\cdots,X_n)$,$\hat\theta_2=\hat\theta_2(X_1,X_2,\cdots,X_n)$ 满足

$$P(\hat\theta_1<\theta<\hat\theta_2)=1-\alpha,$$

则称 $(\hat\theta_1,\hat\theta_2)$ 为参数 θ 的置信度为 $1-\alpha$ 的**置信区间**,$\hat\theta_1$ 与 $\hat\theta_2$ 分别称为**置信下限**和**置信上限**,$1-\alpha$ 为**置信度**(或称**置信水平**).

注意 $P(\hat\theta_1(X_1,X_2,\cdots,X_n)<\theta<\hat\theta_2(X_1,X_2,\cdots,X_n))=1-\alpha$ 表示随机区间 $(\hat\theta_1,\hat\theta_2)$ 包含 θ 真值的概率为 $1-\alpha$.若反复抽样多次(各次抽取样本容量都是 n),每个样本观测值都确定一个置信区间 $(\hat\theta_1(x_1,x_2,\cdots,x_n),\hat\theta_2(x_1,x_2,\cdots,x_n))$.每个置信区间要么包含参数 θ,要么不包含参数 θ,包含的概率为 $1-\alpha$.由伯努利大数定律,每 100 个这样的区间,大约有 $100(1-\alpha)$ 个区间,包含参数 θ.

1. 单个正态总体 $N(\mu,\sigma^2)$ 的区间估计

设给定置信水平为 $1-\alpha$,并设 $(X_1,X_2,\cdots,X_n)$ 是总体 $N(\mu,\sigma^2)$ 的样本,$\overline{X}$ 和 S^2 分别是样本均值和样本方差.

(1)方差 σ^2 已知时均值 μ 的区间估计

由于 $\overline{X}=\dfrac{1}{n}\sum\limits_{i=1}^{n}X_i$ 是 μ 的无偏估计,且 $\overline{X}\sim N\left(\mu,\dfrac{\sigma^2}{n}\right)$,所以随机变量

$$U=\frac{\overline{X}-\mu}{\sigma}\sqrt{n}\sim N(0,1),$$

给定 $\alpha(0<\alpha<1)$,按标准正态分布的上 α 分位点的定义,有(参见图 6-1)

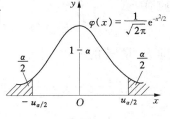

图 6-1

$$P(|U|<u_{\alpha/2})=P\left(\left|\frac{\overline{X}-\mu}{\sigma}\sqrt{n}\right|<u_{\alpha/2}\right)=1-\alpha, \qquad (6\text{-}6)$$

其中 $u_{\alpha/2}$ 是标准正态分布的上 $\frac{\alpha}{2}$ 分位点,即

$$\int_{u_{\alpha/2}}^{+\infty}\varphi(x)\mathrm{d}x=\int_{u_{\alpha/2}}^{+\infty}\frac{1}{\sqrt{2\pi}}e^{-x^2/2}\mathrm{d}x=\frac{\alpha}{2}.$$

式(6-6)等价于

$$P\left(\overline{X}-\frac{\sigma}{\sqrt{n}}u_{\alpha/2}<\mu<\overline{X}+\frac{\sigma}{\sqrt{n}}u_{\alpha/2}\right)=1-\alpha,$$

由此得到 μ 的置信度为 $1-\alpha$ 的置信区间为

$$\left(\overline{X}-\frac{\sigma}{\sqrt{n}}u_{\alpha/2},\overline{X}+\frac{\sigma}{\sqrt{n}}u_{\alpha/2}\right), \qquad (6\text{-}7)$$

有时简记为 $\left(\overline{X}\pm\frac{\sigma}{\sqrt{n}}u_{\alpha/2}\right)$. 若取 $\alpha=0.05$,即 $1-\alpha=0.95$,又设 $\sigma=1$,$n=36$,则查附表 2 可得 $u_{\alpha/2}=u_{0.025}=1.96$,于是可得到一个置信度为 0.95 的置信区间

$$\left(\overline{X}\pm\frac{1}{\sqrt{36}}\times1.96\right),\text{即 }(\overline{X}\pm0.33). \qquad (6\text{-}8)$$

若还可由一个样本值算得样本均值的观察值 $\bar{x}=6.88$,这样得到 μ 的置信度(置信概率)为 0.95 的一个置信区间 $(6.55,7.21)$. 这已不是随机区间了,但其意义表示:若反复抽样多次,每个样本值 $(x_1,x_2,\cdots,x_{36})(n=36)$ 按式(6-8)确定一个区间,则在这么多的区间中,包含 μ 的约占 95%,不包含 μ 的约占 5%. 而今抽样得到区间 $(6.55,7.21)$,则可认为该区间包含 μ 的可信度为 95%.

由式(6-7)可见置信区间的中心是 $\overline{X}$,置信区间的长度为 $2\frac{\sigma}{\sqrt{n}}u_{\alpha/2}$. 易见,置信度为 $1-\alpha$ 的置信区间不是唯一的,若取 u_1,u_2(参见图 6-2),使

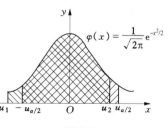

图 6-2

$$P\left(u_1<\frac{\overline{X}-\mu}{\sigma}\sqrt{n}<u_2\right)=1-\alpha,$$

即 $P\left(\overline{X}-\frac{\sigma}{\sqrt{n}}u_2<\mu<\overline{X}-\frac{\sigma}{\sqrt{n}}u_1\right)=1-\alpha$,于是又可得到不是 $\overline{X}$ 为中

心的置信区间

$$\left(\overline{X}-\frac{\sigma}{\sqrt{n}}u_2,\overline{X}-\frac{\sigma}{\sqrt{n}}u_1\right), \tag{6-9}$$

由图 6-2 可见，$u_2-u_1>2u_{\alpha/2}$，故两个置信区间长度也有下列关系.

$$(u_2-u_1)\frac{\sigma}{\sqrt{n}}>2u_{\alpha/2}\frac{\sigma}{\sqrt{n}},$$

上式表明当 n 固定时，$\left(\overline{X}-\frac{\sigma}{\sqrt{n}}u_{\alpha/2},\overline{X}+\frac{\sigma}{\sqrt{n}}u_{\alpha/2}\right)$ 的长度最短，在同样的置信度下置信区间短表示估计的精度高，因此式(6-7)给出的区间较式(6-9)优.

(2)方差 σ^2 未知时对均值 μ 的区间估计

此时不能采用式(6-7)给出的区间，因为其中含未知参数 σ. 由于 S^2 是 σ^2 的无偏估计，一个自然的想法是将式(6-7)中的 σ 换成 S. 由第5章定理6知

$$T=\frac{\overline{X}-\mu}{S}\sqrt{n}\sim t(n-1),$$

对给定的 $\alpha(0<\alpha<1)$，查 t 分布附表 4 可得临界值 $t_{\alpha/2}(n-1)$，使得（参见图 6-3）

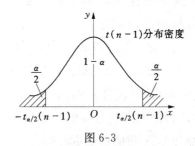

图 6-3

$$P\left(\left|\frac{\overline{X}-\mu}{S}\sqrt{n}\right|<t_{\alpha/2}(n-1)\right)=1-\alpha,$$

即

$$P\left(\overline{X}-\frac{S}{\sqrt{n}}t_{\alpha/2}(n-1)<\mu<\overline{X}+\frac{S}{\sqrt{n}}t_{\alpha/2}(n-1)\right)=1-\alpha,$$

所以，σ^2 未知时 μ 的置信度为 $1-\alpha$ 的置信区间为

$$\left(\overline{X}-\frac{S}{\sqrt{n}}t_{\alpha/2}(n-1),\overline{X}+\frac{S}{\sqrt{n}}t_{\alpha/2}(n-1)\right). \tag{6-10}$$

例 15 某车间生产的滚珠直径 X 服从 $N(\mu,\sigma^2)$ 分布,现从产品中随机抽取 6 件,测得它们的直径为(单位:mm)

$$14.6,15.1,14.9,14.8,15.2,15.1,$$

若已知方差 $\sigma^2=0.06$,试求平均直径 μ 的置信度为 95% 的置信区间.

解 $\sigma=\sqrt{0.06}$,$n=6$,经计算得 $\bar{x}=14.95$. 当 $\alpha=0.05$ 时,查 $N(0,1)$ 分布表,得 $u_{\alpha/2}=u_{0.025}=1.96$. 故由式(6-7)得 μ 的置信度为 95% 的置信区间为

$$\left(14.95-\frac{\sqrt{0.06}}{\sqrt{6}}\times1.96,\quad 14.95+\frac{\sqrt{0.06}}{\sqrt{6}}\times1.96\right),$$

即 $(14.754,15.146)$.

当 $\alpha=0.1$ 时,查 $N(0,1)$ 分布表可得 $u_{\alpha/2}=u_{0.05}=1.645$,再由式 (6-7)得 μ 的置信度为 90% 的置信区间为 $(14.786,15.115)$. 从此例可看出当置信度较大时,置信区间的长度也较大.

此例中,若总体方差 σ^2 未知,则可按式(6-10)求 μ 的置信区间. 例如,对 $\alpha=0.05$,查 t 分布表得 $t_{\alpha/2}(n-1)=t_{0.025}(5)=2.57$,经计算得 $s=0.2258$,将上述值代入式(6-10),得总体方差 σ^2 未知时,μ 的置信度为 95% 的置信区间为

$$\left(14.95-\frac{0.2258}{\sqrt{6}}\times2.57,14.95+\frac{0.2258}{\sqrt{6}}\times2.57\right),$$

即 $(14.713,15.187)$.

(3)方差 σ^2 的区间估计

先讨论总体均值 μ 未知的情况. 由第 5 章定理 5 知 $\frac{n-1}{\sigma^2}S^2$ $\sim\chi^2(n-1)$,于是对给定的 α,查附表 5 可得临界值 $\chi^2_{\alpha/2}(n-1)$ 和 $\chi^2_{1-\alpha/2}(n-1)$,使得(参见图 6-4)

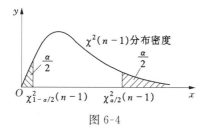

图 6-4

$$P\left(\chi^2_{1-\alpha/2}(n-1)<\frac{(n-1)S^2}{\sigma^2}<\chi^2_{\alpha/2}(n-1)\right)=1-\alpha,$$

即

$$P\left(\frac{(n-1)S^2}{\chi^2_{\alpha/2}(n-1)}<\sigma^2<\frac{(n-1)S^2}{\chi^2_{1-\alpha/2}(n-1)}\right)=1-\alpha,$$

从而得 σ^2 的置信度为 $1-\alpha$ 的置信区间

$$\left(\frac{(n-1)S^2}{\chi^2_{\alpha/2}(n-1)},\frac{(n-1)S^2}{\chi^2_{1-\alpha/2}(n-1)}\right),\qquad(6\text{-}11)$$

进而可得标准差 σ 的置信度为 $1-\alpha$ 的置信区间

$$\left(\frac{\sqrt{n-1}S}{\sqrt{\chi^2_{\alpha/2}(n-1)}},\frac{\sqrt{n-1}S}{\sqrt{\chi^2_{1-\alpha/2}(n-1)}}\right).\qquad(6\text{-}12)$$

注意,当概率密度函数不对称时,如 χ^2 分布和 F 分布,习惯上仍取对称的分位点(参见图 6-4 中的上分位点 $\chi^2_{1-\alpha/2}(n-1)$ 与 $\chi^2_{\alpha/2}(n-1)$)来确定置信区间. 但注意这样确定的置信区间的长度并不一定最短,由于求最短置信区间的计算较繁杂,通常采用式(6-11)与式(6-12)来作为方差与标准差的置信水平为 $1-\alpha$ 的置信区间.

对于总体的期望 μ 已知的情形,只需注意到此时 $\displaystyle\sum_{i=1}^{n}\left(\frac{X_i-\mu}{\sigma}\right)^2$

$$=\frac{\displaystyle\sum_{i=1}^{n}(X_i-\mu)^2}{\sigma^2}\sim\chi^2(n),\text{所以}$$

$$P\left(\chi^2_{1-\alpha/2}(n)<\frac{\displaystyle\sum_{i=1}^{n}(X_i-\mu)^2}{\sigma^2}<\chi^2_{\alpha/2}(n)\right)=1-\alpha,$$

即

$$P\left(\frac{\displaystyle\sum_{i=1}^{n}(X_i-\mu)^2}{\chi^2_{\alpha/2}(n)}<\sigma^2<\frac{\displaystyle\sum_{i=1}^{n}(X_i-\mu)^2}{\chi^2_{1-\alpha/2}(n)}\right)=1-\alpha,$$

从而得 σ^2 的置信度为 $1-\alpha$ 的置信区间为

$$\left(\frac{\displaystyle\sum_{i=1}^{n}(X_i-\mu)^2}{\chi^2_{\alpha/2}(n)},\frac{\displaystyle\sum_{i=1}^{n}(X_i-\mu)^2}{\chi^2_{1-\alpha/2}(n)}\right).\qquad(6\text{-}13)$$

例 16 如例 15 中 X 服从 $N(\mu,\sigma^2)$,参数 μ,σ^2 均未知,求 σ^2 的

置信度为 0.95 的置信区间.

解　此时 $\frac{\alpha}{2}=0.025, 1-\frac{\alpha}{2}=0.975, n-1=5$, 查 χ^2 分布表得 $\chi^2_{0.025}(5)=12.833, \chi^2_{0.975}(5)=0.831$, 又 $s^2=0.051$, 于是由式(6-11) 得 σ^2 的置信度为 0.95 的置信区间为 $(0.0199, 0.3069)$.

2. 两个总体 $N(\mu_1, \sigma_1^2)$ 和 $N(\mu_2, \sigma_2^2)$ 的情形

在实际中常遇到这样的情况, 产品的某一质量指标 X 服从正态分布, 但由于原料、设备、工艺及操作人员的变动, 引起总体均值、总体方差有所改变. 为了知道这些变化有多大, 就需要考虑两个正态总体均值差或方差比的估计问题.

设已给定置信度为 $1-\alpha$, 并设 $X_1, X_2, \cdots, X_{n_1}$ 和 $Y_1, Y_2, \cdots, Y_{n_2}$ 是分别来自正态总体 $N(\mu_1, \sigma_1^2)$ 和 $N(\mu_2, \sigma_2^2)$ 的样本, 且两个样本相互独立. 又设 $\overline{X}, S_1^2$ 是总体 $N(\mu_1, \sigma_1^2)$ 的容量为 n_1 的样本均值和样本方差, $\overline{Y}, S_2^2$ 是 $N(\mu_2, \sigma_2^2)$ 的容量为 n_2 的样本均值和样本方差.

(1)两总体均值差 $\mu_1-\mu_2$ 的区间估计

（ⅰ）当方差 σ_1^2 和 σ_2^2 都已知时.

由于 $\overline{X} \sim N\left(\mu_1, \frac{\sigma_1^2}{n_1}\right), \overline{Y} \sim N\left(\mu_2, \frac{\sigma_2^2}{n_2}\right)$, 且 $\overline{X}$ 与 $\overline{Y}$ 相互独立, 得

$$\overline{X}-\overline{Y} \sim N\left(\mu_1-\mu_2, \frac{\sigma_1^2}{n_1}+\frac{\sigma_2^2}{n_2}\right),$$

从而

$$U=\frac{\overline{X}-\overline{Y}-(\mu_1-\mu_2)}{\sqrt{\frac{\sigma_1^2}{n_1}+\frac{\sigma_2^2}{n_2}}} \sim N(0,1),$$

由此易推导出 $\mu_1-\mu_2$ 的置信度为 $1-\alpha$ 的置信区间为

$$\left(\overline{X}-\overline{Y}-u_{\alpha/2}\sqrt{\frac{\sigma_1^2}{n_1}+\frac{\sigma_2^2}{n_2}}, \overline{X}-\overline{Y}+u_{\alpha/2}\sqrt{\frac{\sigma_1^2}{n_1}+\frac{\sigma_2^2}{n_2}}\right). \quad (6\text{-}14)$$

（ⅱ）当方差 $\sigma_1^2=\sigma_2^2=\sigma^2$ 且未知时.

此时由第 5 章定理 8 知

$$t=\frac{\overline{X}-\overline{Y}-(\mu_1-\mu_2)}{S_w\sqrt{\frac{1}{n_1}+\frac{1}{n_2}}} \sim t(n_1+n_2-2),$$

其中

$$S_w = \sqrt{\frac{(n_1-1)S_1^2+(n_2-1)S_2^2}{n_1+n_2-2}}, \qquad (6\text{-}15)$$

仿照式(6-10)的推导过程可得 $\mu_1-\mu_2$ 的置信度为 $1-\alpha$ 的置信区间为

$$\left(\overline{X}-\overline{Y}-t_{\alpha/2}(n_1+n_2-2)S_w\sqrt{\frac{1}{n_1}+\frac{1}{n_2}},\overline{X}-\overline{Y}\right.$$

$$\left.+t_{\alpha/2}(n_1+n_2-2)S_w\sqrt{\frac{1}{n_1}+\frac{1}{n_2}}\right). \qquad (6\text{-}16)$$

例17 随机地从 A 批导线中抽取 4 根,从 B 批导线中抽取 5 根,测得其电阻(欧姆)为

A 批导线:0.143,0.142,0.143,0.137,

B 批导线:0.140,0.142,0.136,0.138,0.140.

设测试数据分别服从正态分布 $N(\mu_1,\sigma^2),N(\mu_2,\sigma^2)$,且它们相互独立,$\mu_1,\mu_2,\sigma^2$ 均未知,试求 $\mu_1-\mu_2$ 的 95% 的置信区间.

解 本例中 $\alpha=0.05,n_1=4,n_2=5,\bar{x}_1=0.14125,\bar{y}=0.1392$,作数据变换 $z_i=\dfrac{x_i-0.14}{0.001}\triangleq\dfrac{x_i-a}{c}$,$i=1,2,3,4$,则

$$s_1^2=c^2\times\frac{1}{4-1}\sum_{i=1}^4(z_i-\bar{z})^2=\frac{c^2}{3}\left(\sum_{i=1}^4 z_i^2-4\bar{z}^2\right)$$

$$=\frac{1}{3\times 1000^2}\left(3^2+2^2+3^2+(-3)^2-4\times\left(\frac{5}{4}\right)^2\right)$$

$$=8.25\times 10^{-6},$$

同理有

$$s_2^2=\frac{1}{1000^2}\cdot\frac{1}{5-1}\left(0^2+2^2+(-4)^2+(-2)^2+0^2-5\times\left(-\frac{4}{5}\right)^2\right)$$

$$=5.2\times 10^{-6}.$$

$$t_{\alpha/2}(n_1+n_2-2)=t_{0.025}(7)=2.365,$$

$$t_{\alpha/2}(n_1+n_2-2)s_w\sqrt{\frac{1}{n_1}+\frac{1}{n_2}}\approx 0.004,$$

再由式(6-16)得 $\mu_1-\mu_2$ 的 95% 的置信区间为 $(-0.00195,0.00605)$.

（2）两总体方差比 σ_1^2/σ_2^2 的区间估计

先讨论 μ_1,μ_2 未知的情形，由于

$$\frac{(n_1-1)S_1^2}{\sigma_1^2}\sim\chi^2(n_1-1),\quad\frac{(n_2-1)S_2^2}{\sigma_2^2}\sim\chi^2(n_2-1),$$

且由假设知 $\dfrac{(n_1-1)S_1^2}{\sigma_1^2}$ 与 $\dfrac{(n_2-1)S_2^2}{\sigma_2^2}$ 相互独立，于是由 F 分布定义知

$$F=\frac{\dfrac{(n_1-1)S_1^2}{\sigma_1^2}\Big/(n_1-1)}{\dfrac{(n_2-1)S_2^2}{\sigma_2^2}\Big/(n_2-1)}=\frac{\sigma_2^2S_1^2}{\sigma_1^2S_2^2}\sim F(n_1-1,n_2-1).$$

于是，对于给定的 α，查 F 分布表可得临界值 $F_{\alpha/2}(n_1-1,n_2-1)$ 和 $F_{1-\alpha/2}(n_1-1,n_2-1)$，使得（参见图 6-5）

$$P\Big\{F_{1-\alpha/2}(n_1-1,n_2-1)<\frac{\sigma_2^2S_1^2}{\sigma_1^2S_2^2}<F_{\alpha/2}(n_1-1,n_2-1)\Big\}=1-\alpha,$$

即

$$P\Big\{\frac{S_1^2}{S_2^2}\frac{1}{F_{\alpha/2}(n_1-1,n_2-1)}<\frac{\sigma_1^2}{\sigma_2^2}<\frac{S_1^2}{S_2^2}\frac{1}{F_{1-\alpha/2}(n_1-1,n_2-1)}\Big\}=1-\alpha,$$

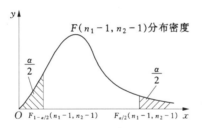

图 6-5

从而得 σ_1^2/σ_2^2 的置信度为 $1-\alpha$ 的置信区间为

$$\Big(\frac{S_1^2}{S_2^2}\frac{1}{F_{\alpha/2}(n_1-1,n_2-1)},\frac{S_1^2}{S_2^2}\frac{1}{F_{1-\alpha/2}(n_1-1,n_2-1)}\Big).\quad(6\text{-}17)$$

当置信区间的下限大于 1 时，则 $\sigma_1^2>\sigma_2^2$；当置信区间的上限小于 1 时，则 $\sigma_1^2<\sigma_2^2$.

若总体的期望 μ_1,μ_2 已知，此时有

$$\frac{1}{\sigma_1^2}\sum_{i=1}^{n_1}(X_i-\mu_1)^2\sim\chi^2(n_1)\text{分布},$$

$$\frac{1}{\sigma_2^2}\sum_{i=1}^{n_2}(Y_i-\mu_2)^2\sim\chi^2(n_2)\text{分布},$$

且 $\dfrac{1}{\sigma_1^2}\displaystyle\sum_{i=1}^{n_1}(X_i-\mu_1)^2$ 与 $\dfrac{1}{\sigma_2^2}\displaystyle\sum_{i=1}^{n_2}(Y_i-\mu_2)^2$ 相互独立,于是

$$\frac{1}{n_1\sigma_1^2}\sum_{i=1}^{n_1}(X_i-\mu_1)^2 \Big/ \frac{1}{n_2\sigma_2^2}\sum_{i=1}^{n_2}(Y_i-\mu_2)^2 \sim F(n_1,n_2)\text{分布},$$

$$P\left(F_{1-\alpha/2}(n_1,n_2)<\frac{\sigma_2^2}{\sigma_1^2}\frac{n_2\displaystyle\sum_{i=1}^{n_1}(X_i-\mu_1)^2}{n_1\displaystyle\sum_{i=1}^{n_2}(Y_i-\mu_2)^2}<F_{\alpha/2}(n_1,n_2)\right)=1-\alpha,$$

即

$$P\left(\frac{n_2\displaystyle\sum_{i=1}^{n_1}(X_i-\mu_1)^2}{n_1\displaystyle\sum_{i=1}^{n_2}(Y_i-\mu_2)^2 F_{\alpha/2}(n_1,n_2)}<\frac{\sigma_1^2}{\sigma_2^2}<\frac{n_2\displaystyle\sum_{i=1}^{n_1}(X_i-\mu_1)^2}{n_1\displaystyle\sum_{i=1}^{n_2}(Y_i-\mu_2)^2 F_{1-\alpha/2}(n_1,n_2)}\right)$$
$$=1-\alpha,$$

从而得出方差比 σ_1^2/σ_2^2 的置信度为 $1-\alpha$ 的置信区间为

$$\left(\frac{n_2\displaystyle\sum_{i=1}^{n_1}(X_i-\mu_1)^2}{n_1\displaystyle\sum_{i=1}^{n_2}(Y_i-\mu_2)^2 F_{\alpha/2}(n_1,n_2)},\frac{n_2\displaystyle\sum_{i=1}^{n_1}(X_i-\mu_1)^2}{n_1\displaystyle\sum_{i=1}^{n_2}(Y_i-\mu_2)^2 F_{1-\alpha/2}(n_1,n_2)}\right).$$

$$(6\text{-}18)$$

例 18 设两位化验员 A,B 独立地对某种聚合物的含氯量用相同的方法分别做 8 次和 10 次测定,其测定的样本方差分别为 $s_1^2=0.5420,s_2^2=0.5965$,设总体均服从正态分布,求方差比 σ_1^2/σ_2^2 为置信度为 95% 的置信区间.

解 本题中 $n_1=8,n_2=10,\alpha=0.05$,查表可得

$$F_{\alpha/2}(7,9)=4.20, \quad F_{\alpha/2}(9,7)=4.82,$$

$$F_{1-\alpha/2}(7,9)=\frac{1}{F_{\alpha/2}(9,7)}=\frac{1}{4.82},$$

于是由式(6-17)得出 σ_1^2/σ_2^2 的置信度为 95% 的置信区间为(0.2163,4.3796).

§6.4 单侧区间估计

在§6.3中,对未知参数,确定两个统计量 $\hat{\theta}_1,\hat{\theta}_2$,得到 θ 的置信区间 $(\hat{\theta}_1,\hat{\theta}_2)$ 称之为双侧置信区间,而在某些实际问题中,我们只关心未知参数的下限或上限,这就引出了单侧置信区间.

定义 5 设 $X_1,X_2,\cdots,X_n$ 是来自总体 X 的一个样本,θ 是与总体分布有关的未知参数,对于给定的 $\alpha(0<\alpha<1)$,若统计量 $\hat{\theta}_1=\hat{\theta}_1(X_1,X_2,\cdots,X_n)$ 满足

$$P(\hat{\theta}_1(X_1,X_2,\cdots,X_n)<\theta)=1-\alpha,$$

则称随机区间 $(\hat{\theta}_1,+\infty)$ 是参数 θ 的置信度为 $1-\alpha$ 的**单侧置信区间**,$\hat{\theta}_1$ 称为 θ 的置信度为 $1-\alpha$ 的**单侧置信下限**或**置信下界**;又若统计量 $\hat{\theta}_2=\hat{\theta}_2(X_1,X_2,\cdots,X_n)$ 满足

$$P(\theta<\hat{\theta}_2(X_1,X_2,\cdots,X_n))=1-\alpha,$$

则称随机区间 $(-\infty,\hat{\theta}_2)$ 是 θ 的置信度为 $1-\alpha$ 的**单侧置信区间**,$\hat{\theta}_2$ 称为 θ 的置信度为 $1-\alpha$ 的**单侧置信上限**或**置信上界**.

下面给出正态总体 $N(\mu,\sigma^2)$ 中参数的单侧置信区间.

(1)均值 μ 的单侧置信区间

若 σ^2 已知,由 $U=\dfrac{\overline{X}-\mu}{\sigma}\sqrt{n}\sim N(0,1)$,知

$$P\left(\frac{\overline{X}-\mu}{\sigma}\sqrt{n}>-u_\alpha\right)=P(N(0,1)>-u_\alpha)=1-\alpha,$$

即

$$P\left(\mu<\overline{X}+\frac{\sigma}{\sqrt{n}}u_\alpha\right)=1-\alpha,$$

就得到 μ 的置信度为 $1-\alpha$ 的单侧置信区间为 $\left(-\infty,\overline{X}+\dfrac{\sigma}{\sqrt{n}}u_\alpha\right)$,$\mu$ 置信度为 $1-\alpha$ 的单侧置信上限为 $\overline{X}+\dfrac{\sigma}{\sqrt{n}}u_\alpha$.类似可得 μ 的另一置信度为 $1-\alpha$ 的单侧置信区间 $\left(\overline{X}-\dfrac{\sigma}{\sqrt{n}}u_\alpha,+\infty\right)$,$\overline{X}-\dfrac{\sigma}{\sqrt{n}}u_\alpha$ 为 μ 的置信

度为 $1-\alpha$ 的单侧置信下限. 若 σ^2 未知,则由第五章定理 6 知 $T=\dfrac{\overline{X}-\mu}{S}\sqrt{n}\sim t(n-1)$,由(参见图 6-6)

$$P\left(\frac{\overline{X}-\mu}{S}\sqrt{n}<t_{\alpha}(n-1)\right)=P(t(n-1)<t_{\alpha}(n-1))=1-\alpha,$$

即

$$P\left(\mu>\overline{X}-\frac{S}{\sqrt{n}}t_{\alpha}(n-1)\right)=1-\alpha,$$

就得到 μ 的一个置信度为 $1-\alpha$ 的单侧置信区间为 $\left(\overline{X}-\dfrac{S}{\sqrt{n}}t_{\alpha}(n-1),+\infty\right)$,$\mu$ 的置信度为 $1-\alpha$ 的单侧置信下限为 $\overline{X}-\dfrac{S}{\sqrt{n}}t_{\alpha}(n-1)$.类似可得 μ 的另一置信度为 $1-\alpha$ 的单侧置信区间为 $\left(-\infty,\overline{X}+\dfrac{S}{\sqrt{n}}t_{\alpha}(n-1)\right)$,$\overline{X}+\dfrac{S}{\sqrt{n}}t_{\alpha}(n-1)$ 是 μ 的置信度为 $1-\alpha$ 的单侧置信上限.

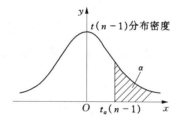

图 6-6

(2)方差 σ^2 的单侧置信区间

由第 5 章定理 5 知 $\chi^2=\dfrac{(n-1)S^2}{\sigma^2}\sim\chi^2(n-1)$,再由(参见图 6-7)

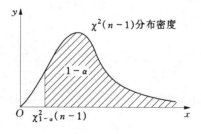

图 6-7

$$P\left(\frac{(n-1)S^2}{\sigma^2}>\chi^2_{1-\alpha}(n-1)\right)=P(\chi^2(n-1)>\chi^2_{1-\alpha}(n-1))$$

$$=1-\alpha,$$

即

$$P\left(\sigma^2<\frac{(n-1)S^2}{\chi^2_{1-\alpha}(n-1)}\right)=1-\alpha,$$

于是得到 σ^2 的一个置信度为 $1-\alpha$ 的单侧置信区间 $\left(0,\dfrac{(n-1)S^2}{\chi^2_{1-\alpha}(n-1)}\right)$. 类似可得 σ^2 的另一个置信度为 $1-\alpha$ 的单侧置信区间 $\left(\dfrac{(n-1)S^2}{\chi^2_{\alpha}(n-1)},+\infty\right)$.

例 19 从一大批灯泡中随机抽取 6 只做寿命试验,测得寿命(以小时计)为

$$1210,1250,1320,1230,1280,1330,$$

设灯泡寿命服从正态分布,求(ⅰ)灯泡寿命平均值 95% 的单侧置信区间下限;(ⅱ)灯泡寿命方差 95% 的单侧置信区间上限.

解 因为本例中 $n=6,\alpha=0.05,t_{\alpha}(n-1)=t_{0.05}(5)=2.015$,$\chi^2_{1-\alpha}(n-1)=\chi^2_{0.95}(5)=1.145,\bar{x}=1270,s^2=\dfrac{1}{5}\sum\limits_{i=1}^{6}(x_i-\bar{x})^2=2360,s=48.580$. 于是得到灯泡寿命平均值 μ 的 95% 的单侧置信区间下限为

$$\hat{\mu}_1=\bar{x}-\frac{s}{\sqrt{n}}t_{\alpha}(n-1)=1230.037,$$

寿命方差 σ^2 的 95% 的单侧置信区间的上限为

$$\hat{\sigma}_2^2=\frac{(n-1)s^2}{\chi^2_{1-\alpha}(n-1)}=10305.677.$$

有关正态分布参数的置信区间及其上下限见表 6.1,6.2.

表 6.1 正态分布参数的置信区间

待估参数	条件	所用随机变量及分布	置信度为 $1-\alpha$ 的置信区间
均值 μ	方差 σ^2 已知	$U = \dfrac{\bar{X}-\mu}{\sigma}\sqrt{n} \sim N(0,1)$	$\left(\bar{X}-\dfrac{\sigma}{\sqrt{n}}u_{\alpha/2},\ \bar{X}+\dfrac{\sigma}{\sqrt{n}}u_{\alpha/2}\right)$
均值 μ	方差 σ^2 未知	$T = \dfrac{\bar{X}-\mu}{S}\sqrt{n} \sim t(n-1)$	$\left(\bar{X}-\dfrac{S}{\sqrt{n}}t_{\alpha/2}(n-1),\ \bar{X}+\dfrac{S}{\sqrt{n}}t_{\alpha/2}(n-1)\right)$
方差 σ^2	均值 μ 已知	$\chi^2 = \dfrac{1}{\sigma^2}\sum\limits_{i=1}^{n}(X_i-\mu)^2 \sim \chi^2(n)$	$\left(\dfrac{\sum\limits_{i=1}^{n}(X_i-\mu)^2}{\chi^2_{\alpha/2}(n)},\ \dfrac{\sum\limits_{i=1}^{n}(X_i-\mu)^2}{\chi^2_{1-\alpha/2}(n)}\right)$
方差 σ^2	均值 μ 未知	$\chi^2 = \dfrac{(n-1)S^2}{\sigma^2} \sim \chi^2(n-1)$	$\left(\dfrac{(n-1)S^2}{\chi^2_{\alpha/2}(n-1)},\ \dfrac{(n-1)S^2}{\chi^2_{1-\alpha/2}(n-1)}\right)$
均值差 $\mu_1-\mu_2$	方差 σ_1^2, σ_2^2 已知	$U = \dfrac{\bar{X}-\bar{Y}-(\mu_1-\mu_2)}{\sqrt{\dfrac{\sigma_1^2}{n_1}+\dfrac{\sigma_2^2}{n_2}}} \sim N(0,1)$	$\left(\bar{X}-\bar{Y}-u_{\alpha/2}\sqrt{\dfrac{\sigma_1^2}{n_1}+\dfrac{\sigma_2^2}{n_2}},\ \bar{X}-\bar{Y}+u_{\alpha/2}\sqrt{\dfrac{\sigma_1^2}{n_1}+\dfrac{\sigma_2^2}{n_2}}\right)$
均值差 $\mu_1-\mu_2$	方差 σ_1^2, σ_2^2 未知,但 $\sigma_1^2=\sigma_2^2$	$T = \dfrac{\bar{X}-\bar{Y}-(\mu_1-\mu_2)}{S_w\sqrt{\dfrac{1}{n_1}+\dfrac{1}{n_2}}} \sim t(n_1+n_2-2)$	$\left(\bar{X}-\bar{Y}-t_{\alpha/2}(n_1+n_2-2)S_w\sqrt{\dfrac{1}{n_1}+\dfrac{1}{n_2}},\ \bar{X}-\bar{Y}+t_{\alpha/2}(n_1+n_2-2)S_w\sqrt{\dfrac{1}{n_1}+\dfrac{1}{n_2}}\right)$
方差比 σ_1^2/σ_2^2	均值 μ_1, μ_2 已知	$F = \dfrac{\dfrac{1}{n_1\sigma_1^2}\sum\limits_{i=1}^{n_1}(X_i-\mu_1)^2}{\dfrac{1}{n_2\sigma_2^2}\sum\limits_{i=1}^{n_2}(Y_i-\mu_2)^2} \sim F(n_1,n_2)$	$\left(\dfrac{n_2\sum\limits_{i=1}^{n_1}(X_i-\mu_1)^2}{n_1\sum\limits_{i=1}^{n_2}(Y_i-\mu_2)^2 F_{\alpha/2}(n_1,n_2)},\ \dfrac{n_2\sum\limits_{i=1}^{n_1}(X_i-\mu_1)^2}{n_1\sum\limits_{i=1}^{n_2}(Y_i-\mu_2)^2 F_{1-\alpha/2}(n_1,n_2)}\right)$
方差比 σ_1^2/σ_2^2	均值 μ_1, μ_2 未知	$F = \dfrac{\sigma_2^2 S_1^2}{\sigma_1^2 S_2^2} \sim F(n_1-1, n_2-1)$	$\left(\dfrac{S_1^2}{S_2^2 F_{\alpha/2}(n_1-1,n_2-1)},\ \dfrac{S_1^2}{S_2^2 F_{1-\alpha/2}(n_1-1,n_2-1)}\right)$

注: 表中 S_w 由式(6.15)定义.

表 6.2 正态分布参数的置信上下限

待估参数	条件	置信度为 $1-\alpha$ 的置信下限	置信度为 $1-\alpha$ 的置信上限
均值 μ	方差 σ^2 已知	$\overline{X} - \dfrac{\sigma}{\sqrt{n}} u_\alpha$	$\overline{X} + \dfrac{\sigma}{\sqrt{n}} u_\alpha$
均值 μ	方差 σ^2 未知	$\overline{X} - \dfrac{S}{\sqrt{n}} t_\alpha(n-1)$	$\overline{X} + \dfrac{S}{\sqrt{n}} t_\alpha(n-1)$
方差 σ^2	均值 μ 已知	$\dfrac{\sum\limits_{i=1}^{n}(X_i-\mu)^2}{\chi_\alpha^2(n)}$	$\dfrac{\sum\limits_{i=1}^{n}(X_i-\mu)^2}{\chi_{1-\alpha}^2(n)}$
方差 σ^2	均值 μ 未知	$\dfrac{(n-1)S^2}{\chi_\alpha^2(n-1)}$	$\dfrac{(n-1)S^2}{\chi_{1-\alpha}^2(n-1)}$
均值差 $\mu_1-\mu_2$	方差 σ_1^2, σ_2^2 已知	$\overline{X} - \overline{Y} - u_\alpha\sqrt{\dfrac{\sigma_1^2}{n_1} + \dfrac{\sigma_2^2}{n_2}}$	$\overline{X} - \overline{Y} + u_\alpha\sqrt{\dfrac{\sigma_1^2}{n_1} + \dfrac{\sigma_2^2}{n_2}}$
均值差 $\mu_1-\mu_2$	方差 σ_1^2, σ_2^2 未知,但 $\sigma_1^2=\sigma_2^2$	$\overline{X} - \overline{Y}$ $-t_\alpha(n_1+n_2-2)S_w\sqrt{\dfrac{1}{n_1} + \dfrac{1}{n_2}}$	$\overline{X} - \overline{Y}$ $+t_\alpha(n_1+n_2-2)S_w\sqrt{\dfrac{1}{n_1} + \dfrac{1}{n_2}}$
方差比 σ_1^2/σ_2^2	均值 μ_1, μ_2 已知	$\dfrac{n_2\sum\limits_{i=1}^{n_1}(X_i-\mu_1)^2}{n_1\sum\limits_{i=1}^{n_2}(Y_i-\mu_2)^2 F_\alpha(n_1,n_2)}$	$\dfrac{n_2\sum\limits_{i=1}^{n_1}(X_i-\mu_1)^2}{n_1\sum\limits_{i=1}^{n_2}(Y_i-\mu_2)^2 F_{1-\alpha}(n_1,n_2)}$
方差比 σ_1^2/σ_2^2	均值 μ_1, μ_2 未知	$\dfrac{S_1^2}{S_2^2 F_\alpha(n_1-1,n_2-1)}$	$\dfrac{S_1^2}{S_2^2 F_{1-\alpha}(n_1-1,n_2-1)}$

扫一扫，阅读名人传记

习 题

1. 设 $X_1, X_2, \cdots, X_n$ 为总体的一个样本,求下述各总体 X 的密度函数或分布律中的未知参数的矩估计.

$(1) f(x) = \begin{cases} \dfrac{1}{\theta}, & x \in (0,\theta), \\ 0, & \text{其他}, \end{cases}$

其中 $\theta > 0$ 为未知参数;

$(2) f(x) = \begin{cases} \dfrac{6x(\theta-x)}{\theta^3}, & 0 < x < \theta, \\ 0, & \text{其他}, \end{cases}$

其中 $\theta > 0$ 为未知参数;

(3) $P(X=i)=C_k^i p^i (1-p)^{k-i}, i=0,1,2,\cdots,k,k$ 为已知自然数，$0<p<1,p$ 为未知参数；

(4) $P(X=i)=C_k^i p^i (1-p)^{k-i}, i=0,1,2,\cdots,k,k$ 是自然数，$0<p<1,k,p$ 均为未知参数.

2. 设总体 X 的分布律为

$$P(X=i)=C_k^i p^i (1-p)^{k-i}, \quad i=0,1,2,\cdots,k,$$

k 为已知自然数，$0<p<1,X_1,X_2,\cdots,X_n$ 为 X 的一个样本，求未知参数 p 的极大似然估计.

3. 设总体 X 具有分布密度函数

$$f(x)=\begin{cases} (\alpha+1)x^\alpha, & 0<x<1, \\ 0, & \text{其他,} \end{cases} \alpha>-1 \text{ 为未知参数,}$$

$(X_1,X_2,\cdots,X_n)$ 是 X 的一个样本，试求参数 α 的矩估计和极大似然估计.

4. 设总体 $X\sim N(\mu,\sigma^2),X_1,X_2,\cdots,X_n$ 是从该总体中抽取的一个样本.

(1) 当 $-\infty<\mu<+\infty$ 为未知，而 $\sigma^2>0$ 为已知时，求 μ 的极大似然估计；

(2) 当 $-\infty<\mu<+\infty$ 为已知，而 $\sigma^2>0$ 未知时，求 σ^2 的极大似然估计.

5. 设总体 $X\sim N(\mu,1),(X_1,X_2)$ 是从 X 中抽取的一个样本，试验证：

$$\hat{\mu}_1=\frac{2}{3}X_1+\frac{1}{3}X_2, \hat{\mu}_2=\frac{1}{4}X_1+\frac{3}{4}X_2, \hat{\mu}_3=\frac{1}{2}(X_1+X_2), \hat{\mu}_4=X_1$$

都是未知参数 μ 的无偏估计，并指出上面的估计中，哪一个方差最小.

6. 设总体 X 的概率密度为

$$f(x,\theta)=\begin{cases} e^{-(x-\theta)}, & \text{若 } x\geqslant\theta, \\ 0, & \text{若 } x<\theta, \end{cases}$$

$X_1,X_2,\cdots,X_n$ 是 X 的一个样本，求未知参数 θ 的矩估计.

7. 设 $\hat{\theta}=\hat{\theta}(X_1,X_2,\cdots,X_n)$ 是未知参数 θ 的无偏估计，且 $D(\hat{\theta})>0$，证明 $\hat{\theta}^2$ 不是 θ^2 的无偏估计量.

8. 设有一批产品，为估计其废品率 p，随机取一样本 $X_1,X_2,\cdots,X_n$，其中

$$X_i=\begin{cases} 1, & \text{取得废品,} \\ 0, & \text{取得合格品,} \end{cases} i=1,2,\cdots,n,$$

证明：$\hat{p}=\dfrac{1}{n}\sum\limits_{i=1}^{n} X_i$ 是 p 的一致无偏估计.

9. 某工厂生产一批滚球，其直径 X 服从 $N(\mu,0.05)$，现从中随机抽取 6 个，测得直径如下(单位：mm)

$$15.3, \ 14.5, \ 15.2, \ 14.7, \ 14.6, \ 15.4,$$

求直径平均值 μ 的 95% 的置信区间.

10. 设灯泡寿命 X 服从 $N(\mu,50^2)$，现抽出 25 个灯泡检验，得平均寿命 $\bar{x}=500$ (小时)，试以 95% 的可靠性对灯泡的平均寿命进行区间估计.

11. 设来自总体 $N(\mu_1,16)$ 的一容量为 15 的样本，其样本均值 $\bar{x}=14.6$；来自总体 $N(\mu_2,9)$ 的一容量为 20 的样本，其样本均值 $\bar{y}=13.2$，并且两样本是相互独立

的,试求 $\mu_1-\mu_2$ 的置信度为 90% 的置信区间.

12. 设炮弹的速度服从正态分布,取 9 发做试验,得样本方差为 $s^2=11$,求炮弹速度的方差 σ^2 的 90% 的置信区间.

13. 设总体 X 服从区间 $(0,\theta)$ 上的均匀分布,其中 $\theta>0$ 为未知参数,$(X_1,X_2,\cdots,X_n)$ 为 X 的一个样本.

(1)求 θ 的极大似然估计 $\hat{\theta}$;(2)求 $\hat{\theta}$ 的概率密度函数;(3)判断 $\hat{\theta}$ 是否为 θ 的无偏估计.

14. 设总体 X 的密度函数为

$$f(x)=\begin{cases} axe^{-x^2/\lambda}, & x>0, \\ 0, & x\leqslant 0, \end{cases}$$

其中 $\lambda>0$ 为未知参数,$(X_1,X_2,\cdots,X_n)$ 是 X 的一个子样,

(1)确定常数 a;(2)求 λ 的极大似然估计 $\hat{\lambda}$;

(3)判断 $\hat{\lambda}$ 是否为 λ 的无偏估计.

15. 设某批铝材料重量 X 服从正态分布 $N(\mu,\sigma^2)$,现测量它的重量 16 次,算得 $\bar{x}=2.7,s^2=0.04$,试求 μ 和 σ^2 的置信度为 95% 的置信区间.

16. 设总体 X 服从 $N(\mu,\sigma^2)$ 分布,σ^2 已知,问需要抽样量 n 多大时,总体均值 μ 的置信度 $1-\alpha$ 的置信区间长度不大于 L?

17. 设正态总体 $N(\mu_1,\sigma_1^2),N(\mu_2,\sigma_2^2)$ 的参数都未知,依次取容量为 20 和 18 的两个独立样本,测得样本均值、方差分别为 $\bar{x}=6.32,s_1^2=2.18,\bar{y}=5.15,s_2^2=1.12$,求 $\mu_1-\mu_2$ 的置信度为 90% 的置信区间.

18. 设从正态总体 $N(\mu_1,\sigma_1^2)$ 与正态总体 $N(\mu_2,\sigma_2^2)$ 中独立地各抽取容量为 10 的样本,其样本方差依次为 $0.54,0.66$.求方差比 σ_1^2/σ_2^2 的置信度为 90% 的置信区间.

19. 设总体 X 服从正态分布 $N(\mu,\sigma^2)$,现从 X 中抽取容量为 5 的样本,算得样本均值、样本方差依次为 $\bar{x}=11.6,s^2=0.995$,试求均值 μ 的置信度 95% 的单侧置信下限和方差 σ^2 置信度 95% 的单侧置信上限.

20. 设 $X_1,X_2,\cdots,X_n$ 是取自总体 $X\sim N(\mu,\sigma^2)$ 的样本,试证

$$S^2=\frac{1}{n-1}\sum_{i=1}^{n}(X_i-\overline{X})^2$$

是 σ^2 的一致估计.

扫一扫,获取参考答案

第 7 章

假 设 检 验

在上一章中,介绍了统计推断中一类重要的问题,即总体参数的点估计与区间估计.实践中还提出另一类很重要的统计推断问题,它就是本章要讨论的假设检验问题.

§7.1 假设检验的概念与方法

1. 假设检验的概念

在实际问题中,为了推断总体分布的某些性质,需提出关于总体的假设.对总体所提的假设一般分为两类:一类是总体分布形式已知,须对总体分布中的参数提出假设,然后利用样本值来检验此项假设是否成立,这类检验称为**参数假设检验**.另一类是总体分布形式未知,须对总体分布提出假设.例如,假设总体服从正态分布,然后再用样本来检验假设是否成立,此类检验称为**非参数假设检验**.以后把任何一个在总体的未知分布上所作的假设均称为**统计假设**,记为 H_0,为便于了解假设检验的基本思想,先考察几个例子.

例 1 某厂生产的一大批产品中,须经检验后方可出厂,按规定标准,次品率不得超过 4%.今在其中任意选取 100 件产品进行检测,发现有次品 6 件,问这批产品能否出厂.

在此例中,我们对这批产品次品率的情况一无所知.当然,从频率的稳定性来说,可以用被检查的 100 件产品的次品率6/100来估计这批产品的次品率,但是我们所关心的问题是如何根据抽样的次品率6/100来推断整批产品的次品率是否超过了 4%. 为了解决这个问题,首先可以对整批产品作一种假设 H_0:产品的次品率不超过 4%,然后利用样本的次品率来检验 H_0 是否正确.

例 2 盐厂用自动包装机包装食盐,以利外运,每袋的标准重量规定为 100 斤. 根据以往的经验知道,用自动包装机装袋,其各袋重量的标准差 $\sigma=1.05$ 斤. 某日开工后,抽测了 10 袋,其重量如下(单位:斤):

$$99.1, \quad 101.2, \quad 99.5, \quad 98.9, \quad 97.6,$$
$$102.1, \quad 97.6, \quad 98.3, \quad 99.5, \quad 101.4,$$

试问机器工作是否正常?

在这个例子中,我们关心的问题是:包装机工作是否正常,即包装机装出的每袋食盐的平均重量是否符合标准为 100 斤,一般认为自动包装机装盐其重量是服从正态分布的,因此此例可作如下处理:先假设总体(包装机装出的食盐)的平均值 $\mu=100$ 斤,然后利用上述抽取的 10 个数据,来推断所作这一假设的正确性,从而拒绝或接受这个假设.

例 3 某种建筑材料,其抗断强度 X 的分布以往服从正态分布,今改变了配料方案,希望判断其抗断强度的分布是否仍为正态分布.

此例与前两例有所不同,例 1 与例 2 中总体的分布类型已确定,需推断的仅是其中的参数,为参数假设检验问题. 例 3 则是对总体的分布类型作假设,属于非参数假设检验问题. 对上面所举的三个例子,统计假设分别是:$H_0:p$(次品率)$\leqslant 0.04$;$H_0:\mu$(均值)$=100$(斤);$H_0:F(x)$(分布函数)$\in N(\cdot,\cdot)$(表示 $F(x)$ 属于正态分布函数族).

提出的假设 H_0 称之为**原假设**或**零假设**,与 H_0 相反的假设称为**对立假设**或**备选假设**,记为 H_1. 在例 1 中,$H_0:p\leqslant 0.04$;$H_1:p>0.04$. 在例 2 中,$H_0:\mu=100$;$H_1:\mu\neq 100$. 在例 3 中,$H_0:F(x)\in N(\cdot,\cdot)$;$H_1:F(x)\overline{\in}N(\cdot,\cdot)$. 在假设检验中,哪一个假设作为

原假设,哪一个作为备选假设,通常基于这样一个原则,即 H_0 是我们希望被接受的假设.假设检验的基本思想是人们在实际问题中经常采用的**实际推断原理**(也称为小概率原理),即"一个小概率事件在一次试验中几乎是不可能发生的".具体做法是:在假设 H_0 成立的前提下,若通过从总体中抽样后发现一个概率很小的事件发生了,这时就有理由怀疑 H_0 的正确性.下面就例 2 来说明在假设检验中如何运用这一基本原理.

要判断例 2 中机器工作是否正常,需要考察样本平均重量 $\bar{x}$ 与标准重量 100 斤之差的大小,若机器包装量随机波动的偏差 $|\bar{x}-100|$ 过大,则认为机器工作不正常.因此可适当选取一个常数 C,当 $|\bar{x}-100|<C$ 时,认为机器工作正常,当 $|\bar{x}-100|\geqslant C$ 时,认为机器工作不正常.由前面的分析我们可设袋装食盐重量 X 是一个正态总体$N(\mu,1.05^2)$.因此要看机器是否正常工作,就要看总体均值(每袋平均重量)μ 是否为 100 斤.为此我们提出假设

$$H_0:\mu=100;H_1:\mu\neq100,$$

接下来,要用样本所提供的信息来判断原假设 H_0 是否成立.首先要构造一个适用于检验假设 H_0 的统计量,称为检验统计量,我们知道样本均值 $\bar{X}$ 是总体均值 μ 的无偏估计,且方差 $D(\bar{X})=\dfrac{DX}{n}$,这说明 $\bar{X}$ 比样本的每个分量 X_i 更集中地分布在总体均值 μ 的附近.如果 H_0 为真,则样本均值 $\bar{X}$ 应较集中在 100 的附近波动,否则与 100 应有较大的偏离.这表明 $\bar{X}$ 较好地集中了样本中所包含的关于 μ 的信息,因此利用 $\bar{X}$ 来构造判断统计假设 H_0 的方法是合适的.

由正态分布的性质知,在 H_0 成立时,$\bar{X}\sim N\left(100,\dfrac{1.05^2}{n}\right)$,于是

$$\frac{\bar{X}-100}{1.05}\sqrt{n}\sim N(0,1).$$

这样可构造出一个适当的小概率事件,例如给定小概率 α(为了查表方便,一般为 $0.05,0.01,0.1$ 等),查标准正态分布表得 $u_{\alpha/2}$,使

$$P\left(\left|\frac{\bar{X}-100}{1.05}\sqrt{n}\right|>u_{\alpha/2}\right)=\alpha,$$

其一般表达式可写为

$$P\left(\frac{|\overline{X}-\mu_0|}{\sigma_0}\sqrt{n}>u_{\alpha/2}\right)=\alpha.$$

若取 $\alpha=0.05$,则 $u_{\alpha/2}=1.96$,于是上式即为

$$P\left(\frac{|\overline{X}-100|}{1.05}\sqrt{10}>1.96\right)=0.05,$$

这表明,当 $H_0:\mu=100$ 为真时,事件 $\left\{\frac{|\overline{X}-100|}{1.05}\sqrt{10}>1.96\right\}$ 的概率

为 0.05(在一次抽样中发生的概率仅有 0.05),是一个小概率事件.
若在一次抽样中所得的样本值 $\overline{x}$ 使得

$$\frac{|\overline{x}-100|}{1.05}\sqrt{10}>1.96,$$

则说明在一次抽样中小概率事件 $\left\{\frac{|\overline{X}-100|}{1.05}\sqrt{10}>1.96\right\}$ 竟然发生

了,这与实际推断原理相违背,这使我们对原假设 H_0 产生怀疑而拒
绝 H_0,即认为机器工作不正常.若抽样得到的样本值 $\overline{x}$ 使得

$$\frac{|\overline{x}-100|}{1.05}\sqrt{10}\leqslant1.96,$$

则说明在一次抽样中小概率事件 $\left\{\frac{|\overline{X}-100|}{1.05}\sqrt{10}>1.96\right\}$ 没有发生,

这与实际推断原理相符合,在这种情况下没有理由拒绝假设 H_0,进
而必须在原假设 H_0 与其对立假设 H_1 之间作出一个较为合理的判
断来作为我们的决定,因此接受 H_0,即认为机器工作正常.

现在由例 2 抽样数据计算出 $\overline{x}=99.52$,于是由

$$\frac{|99.52-100|}{1.05}\sqrt{10}=1.45\leqslant1.96$$

知,应接受 H_0,认为该日机器工作正常,即平均每袋食盐重量与
标准重量 100 斤无显著差异.这里,临界概率 α 称为**显著性水平**,
$0<\alpha<1$.对于各种不同的问题,显著水平 α 可以选取的不一样,但一
般应取一个较小的数.显然,α 之值给的越小,小概率事件在一次抽
样中越不容易发生,也就越不容易拒绝假设 H_0.这是因为我们提出
假设 H_0 是经过细致调查的,所以对假设 H_0 需加以保护,也就是说
拒绝它应该慎重.

在假设检验问题中,当所采用的检验统计量的观察值落在集合 W 中时,就拒绝 H_0,当检验统计量的观察值落在 $\overline{W}$(W 的补集)时就接受 H_0,称 W 和 $\overline{W}$ 分别为假设 H_0 的**拒绝域**和**接受域**. 显然 W 和 $\overline{W}$ 是两个不相交的集合,并且 W 和 $\overline{W}$ 的并集就是检验统计量的所有可能取值的全体. 例如,在例 2 中,拒绝域为

$$W=\left\{x=(x_1,x_2,\cdots,x_n):\frac{|\bar{x}-\mu_0|}{\sigma_0}\sqrt{n}>u_{\alpha/2}\right\},\qquad (7.1)$$

接受域为

$$\overline{W}=R^n-W=\left\{x=(x_1,x_2,\cdots,x_n):\frac{|\bar{x}-\mu_0|}{\sigma_0}\sqrt{n}\leqslant u_{\alpha/2}\right\},$$

参见图 7-1.

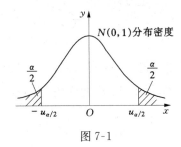

图 7-1

2. 假设检验的一般步骤

根据检验法作出拒绝或接受假设的推断依据是样本信息和实际推断原理,由于抽样的随机性,因此判断有可能出错,这种有可能犯的错误有两类:

（ⅰ）当假设 H_0 成立时,依检验法拒绝了 H_0,即做出了错误的判断,这类错误称为第一类错误——**弃真错误**. 犯这类错误的概率就是小概率事件发生的概率 α,即

$$P(拒绝\ H_0\mid H_0\ 为真)=\alpha,$$

或者等价地写为

$$P(T(X_1,X_2,\cdots,X_n)\in W\mid H_0\ 为真)=\alpha,$$

其中 $T(X_1,X_2,\cdots,X_n)$ 为检验统计量,W 为相应的拒绝域.

（ⅱ）当假设 H_0 不成立时,依检验法接受了 H_0,这类错误称为第二类错误——**取伪错误**. 犯第二类错误的概率记为 β,β 可写为

$$P(接受\ H_0\mid H_0\ 不真)=\beta,$$

或者等价地写为

$$P(T(X_1, X_2, \cdots, X_n) \in \overline{W} | H_0 \text{ 不真}) = \beta.$$

例如,在例 2 中,犯第一类错误的概率为

$$P\left(\frac{|\overline{X} - 100|}{1.05}\sqrt{10} > u_{\alpha/2} \,\Big|\, \mu = \mu_0\right) = \alpha.$$

由于抽样的随机性,在检验时,不论得到什么结论,都可能犯错误. 当然希望犯这两类错误的概率尽量都小,然而当样本容量 n 固定时,这是很难做到的. 犯两类错误的概率是相互制约的,一般来说,若要减少犯第一类错误的概率 α,就会增加犯第二类错误的概率 β,反之亦然. 若要想使 α, β 同时减小,只有增加样本容量,而在实际工作中,样本容量不可能无限增大. 因此在做检验时,通常是控制犯第一类错误的概率,使它不超过 α,通常 α 都较小,具体值视实际情况而定. 这种只对犯第一类错误的概率加以控制的检验问题,称为**显著性检验问题**. 由上述可知,假设检验的步骤如下:

(ⅰ)根据实际问题提出原假设 H_0 及对立假设 H_1;

(ⅱ)在给定显著性水平 α 后,抽取一容量为 n 的样本,构造合适的统计量,并在 H_0 为真下导出统计量的分布;

(ⅲ)确定拒绝域:先依直观分析确定拒绝域的形式,然后由 $P(\text{拒绝 } H_0 | H_0 \text{ 为真}) = \alpha$ 确定拒绝域;

(ⅳ)下结论:根据样本观察值计算统计量的值,若统计量的值落入拒绝域,则拒绝 H_0;否则,接受 H_0.

§7.2 正态总体均值的假设检验

1. 单个总体 $N(\mu, \sigma^2)$ 均值 μ 的检验

(1) 均值 μ 的双边检验

1)已知方差 $\sigma^2 = \sigma_0^2$,检验 $H_0: \mu = \mu_0$;$H_1: \mu \neq \mu_0$.

在 §7.1 的例 2 中,已讨论了正态总体 $N(\mu, \sigma^2)$,当 $\sigma^2 = \sigma_0^2$ 已知时关于 $\mu = \mu_0$ 的检验问题,其解决问题的途径就是利用在 H_0 为真时服从 $N(0,1)$ 分布的统计量

$$U = \frac{\overline{X} - \mu_0}{\sigma_0}\sqrt{n}$$

来确定拒绝域的,拒绝域由式(7-1)给出,这种检验法称为 U 检验法.

2)方差 σ^2 未知,检验 $H_0:\mu=\mu_0$;$H_1:\mu\neq\mu_0$.

当方差未知时,$U=\dfrac{\overline{X}-\mu_0}{\sigma}\sqrt{n}$ 已不是统计量,由于 S^2 是 σ^2 的无偏估计,自然想到用 S 代替 σ,选取

$$T=\frac{\overline{X}-\mu_0}{S}\sqrt{n}$$

作为检验统计量,并由第5章定理6知:当 $H_0:\mu=\mu_0$ 成立时,统计量

$$T=\frac{\overline{X}-\mu_0}{S}\sqrt{n}\sim t(n-1),$$

对给定的显著水平 α,查 t 分布表得临界值 $t_{\alpha/2}(n-1)$,使

$$P\left(\frac{|\overline{X}-\mu_0|}{S}\sqrt{n}>t_{\alpha/2}(n-1)\right)=P(|T|>t_{\alpha/2}(n-1))=\alpha,$$

从而得到拒绝域为

$$W=\left\{x=(x_1,x_2,\cdots,x_n):\frac{|\bar{x}-\mu_0|}{s}\sqrt{n}>t_{\alpha/2}(n-1)\right\},\quad(7\text{-}2)$$

参见图 7-2.

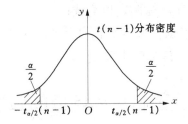

图 7-2

在具体检验时,由样本值 $x=(x_1,x_2,\cdots,x_n)$,可计算出 $\bar{x}$ 和 s,若

$$\frac{|\bar{x}-\mu_0|}{s}\sqrt{n}>t_{\alpha/2}(n-1),$$

则在显著水平 α 下拒绝 H_0,即认为总体均值与 μ_0 有显著差异;若

$$\frac{|\bar{x}-\mu_0|}{s}\sqrt{n}\leqslant t_{\alpha/2}(n-1),$$

则在显著水平 α 下接受 H_0,即认为总体均值与 μ_0 无显著差异.

由于构造的检验统计量 T 在 H_0 成立时服从 $t(n-1)$ 分布,故称此检验法为 t 检验法.

例 4   用自动包装机装糖入包,每包的标准重量规定为 100 斤. 某日开工后,测得 9 包糖重量如下:

99.3, 98.7, 100.5, 101.2, 98.3, 99.7, 99.5, 102.1, 100.5,

根据经验,自动包装机装糖每包重量服从正态分布,问该日包装机装出的糖的平均重量是否仍为每包 100 斤($\alpha = 0.05$).

解   设该日每包糖的重量 $X \sim N(\mu, \sigma^2)$,σ^2 未知,待检假设为

$$H_0: \mu = \mu_0 = 100; \quad H_1: \mu \neq 100,$$

由于方差 σ^2 未知,故采用 t 检验法,由样本观察值计算得 $\bar{x} = 99.9778$,$s = 1.2122$. 对 $\alpha = 0.05$,查 t 分布表得 $t_{\alpha/2}(n-1) = t_{0.025}(8) = 2.306$,进而可得统计量 T 的观察值

$$t = \frac{\bar{x} - \mu_0}{s} \sqrt{n} = \frac{99.9778 - 100}{1.2122} \sqrt{9} = -0.05494,$$

由于

$$|t| = \frac{|\bar{x} - \mu_0|}{s} \sqrt{n} = 0.05494 < t_{\alpha/2}(n-1) = 2.306,$$

所以接受 H_0,即在显著水平 0.05 下认为该日包装机装出糖的平均重量仍为每包 100 斤.

(2)均值 μ 的单边检验

1)已知方差 $\sigma^2 = \sigma_0^2$,检验 $H_0: \mu = \mu_0$;$H_1: \mu < \mu_0$.

当 H_0 成立时,$\bar{X} \sim N\left(\mu_0, \dfrac{\sigma_0^2}{n}\right)$,统计量

$$U = \frac{\bar{X} - \mu_0}{\sigma_0} \sqrt{n} \sim N(0, 1),$$

这时,H_0 的拒绝域形式与前面的双边检验拒绝域形式不同,这是因为,由于否定 H_0 意味着接受 $H_1: \mu < \mu_0$,因此,只有当 $\bar{X}$ 的观察值比 μ_0 小很多时,才有理由否定 H_0,接受 H_1. 这就是说,只有当 $U = (\bar{X} - \mu_0)\sqrt{n}/\sigma_0$ 的样本观察值小于 0,而且其绝对值较大时,才有理由否定 H_0. 可见,H_0 的拒绝域的形式为 $\{u: u \in (-\infty, -\lambda)\}$,其中 $\lambda > 0$ 与显著性水平 α 有关. 由于在 $H_0: \mu = \mu_0$ 成立时

$$P\left(\frac{\bar{X} - \mu_0}{\sigma_0} \sqrt{n} < -u_\alpha\right) = P(N(0, 1) < -u_\alpha) = 1 - \Phi(u_\alpha) = \alpha,$$

可知此时 $\left\{\dfrac{\overline{X}-\mu_0}{\sigma_0}\sqrt{n}<-u_\alpha\right\}$ 是小概率事件,由此得到检验的拒绝域为

$$W=\left\{x=(x_1,x_2,\cdots,x_n):\dfrac{\overline{x}-\mu_0}{\sigma_0}\sqrt{n}<-u_\alpha\right\},\qquad(7\text{-}3)$$

由于拒绝域中 u 的点落在数轴的左侧,故称此检验为左侧检验.参见图 7-3.

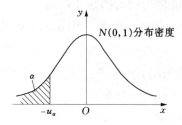

图 7-3

例 5 已知某零件的重量 $X\sim N(\mu,0.5^2)$,由经验知 $\mu=10$(斤).技术革新后,抽取 9 个样品,测得重量(单位:斤)为

  9.9, 9.5, 10.1, 10.2, 9.6, 9.8, 10.3, 9.6, 9.7,

若已知方差不变,问平均重量是否比 10 小($\alpha=0.05$).

解 依题意,在 $\alpha=0.05$ 下检验假设

$$H_0:\mu=10;\quad H_1:\mu<10,$$

查标准正态分布表得 $u_\alpha=u_{0.05}=1.645$,由样本观察值得

$$\dfrac{\overline{x}-\mu_0}{\sigma_0}\sqrt{n}=\dfrac{9.856-10}{0.5}\sqrt{9}=-0.864,$$

因 $\dfrac{\overline{x}-\mu_0}{\sigma_0}\sqrt{n}=-0.864>-u_\alpha$,所以接受 H_0,即认为零件平均重量不比 10 小.

有时,还要考虑以下右侧检验.

2)已知方差 $\sigma^2=\sigma_0^2$,检验 $H_0:\mu=\mu_0;H_1:\mu>\mu_0$.

类似 1)中推导,此检验的结果为:

对于给定的 α,若

$$\dfrac{\overline{x}-\mu_0}{\sigma_0}\sqrt{n}>u_\alpha,$$

则拒绝假设 H_0;否则,接受假设 H_0.

例 6 某厂生产一种灯管,其寿命 X 服从正态分布 $N(\mu,100^2)$,从过去生产看,灯管的平均寿命为 2500 小时. 现采用新工艺,从所生产的灯管中抽取 49 只,测得灯管的平均寿命为 2554 小时. 问采用新工艺后,灯管的寿命是否有显著提高($\alpha=0.05$)?

解 依题意,在 $\alpha=0.05$ 下检验假设

$$H_0:\mu=2500;\quad H_1:\mu>2500,$$

由样本观察值得

$$\frac{\overline{x}-\mu_0}{\sigma_0}\sqrt{n}=\frac{2554-2500}{100}\sqrt{49}=3.78>u_\alpha,$$

因而拒绝 H_0,即认为采取新工艺后,灯管的寿命有显著提高.

3)方差 σ^2 未知,检验 $H_0:\mu\leqslant\mu_0$;$H_1:\mu>\mu_0$.

由于 $H_0:\mu\leqslant\mu_0$ 比较复杂,以下分别讨论.

（i）若 $\mu=\mu_0$ 成立,则由第 5 章定理 6 知

$$\frac{\overline{X}-\mu_0}{S}\sqrt{n}\sim t(n-1),$$

对于给定的 α,有

$$P\left(\frac{\overline{X}-\mu_0}{S}\sqrt{n}>t_\alpha(n-1)\right)=\alpha;$$

（ii）若真参数 $\mu<\mu_0$,则因 μ 是总体 X 的均值,则由第 5 章定理 6 知,此时 $\dfrac{\overline{X}-\mu}{S}\sqrt{n}\sim t(n-1)$,从而

$$P\left(\frac{\overline{X}-\mu}{S}\sqrt{n}>t_\alpha(n-1)\right)=\alpha.$$

又因为 $\mu<\mu_0$,所以

$$\frac{\overline{X}-\mu_0}{S}\sqrt{n}<\frac{\overline{X}-\mu}{S}\sqrt{n},$$

故

$$P\left(\frac{\overline{X}-\mu_0}{S}\sqrt{n}>t_\alpha(n-1)\right)<P\left(\frac{\overline{X}-\mu}{S}\sqrt{n}>t_\alpha(n-1)\right)=\alpha,$$

综合（i）,（ii）知,当 $H_0:\mu\leqslant\mu_0$ 成立时,总有

$$P\left(\frac{\overline{X}-\mu_0}{S}\sqrt{n}>t_\alpha(n-1)\right)\leqslant\alpha,$$

即 $\left\{ \dfrac{\overline{X}-\mu_0}{S}\sqrt{n}>t_\alpha(n-1) \right\}$ 是小概率事件,因此所求检验的拒绝域取为

$$W=\left\{ x=(x_1,x_2,\cdots,x_n):\dfrac{\overline{x}-\mu_0}{s}\sqrt{n}>t_\alpha(n-1) \right\},\qquad (7\text{-}4)$$

参见图 7-4.

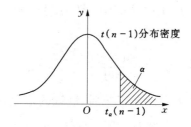

图 7-4

若样本观察值使 $\dfrac{\overline{x}-\mu_0}{s}\sqrt{n}>t_\alpha(n-1)$,则认为 $\overline{x}$ 过分大于 μ_0,于是拒绝 H_0,接受 H_1,认为 $\mu>\mu_0$.

例 7 设罐头的细菌含量 X 服从正态分布,按规定罐头的细菌平均含量必须小于 62,现从一批罐头中抽取 9 个,检验其细菌含量,经计算得 $\overline{x}=62.5,s=0.6$,问这批罐头的质量是否完全符合标准($\alpha=0.05$)?

解 设 $X\sim N(\mu,\sigma^2)$,依题意需检验

$$H_0:\mu\leqslant 62;\qquad H_1:\mu>62,$$

计算统计量的观察值

$$\dfrac{\overline{x}-\mu_0}{s}\sqrt{n}=\dfrac{62.5-62}{0.6}\sqrt{9}=2.5,$$

查表得 $t_\alpha(n-1)=t_{0.05}(8)=1.8595$,由于 $2.5>1.8595$,所以由式(7-4)知,应拒绝 H_0,即认为这批罐头的质量不符合标准.

检验中,若取 $\alpha=0.01$,则因 $t_{0.01}(8)=2.8965>2.5$,所以接受 H_0.因此,虽然 $\overline{x}=62.5$ 已过超过 62,但不认为细菌平均含量提高了,而认为仍保持原来水平.以上的所谓"超过"不过是在原有水平上的随机波动而已.在此可以看到,假设检验的推断与显著水平 α 有关,α 愈小,愈不容易否定 H_0,对 H_0 采取的否定愈要慎重,控制 α 即是控制犯第一类错误(弃真错误)的概率.

对于正态总体的均值 μ，还可以类似地提出其他待检假设，并求出它们的检验方法（参见表 7-1）.

表 7-1　$X \sim N(\mu, \sigma^2)$ 均值 μ 的检验法

	H_0	H_1	σ^2 已知	σ^2 未知
			在显著水平 α 下否定 H_0，若	
1	$\mu = \mu_0$	$\mu \neq \mu_0$	$\dfrac{|\bar{x} - \mu_0|}{\sigma/\sqrt{n}} > u_{\alpha/2}$	$\dfrac{|\bar{x} - \mu_0|}{s/\sqrt{n}} > t_{\alpha/2}(n-1)$
2	$\mu = \mu_0$	$\mu < \mu_0$	$\dfrac{\bar{x} - \mu_0}{\sigma/\sqrt{n}} < -u_\alpha$	$\dfrac{\bar{x} - \mu_0}{s/\sqrt{n}} < -t_\alpha(n-1)$
3	$\mu = \mu_0$	$\mu > \mu_0$	$\dfrac{\bar{x} - \mu_0}{\sigma/\sqrt{n}} > u_\alpha$	$\dfrac{\bar{x} - \mu_0}{s/\sqrt{n}} > t_\alpha(n-1)$
4	$\mu \leq \mu_0$	$\mu > \mu_0$	$\dfrac{\bar{x} - \mu_0}{\sigma/\sqrt{n}} > u_\alpha$	$\dfrac{\bar{x} - \mu_0}{s/\sqrt{n}} > t_\alpha(n-1)$
5	$\mu \geq \mu_0$	$\mu < \mu_0$	$\dfrac{\bar{x} - \mu_0}{\sigma/\sqrt{n}} < -u_\alpha$	$\dfrac{\bar{x} - \mu_0}{s/\sqrt{n}} < -t_\alpha(n-1)$

2. 两正态总体均值差的检验

设 $X_1, X_2, \cdots, X_{n_1}; Y_1, Y_2, \cdots, Y_{n_2}$ 分别是取自两个正态总体 $N(\mu_1, \sigma_1^2), N(\mu_2, \sigma_2^2)$ 的样本，且两个样本相互独立，并记它们的样本均值分别为 $\bar{X}, \bar{Y}$，样本方差分别为 S_1^2, S_2^2.

（ⅰ）已知方差 σ_1^2 和 σ_2^2，检验假设 $H_0: \mu_1 = \mu_2; H_1: \mu_1 \neq \mu_2$.

由本节的假设及正态分布的性质知

$\bar{X} \sim N\left(\mu_1, \dfrac{\sigma_1^2}{n_1}\right), \bar{Y} \sim N\left(\mu_2, \dfrac{\sigma_2^2}{n_2}\right)$，且 $\bar{X}$ 与 $\bar{Y}$ 相互独立，所以

$$\frac{\bar{X} - \bar{Y} - (\mu_1 - \mu_2)}{\sqrt{\dfrac{\sigma_1^2}{n_1} + \dfrac{\sigma_2^2}{n_2}}} \sim N(0, 1),$$

则在 $H_0: \mu_1 = \mu_2$ 成立时，统计量

$$U = \frac{\bar{X} - \bar{Y}}{\sqrt{\dfrac{\sigma_1^2}{n_1} + \dfrac{\sigma_2^2}{n_2}}} \sim N(0, 1),$$

于是对给定的显著水平 α，查标准正态分布表可得 $u_{\alpha/2}$，使

$$P(|U| > u_{\alpha/2}) = \alpha,$$

即得到检验的拒绝域

$$W=\left\{(x,y):\frac{|\bar{x}-\bar{y}|}{\sqrt{\dfrac{\sigma_1^2}{n_1}+\dfrac{\sigma_2^2}{n_2}}}>u_{\alpha/2}\right\},\tag{7-5}$$

再由样本值 $x=(x_1,x_2,\cdots,x_{n_1})$，$y=(y_1,y_2,\cdots,y_{n_2})$，算出统计量 U 的值 u，若 $|u|=|\bar{x}-\bar{y}|\Big/\sqrt{\dfrac{\sigma_1^2}{n_1}+\dfrac{\sigma_2^2}{n_2}}>u_{\alpha/2}$，则拒绝 H_0；若 $|u|\leqslant u_{\alpha/2}$，则接受 H_0. 这种检验法称为 U 检验法.

（ii）未知 σ_1^2，σ_2^2，但 $\sigma_1^2=\sigma_2^2$，检验假设 $H_0:\mu_1=\mu_2$；$H_1:\mu_1\neq\mu_2$.

由第 5 章定理 8 知

$$\frac{\bar{X}-\bar{Y}-(\mu_1-\mu_2)}{S_w\sqrt{\dfrac{1}{n_1}+\dfrac{1}{n_2}}}\sim t(n_1+n_2-2),$$

其中

$$S_w=\sqrt{\frac{(n_1-1)S_1^2+(n_2-1)S_2^2}{n_1+n_2-2}},$$

在 $H_0:\mu_1=\mu_2$ 成立时，统计量

$$T=\frac{\bar{X}-\bar{Y}}{S_w\sqrt{\dfrac{1}{n_1}+\dfrac{1}{n_2}}}\sim t(n_1+n_2-2),$$

于是对于给定的水平 α，查 t 分布表可得 $t_{\alpha/2}(n_1+n_2-2)$，使得

$$P(|T|>t_{\alpha/2}(n_1+n_2-2))=\alpha,$$

即得到检验的拒绝域(其中 s_w 为 S_w 的观察值)

$$W=\left\{(x,y):\frac{|\bar{x}-\bar{y}|}{s_w\sqrt{\dfrac{1}{n_1}+\dfrac{1}{n_2}}}>t_{\alpha/2}(n_1+n_2-2)\right\},\tag{7-6}$$

再由样本值 $x=(x_1,x_2,\cdots,x_{n_1})$，$y=(y_1,y_2,\cdots,y_{n_2})$，算出统计量 T 的值 t，若 $|t|=\dfrac{|\bar{x}-\bar{y}|}{s_w\sqrt{\dfrac{1}{n_1}+\dfrac{1}{n_2}}}>t_{\alpha/2}(n_1+n_2-2)$，则拒绝 H_0；若 $|t|\leqslant t_{\alpha/2}(n_1+n_2-2)$，则接受 H_0. 这种检验法称为 t 检验法.

对于两正态总体均值差的检验,还可根据不同要求提出其他待检

假设. 现将常用的几种假设及 H_0 的拒绝域列表如下(参见表 7-2).

表 7-2　两正态总体均值的检验法

H_0	H_1	未知 σ_1^2,σ_2^2, 但知 $\sigma_1^2=\sigma_2^2$	σ_1^2,σ_2^2 已知
		在显著性水平 α 下, 否定 H_0, 若	
1	$\mu_1=\mu_2$	$\mu_1\neq\mu_2$	$\dfrac{|\bar{x}-\bar{y}|}{s_w\sqrt{\dfrac{1}{n_1}+\dfrac{1}{n_2}}}>t_{\alpha/2}(n_1+n_2-2)$	$\dfrac{|\bar{x}-\bar{y}|}{\sqrt{\dfrac{\sigma_1^2}{n_1}+\dfrac{\sigma_2^2}{n_2}}}>u_{\alpha/2}$
2	$\mu_1=\mu_2$	$\mu_1>\mu_2$	$\dfrac{\bar{x}-\bar{y}}{s_w\sqrt{\dfrac{1}{n_1}+\dfrac{1}{n_2}}}>t_{\alpha}(n_1+n_2-2)$	$\dfrac{\bar{x}-\bar{y}}{\sqrt{\dfrac{\sigma_1^2}{n_1}+\dfrac{\sigma_2^2}{n_2}}}>u_{\alpha}$
3	$\mu_1=\mu_2$	$\mu_1<\mu_2$	$\dfrac{\bar{x}-\bar{y}}{s_w\sqrt{\dfrac{1}{n_1}+\dfrac{1}{n_2}}}<-t_{\alpha}(n_1+n_2-2)$	$\dfrac{\bar{x}-\bar{y}}{\sqrt{\dfrac{\sigma_1^2}{n_1}+\dfrac{\sigma_2^2}{n_2}}}<-u_{\alpha}$

例 8　两台车床生产同一种滚球(球的直径服从正态分布, 方差分别为 $\sigma_1^2=0.65^2,\sigma_2^2=0.67^2$), 从中分别抽取 8 个和 9 个产品, 测得其直径(单位:cm)分别为:

甲车床:15.0, 14.5, 15.2, 15.5, 14.8, 15.1, 15.2, 14.8

乙 车 床:　15.2,　15.0,　14.8,　15.2,　15.0,　15.0,　14.8, 15.1, 14.8,

试比较甲、乙两台车床加工的滚球直径有无显著差异($\alpha=0.05$).

解　依题意, 须检验假设

$$H_0:\mu_1=\mu_2;\quad H_1:\mu_1\neq\mu_2.$$

由样本观察值, 可算得 $\bar{x}=15.0125,\bar{y}=14.9889$, 以及统计量 U 的观察值 u:

$$|u|=\frac{|\bar{x}-\bar{y}|}{\sqrt{\dfrac{\sigma_1^2}{n_1}+\dfrac{\sigma_2^2}{n_2}}}=\frac{|15.0125-14.9889|}{\sqrt{\dfrac{0.65^2}{8}+\dfrac{0.67^2}{9}}}\approx0.0736,$$

查标准正态分布表知 $u_{\alpha/2}=u_{0.025}=1.96$, 由于 $|u|\approx0.0736<u_{\alpha/2}$, 所以接受 H_0, 即认为甲、乙两台车床加工的滚球直径无显著差异.

例 9　在例 8 中若方差 σ_1^2,σ_2^2 未知, 但 $\sigma_1^2=\sigma_2^2$, 其他与例 8 相同.

解　在显著水平 $\alpha=0.05$ 时检验

$$H_0:\mu_1=\mu_2;\quad H_1:\mu_1\neq\mu_2.$$

查 t 分布表知 $t_{\alpha/2}(n_1+n_2-2)=t_{0.025}(8+9-2)=t_{0.025}(15)=2.1315$, 由

样本观察值可算得 $s_1^2=0.0955$, $s_2^2=0.0374$,从而统计量 T 的观察值为

$$t=\frac{\bar{x}-\bar{y}}{\sqrt{(n_1-1)s_1^2+(n_2-1)s_2^2}}\sqrt{\frac{n_1n_2(n_1+n_2-2)}{n_1+n_2}}=1.018,$$

因为 $|t|=1.018<2.1315$,所以接受 H_0.

例10 某厂使用 A,B 两种不同的原料生产同一类产品,现从 A,B 两种原料生产的产品中分别取 10 件,测得平均重量和重量的方差分别为 $A:\bar{x}=76.23$(千克),$s_1^2=3.325$(千克^2);$B:\bar{y}=79.43$(千克),$s_2^2=2.225$(千克^2). 设这两个总体都服从正态分布,且方差相同. 问在显著水平 $\alpha=0.05$ 下能否认为使用原料 B 的产品平均重量比使用原料 A 的要大?

解 设两正态总体的均值分别为 μ_1,μ_2,依题意,在显著性水平 α 下,检验假设

$$H_0:\mu_1=\mu_2;\quad H_1:\mu_1<\mu_2.$$

由表 7-2 知,以上检验问题的拒绝域为

$$W=\left\{(x,y):\frac{\bar{x}-\bar{y}}{s_w\sqrt{\frac{1}{n_1}+\frac{1}{n_2}}}<-t_\alpha(n_1+n_2-2)\right\},\qquad(7-7)$$

由题中数据得

$$n_1=n_2=10,\quad t_\alpha(n_1+n_2-2)=t_{0.05}(18)=1.7341,$$

$$s_w=\sqrt{\frac{(n_1-1)s_1^2+(n_2-1)s_2^2}{n_1+n_2-2}}\approx1.666,$$

统计量 T 的观察值为

$$t=\frac{\bar{x}-\bar{y}}{s_w\sqrt{\frac{1}{n_1}+\frac{1}{n_2}}}\approx-4.295,$$

由于 $t\approx-4.295<-1.7341=-t_{0.05}(18)$,故拒绝 H_0,接受 H_1. 即认为使用原料 B 的产品的平均重量比使用原料 A 的要大.

§7.3 正态总体方差的假设检验

1. 单个总体 $N(\mu, \sigma^2)$ 方差 σ^2 的检验

(1) 方差 σ^2 的双边检验

1)均值 μ 未知,检验 $H_0 : \sigma^2 = \sigma_0^2 ; H_1 : \sigma^2 \neq \sigma_0^2 , \sigma_0^2$ 为已知常数.

由于 $S^2 = \dfrac{1}{n-1} \sum\limits_{i=1}^{n} (X_i - \overline{X})^2$ 是 σ^2 的无偏估计量,当 H_0 为真时,S^2/σ_0^2 取值应集中在 1 附近,而不应过分大于 1 或过分小于 1. 否则,应否定 H_0. 由第 5 章定理 5 知,当 H_0 为真时统计量

$$\chi^2 = \frac{(n-1)S^2}{\sigma_0^2} \sim \chi^2(n-1),$$

对于给定的 α,查 χ^2 分布表可得 $\chi_{1-\alpha/2}^2(n-1)$ 和 $\chi_{\alpha/2}^2(n-1)$,使得

$$P(\chi^2 < \chi_{1-\alpha/2}^2(n-1)) = P(\chi^2 > \chi_{\alpha/2}^2(n-1)) = \frac{\alpha}{2},$$

即

$$P\{拒绝\ H_0 \mid H_0\ 为真\}$$

$$= P\left\{ \left(\frac{(n-1)S^2}{\sigma_0^2} < \chi_{1-\alpha/2}^2(n-1) \right) \bigcup \left(\frac{(n-1)S^2}{\sigma_0^2} > \chi_{\alpha/2}^2(n-1) \right) \right\}$$

$$= \alpha,$$

所以得出检验的拒绝域为

$$W = \left\{ x = (x_1, x_2, \cdots, x_n) : \frac{(n-1)s^2}{\sigma_0^2} < \chi_{1-\alpha/2}^2(n-1) \right.$$

$$\left. 或 \frac{(n-1)s^2}{\sigma_0^2} > \chi_{\alpha/2}^2(n-1) \right\}, \tag{7-8}$$

参见图 7-5.

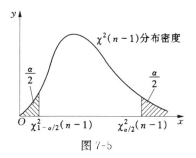

图 7-5

由样本值可计算出统计量 $\chi^2=(n-1)S^2/\sigma_0^2$ 的值,若 $(n-1)s^2/\sigma_0^2$ $<\chi_{1-\alpha/2}^2(n-1)$ 或 $(n-1)s^2/\sigma_0^2>\chi_{\alpha/2}^2(n-1)$,则拒绝假设 $H_0:\sigma^2=\sigma_0^2$; 否则,接受 H_0.

例 11 设某厂生产的维尼纶纤度 $X\sim N(\mu,\sigma^2)$,$\sigma=0.048$,今任取 5 根纤维,测得纤度为 1.32,1.55,1.36,1.40,1.44,问在显著性水平 0.1 下,纤度总体的方差有无显著变化?

解 依题意要在显著水平 $\alpha=0.1$ 下检验假设
$$H_0:\sigma^2=\sigma_0^2=0.048^2;\quad H_1:\sigma^2\neq0.048^2,$$
由样本值可算得 $\bar{x}=1.414$,进而得统计量 χ^2 的观察值
$$\chi^2=\frac{(n-1)s^2}{\sigma_0^2}=\frac{1}{\sigma_0^2}\sum_{i=1}^{n}(x_i-\bar{x})^2=\frac{31120}{2304}\approx13.5,$$
查 χ^2 分布表得
$$\chi_{\alpha/2}^2(n-1)=\chi_{0.05}^2(4)=9.488,$$
$$\chi_{1-\alpha/2}^2(n-1)=\chi_{0.95}^2(4)=0.711,$$
现在观察值 $\chi^2=13.5>9.488=\chi_{\alpha/2}^2(n-1)$,所以拒绝 H_0,即在显著性水平 0.1 下,认为总体方差有变化.

2)均值 μ 已知,检验 $H_0:\sigma^2=\sigma_0^2$;$H_1:\sigma^2\neq\sigma_0^2$,$\sigma_0^2$ 为已知常数.

此时只需注意,在 H_0 成立时,统计量
$$\chi^2=\frac{\sum\limits_{i=1}^{n}(X_i-\mu)^2}{\sigma^2}\sim\chi^2(n),$$
于是可类似地推导出检验的拒绝域为
$$W=\left\{x=(x_1,x_2,\cdots,x_n):\frac{\sum\limits_{i=1}^{n}(x_i-\mu)^2}{\sigma_0^2}<\chi_{1-\alpha/2}^2(n)\right.$$
$$\left.\text{或}\frac{\sum\limits_{i=1}^{n}(x_i-\mu)^2}{\sigma_0^2}>\chi_{\alpha/2}^2(n)\right\}. \tag{7-9}$$

对于单个正态总体 $N(\mu,\sigma^2)$ 的方差 σ^2 做检验时,无论 μ 已知还是未知,所选取的统计量都服从 χ^2 分布,只是自由度不同,常称这种检验为 χ^2 检验.

(2)方差 σ^2 的单边检验

1)均值 μ 未知,检验 $H_0:\sigma^2 \leqslant \sigma_0^2$;$H_1:\sigma^2 > \sigma_0^2$,$\sigma_0^2$ 为已知常数.

仍选用

$$\chi^2 = \frac{(n-1)S^2}{\sigma_0^2} = \frac{\sum_{i=1}^{n}(X_i - \overline{X})^2}{\sigma_0^2}$$

作统计量.若 χ^2 的观察值过大,则否定 H_0.

由第 5 章定理 5 知当总体 $X \sim N(\mu,\sigma^2)$ 时,

$$\frac{(n-1)S^2}{\sigma^2} \sim \chi^2(n-1),$$

所以

$$P\left(\frac{(n-1)S^2}{\sigma^2} > \chi_\alpha^2(n-1)\right) = \alpha.$$

如果 $\sigma^2 = \sigma_0^2$,则

$$P\left(\frac{(n-1)S^2}{\sigma_0^2} > \chi_\alpha^2(n-1)\right) = \alpha,$$

而当 $\sigma^2 < \sigma_0^2$ 时,

$$\frac{(n-1)S^2}{\sigma_0^2} < \frac{(n-1)S^2}{\sigma^2},$$

从而

$$P\left(\frac{(n-1)S^2}{\sigma_0^2} > \chi_\alpha^2(n-1)\right) < P\left(\frac{(n-1)S^2}{\sigma^2} > \chi_\alpha^2(n-1)\right) = \alpha.$$

综上所述,当 $H_0:\sigma^2 \leqslant \sigma_0^2$ 成立时,有

$$P\left(\frac{(n-1)S^2}{\sigma_0^2} > \chi_\alpha^2(n-1)\right) \leqslant \alpha,$$

可见在 H_0 成立时,$((n-1)S^2/\sigma_0^2 > \chi_\alpha^2(n-1))$ 是小概率事件(参见图 7-6).

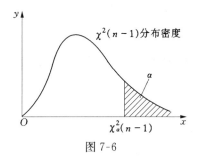

图 7-6

于是得到检验法则:由样本值算出统计量 χ^2 的值,若

$$\chi^2 = \frac{(n-1)s^2}{\sigma_0^2} > \chi_\alpha^2(n-1),$$

则拒绝 H_0,接受 H_1,认为 $\sigma^2 > \sigma_0^2$;若

$$\chi^2 = \frac{(n-1)s^2}{\sigma_0^2} \leqslant \chi_\alpha^2(n-1),$$

则接受 H_0,认为 $\sigma^2 \leqslant \sigma_0^2$. 此检验的拒绝域为

$$W = \left\{ x = (x_1, x_2, \cdots, x_n) : \frac{\sum\limits_{i=1}^{n}(x_i - \bar{x})^2}{\sigma_0^2} > \chi_\alpha^2(n-1) \right\}.$$

$$(7\text{-}10)$$

例 12 在例 11 的条件下,问该厂生产的维尼纶纤度 X 的方差是否大于 $0.048^2(\alpha = 0.1)$?

解 依题意,需在显著水平 $\alpha = 0.1$ 下,检验假设

$$H_0: \sigma^2 \leqslant 0.048^2; \quad H_1: \sigma^2 > 0.048^2.$$

由例 11 知

$$\chi^2 = \frac{(n-1)s^2}{\sigma_0^2} = \frac{\sum\limits_{i=1}^{n}(x_i - \bar{x})^2}{\sigma_0^2} \approx 13.5,$$

查 χ^2 分布表得 $\chi_{0.1}^2(4) = 7.779$,因 $\chi^2 \approx 13.5 > 7.779 = \chi_{0.1}^2(4)$,故拒绝 H_0,即认为该厂生产的维尼纶纤度的方差大于 0.048^2. 或者说,这批维尼纶纤度的波动性已超过了原来的范围.

2)均值 μ 未知,检验 $H_0: \sigma^2 \geqslant \sigma_0^2$;$H_1: \sigma^2 < \sigma_0^2$,$\sigma_0^2$ 为已知常数.

此时,易见若 S^2/σ_0^2 的观察值过小,则应拒绝 $H_0: \sigma^2 \geqslant \sigma_0^2$,即接受 $H_1: \sigma^2 < \sigma_0^2$;否则,则接受 H_0,即拒绝 H_1,与前面类似,可得如下检验法则:

在显著水平 α 下,由样本观察值算出统计量 $\chi^2 = (n-1)S^2/\sigma_0^2$ 的观察值,当

$$\chi^2 = \frac{(n-1)s^2}{\sigma_0^2} = \frac{\sum\limits_{i=1}^{n}(x_i - \bar{x})^2}{\sigma_0^2} < \chi_{1-\alpha}^2(n-1)$$

时,拒绝 H_0,即接受 H_1;否则,接受 H_0. 此检验的拒绝域为

$$W=\left\{x=(x_1,x_2,\cdots,x_n):\frac{\sum\limits_{i=1}^{n}(x_i-\bar{x})^2}{\sigma_0^2}<\chi_{1-\alpha}^2(n-1)\right\}.$$

(7-11)

对于正态总体 $N(\mu,\sigma^2)$ 的方差 σ^2 的其他检验,也有类似的检验法则. 现将常用的几种检验规则列表如下(参见表 7-3).

表 7-3 $X\sim N(\mu,\sigma^2)$方差 σ^2 的检验法

	H_0	H_1	μ 为已知	μ 为未知
			在显著水平 α 下否定 H_0,若	
1	$\sigma^2=\sigma_0^2$	$\sigma^2\neq\sigma_0^2$	$\sum\limits_{i=1}^{n}(x_i-\mu)^2/\sigma_0^2>\chi_{\alpha/2}^2(n)$ 或 $\sum\limits_{i=1}^{n}(x_i-\mu)^2/\sigma_0^2<\chi_{1-\alpha/2}^2(n)$	$(n-1)s^2/\sigma_0^2>\chi_{\alpha/2}^2(n-1)$ 或 $(n-1)s^2/\sigma_0^2<\chi_{1-\alpha/2}^2(n-1)$
2	$\sigma^2=\sigma_0^2$	$\sigma^2>\sigma_0^2$	$\sum\limits_{i=1}^{n}(x_i-\mu)^2/\sigma_0^2>\chi_{\alpha}^2(n)$	$(n-1)s^2/\sigma_0^2>\chi_{\alpha}^2(n-1)$
3	$\sigma^2\leqslant\sigma_0^2$	$\sigma^2>\sigma_0^2$	$\sum\limits_{i=1}^{n}(x_i-\mu)^2/\sigma_0^2>\chi_{\alpha}^2(n)$	$(n-1)s^2/\sigma_0^2>\chi_{\alpha}^2(n-1)$
4	$\sigma^2=\sigma_0^2$	$\sigma^2<\sigma_0^2$	$\sum\limits_{i=1}^{n}(x_i-\mu)^2/\sigma_0^2<\chi_{1-\alpha}^2(n)$	$(n-1)s^2/\sigma_0^2<\chi_{1-\alpha}^2(n-1)$
5	$\sigma^2\geqslant\sigma_0^2$	$\sigma^2<\sigma_0^2$	$\sum\limits_{i=1}^{n}(x_i-\mu)^2/\sigma_0^2<\chi_{1-\alpha}^2(n)$	$(n-1)s^2/\sigma_0^2<\chi_{1-\alpha}^2(n-1)$

2. 两正态总体方差比的检验

设 $X_1,X_2,\cdots,X_{n_1}$ 是来自总体 $N(\mu_1,\sigma_1^2)$的样本,$Y_1,Y_2,\cdots,Y_{n_2}$ 是来自总体 $N(\mu_2,\sigma_2^2)$的样本,且两样本相互独立,记它们的样本方差分别为 S_1^2,S_2^2.

1)未知 μ_1,μ_2,检验假设 $H_0:\sigma_1^2=\sigma_2^2$;$H_1:\sigma_1^2\neq\sigma_2^2$.

由于 S_1^2 是 σ_1^2 的无偏估计,S_2^2 是 σ_2^2 的无偏估计,故当 H_0 为真时,统计量 $F=S_1^2/S_2^2$ 的取值应集中在 1 的附近,若 F 的观察值过大或过小(接近于 0),则应否定 H_0.

由第 5 章定理 7 知,当 $H_0:\sigma_1^2=\sigma_2^2$ 成立时,统计量

$$F=\frac{S_1^2}{S_2^2}\sim F(n_1-1,n_2-1),$$

对于给定的显著性水平 α,有

$$P(F<F_{1-\alpha/2}(n_1-1,n_2-1))=P(F>F_{\alpha/2}(n_1-1,n_2-1))=\frac{\alpha}{2},$$

即

$$\left(F=\frac{S_1^2}{S_2^2}<F_{1-\alpha/2}(n_1-1,n_2-1)\right)\cup\left(F=\frac{S_1^2}{S_2^2}>F_{\alpha/2}(n_1-1,n_2-1)\right)$$

是小概率事件. 由此得到检验的拒绝域

$$W=\left\{(x,y):\frac{s_1^2}{s_2^2}<F_{1-\alpha/2}(n_1-1,n_2-1)\text{或}\frac{s_1^2}{s_2^2}>F_{\alpha/2}(n_1-1,n_2-1)\right\},$$

$$(7-12)$$

参见图 7-7.

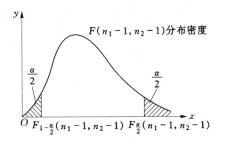

图 7-7

若由样本值 $x=(x_1,x_2,\cdots,x_{n_1})$ 和 $y=(y_1,y_2,\cdots,y_{n_2})$,算出统计量 $F=S_1^2/S_2^2$ 的值 $f=s_1^2/s_2^2$,则当

$$f<F_{1-\alpha/2}(n_1-1,n_2-1)\quad\text{或}\quad f>F_{\alpha/2}(n_1-1,n_2-1)$$

时,拒绝 H_0,接受 H_1,认为 $\sigma_1^2\neq\sigma_2^2$;

若 $F_{1-\alpha/2}(n_1-1,n_2-1)\leq f\leq F_{\alpha/2}(n_1-1,n_2-1)$,则接受 H_0,认为 $\sigma_1^2=\sigma_2^2$.

例 13 根据以往的经验,元件的电阻服从正态分布,现对 A,B 两批同类无线电元件的电阻进行测试,各测 16 个个体,测得其样本方差分别为 $s_1^2=0.371,s_2^2=0.252$,试问能否认为两者方差相同($\alpha=0.05$)?

解 设 A,B 两批元件的电阻分别服从 $N(\mu_1,\sigma_1^2),N(\mu_2,\sigma_2^2)$ 分布,由题意需检验假设

$$H_0:\sigma_1^2=\sigma_2^2;\quad H_1:\sigma_1^2\neq\sigma_2^2.$$

对给定的显著水平 $\alpha=0.05,n_1=n_2=16$,查 F 分布表可得

$$F_{\alpha/2}(n_1-1,n_2-1)=F_{0.025}(15,15)=2.86,$$

$$F_{1-\alpha/2}(n_1-1,n_2-1)=F_{0.975}(15,15)=\frac{1}{F_{0.025}(15,15)}\approx0.34965,$$

计算统计量的值,因为 $s_1^2=0.371,s_2^2=0.252$,所以 $F=S_1^2/S_2^2$ 的观察值为

$$f=\frac{s_1^2}{s_2^2}=\frac{0.371}{0.252}\approx1.472,$$

由于 $0.34965<f<2.86$,即 F 的观察值不在拒绝域内,所以接受 H_0,即认为两个总体的方差是相同的.

对于两正态总体的方差,还可根据不同要求提出其他待检假设,并类似地推导出相应的检验规则.

2)未知 μ_1,μ_2,检验假设 $H_0:\sigma_1^2=\sigma_2^2;H_1:\sigma_1^2>\sigma_2^2$.

对给定的显著水平 α,查 F 分布表得 $F_\alpha(n_1-1,n_2-1)$.由样本值算出统计量 $F=S_1^2/S_2^2$ 的值 f,若

$$f=\frac{s_1^2}{s_2^2}>F_\alpha(n_1-1,n_2-1),$$

则拒绝 H_0;否则接受 H_0.即检验的拒绝域为

$$W=\left\{(x,y):\frac{\dfrac{1}{n_1-1}\sum_{i=1}^{n_1}(x_i-\bar{x})^2}{\dfrac{1}{n_2-1}\sum_{i=1}^{n_2}(y_i-\bar{y})^2}>F_\alpha(n_1-1,n_2-1)\right\},$$

$$(7\text{-}13)$$

参见图 7-8.

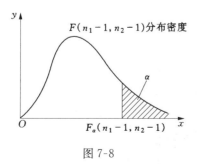

图 7-8

3)未知 μ_1,μ_2,检验假设 $H_0:\sigma_1^2=\sigma_2^2;H_1:\sigma_1^2<\sigma_2^2$.

此时,由样本值算出统计量

$F = S_1^2 / S_2^2$ 的值,若

$$f = \frac{s_1^2}{s_2^2} < F_{1-\alpha}(n_1 - 1, n_2 - 1),$$

则拒绝 H_0;否则,接受 H_0. 即检验的拒绝域为

$$W = \left\{ (x, y) : \frac{\frac{1}{n_1 - 1} \sum_{i=1}^{n_1} (x_i - \bar{x})^2}{\frac{1}{n_2 - 1} \sum_{i=1}^{n_2} (y_i - \bar{y})^2} < F_{1-\alpha}(n_1 - 1, n_2 - 1) \right\},$$

$$(7\text{-}14)$$

参见图 7-9.

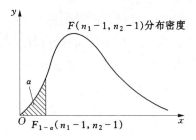

图 7-9

当 μ_1, μ_2 已知时,由正态分布的性质知

$$\sum_{i=1}^{n_1} \left(\frac{X_i - \mu_1}{\sigma_1} \right)^2 \sim \chi^2(n_1), \quad \sum_{i=1}^{n_2} \left(\frac{Y_i - \mu_2}{\sigma_2} \right)^2 \sim \chi^2(n_2),$$

且由两样本 $(X_1, X_2, \cdots, X_{n_1}), (Y_1, Y_2, \cdots, Y_{n_2})$ 的相互独立知 $\sum_{i=1}^{n_1} \left(\frac{X_i - \mu_1}{\sigma_1} \right)^2$ 与 $\sum_{i=1}^{n_2} \left(\frac{Y_i - \mu_2}{\sigma_2} \right)^2$ 相互独立,因此由 F 分布的定义知

$$\frac{\sum_{i=1}^{n_1} \left(\frac{X_i - \mu_1}{\sigma_1} \right)^2 / n_1}{\sum_{i=1}^{n_2} \left(\frac{Y_i - \mu_2}{\sigma_2} \right)^2 / n_2} \sim F(n_1, n_2),$$

特别地,当 $\sigma_1^2 = \sigma_2^2$ 时,统计量

$$\frac{\sum_{i=1}^{n_1} (X_i - \mu_1)^2 / n_1}{\sum_{i=1}^{n_2} (Y_i - \mu_2)^2 / n_2} \sim F(n_1, n_2).$$

基于上式,便可推导出 μ_1, μ_2 已知时,类似于 μ_1, μ_2 未知时两正态总

体方差的检验法(参见表 7-4).

表 7-4　两个正态总体方差的检验法

	H_0	H_1	未知 μ_1,μ_2	已知 μ_1,μ_2
			在显著水平 α 下否定 H_0,若	
1	$\sigma_1^2=\sigma_2^2$	$\sigma_1^2\neq\sigma_2^2$	$\dfrac{s_1^2}{s_2^2}>F_{\alpha/2}(n_1-1,n_2-1)$ 或	$\dfrac{\sum\limits_{i=1}^{n_1}(x_i-\mu_1)^2/n_1}{\sum\limits_{i=1}^{n_2}(y_i-\mu_2)^2/n_2}>F_{\alpha/2}(n_1,n_2)$ 或
			$\dfrac{s_1^2}{s_2^2}<F_{1-\alpha/2}(n_1-1,n_2-1)$	$\dfrac{\sum\limits_{i=1}^{n_1}(x_i-\mu_1)^2/n_1}{\sum\limits_{i=1}^{n_2}(y_i-\mu_2)^2/n_2}<F_{1-\alpha/2}(n_1,n_2)$
2	$\sigma_1^2=\sigma_2^2$	$\sigma_1^2>\sigma_2^2$	$\dfrac{s_1^2}{s_2^2}>F_{\alpha}(n_1-1,n_2-1)$	$\dfrac{\sum\limits_{i=1}^{n_1}(x_i-\mu_1)^2/n_1}{\sum\limits_{i=1}^{n_2}(y_i-\mu_2)^2/n_2}>F_{\alpha}(n_1,n_2)$
3	$\sigma_1^2=\sigma_2^2$	$\sigma_1^2<\sigma_2^2$	$\dfrac{s_1^2}{s_2^2}<F_{1-\alpha}(n_1-1,n_2-1)$	$\dfrac{\sum\limits_{i=1}^{n_1}(x_i-\mu_1)^2/n_1}{\sum\limits_{i=1}^{n_2}(y_i-\mu_2)^2/n_2}<F_{1-\alpha}(n_1,n_2)$

两正态总体方差比较的检验法选用的统计量都服从 F 分布,因而称为 **F 检验法**.

例 14　有两台机床加工同一零件,这两台机床生产的零件尺寸都服从正态分布,今从甲、乙两台机床生产的零件中分别抽取 16 个和 13 个零件进行测量,其样本方差分别为 $s_1^2=0.034$, $s_2^2=0.015$,试问甲机床的加工精度是否比乙机床的加工精度差($\alpha=0.05$)?

解　设甲、乙机床生产的零件尺寸分别服从 $N(\mu_1,\sigma_1^2)$, $N(\mu_2,\sigma_2^2)$ 分布,依题意,需检验假设

$$H_0:\sigma_1^2=\sigma_2^2;\quad H_1:\sigma_1^2>\sigma_2^2.$$

现在 $n_1=16$, $n_2=13$, $s_1^2=0.034$, $s_2^2=0.015$,由 $\alpha=0.05$,查 F 分布表得

$$F_{\alpha}(n_1-1,n_2-1)=F_{0.05}(15,12)=2.62,$$

统计量 $F=S_1^2/S_2^2$ 的观察值为

$$f=\frac{s_1^2}{s_2^2}=\frac{0.034}{0.015}\approx2.267.$$

因为 $f=2.267<2.62=F_\alpha(n_1-1,n_2-1)$，所以接受 H_0，即认为甲、乙两台机床加工精度无显著差异.

§7.4 总体分布假设的 χ^2 检验

上面介绍的各种检验法都是在总体的分布形式已知的条件下进行的,但是在实际中,有时不能预知总体服从什么类型的分布,这时需要根据样本来检验关于分布的假设.下面介绍关于总体分布的 χ^2 检验法.

设 $X_1,X_2,\cdots,X_n$ 是来自未知总体 X 的样本,现在的问题是要用此样本的观察值 $x_1,x_2,\cdots,x_n$ 来检验假设

H_0:总体 X 的分布函数 $F(x)=F_0(x)$;

H_1:总体 X 的分布函数 $F(x)\neq F_0(x)$,

其中 $F_0(x)$ 是某个给定的分布函数. 注意,若总体 X 为离散型的,则 H_0 相当于

H_0:总体 X 的分布律为

$$P(X=x_i)=p_i,\quad i=1,2,\cdots,$$

若总体 X 为连续型分布,则 H_0 相当于

H_0:总体 X 的概率密度函数为 $f_0(x)$.

在用 χ^2 检验法检验假设 H_0 时,若在假设 H_0 中 $F_0(x)$ 的形式已知,但含有未知参数,这时需先用极大似然法估计总体的未知参数,然后做检验.

用 χ^2 检验法检验假设 H_0 时,可按如下步骤进行.

（ⅰ）把随机试验可能结果的全体 Ω 分成 k 个互不相容的事件 $A_1,A_2,\cdots,A_k$ $\left(\sum\limits_{i=1}^{k}A_i=\Omega,\ A_iA_j=\varnothing,\ i\neq j,\ i,j=1,2,\cdots,k\right)$,即将样本观察值取值的范围分成 k 个互不相交的子区间.

（ⅱ）在假设 H_0 为真的条件下,计算 $p_i=P(X\in A_i)=P(A_i)$ (若 $F(x)$ 含有未知参数,可先用极大似然估计,估计其参数,再估计 $P(A_i)$,记为 $\hat{p}_i=\hat{p}(A_i)$), $i=1,2,\cdots,k$. 在 n 次试验中,事件 A_i 出现的频率 f_i/n 与 A_i 发生的概率 p_i (或 $\hat{p}_i$)往往有差异. 一般来说,若

H_0 为真,且试验的次数 n 充分大,这种差异不应该太大.基于这种想法,皮尔逊使用

$$\chi^2 = \sum_{i=1}^{k} \frac{(f_i - np_i)^2}{np_i} \left(\text{或} \ \chi^2 = \sum_{i=1}^{k} \frac{(f_i - n\hat{p}_i)^2}{n\hat{p}_i} \right)$$

作为检验假设 H_0 的统计量,且证明了当 H_0 为真(不论 H_0 中的分布属何种类型)且 n 充分大($n \geqslant 50$)时,统计量 χ^2 总是近似地服从 $\chi^2(k-r-1)$ 分布,其中 r 是 $F_0(x)$ 中被估计的参数的个数.

（ⅲ）对于给定的显著水平 α,可查表得 $\chi_\alpha^2(k-r-1)$,再由样本观察值算出统计量 χ^2 的观察值 χ^2,若 $\chi^2 > \chi_\alpha^2(k-r-1)$,则拒绝 H_0,即认为 $F(x)$ 与 $F_0(x)$ 有显著差异;否则,接受假设 H_0.

在使用 χ^2 检验法时必须注意 n 要足够大,以及 np_i 不太小,根据实践,要求样本容量 $n \geqslant 50$ 且理论频数 $np_i \geqslant 5$,当 $np_i < 5$ 时,要进行并组(合并 A_i),以使每组均有 $np_i \geqslant 5$.

例 15 在某盒中放有白球和黑球,现作下面这样的试验:用返回抽取方式从此盒中摸球,直到摸取的是白球为止,记录下抽取的次数,重复如此的试验 100 次,其结果如下:

抽取次数 i	1	2	3	4	$\geqslant 5$
频数 f_i	43	31	15	6	5

试问该盒中的白球与黑球的个数是否相等($\alpha = 0.05$)?

解 记随机变量 X 表示首次出现白球所需的摸取次数,则 X 服从参数为 p 的几何分布

$$P(X=k) = (1-p)^{k-1} p, \quad k = 1, 2, \cdots,$$

其中 p 表示此盒中任意摸取一球,出现是白球的概率.

如果盒中白球与黑球的个数相等,此时 $p = 1/2$,因此如记 $F_0(x)$ 为参数 $p = 1/2$ 时的几何分布 X 的分布函数,则据题意,提出如下检验假设:

$H_0: X$ 的分布函数为 $F_0(X)$;$H_1: X$ 的分布函数 $F(X) \neq F_0(X)$.记 $A_i = (X=i), i = 1, 2, 3, 4, A_5 = (X \geqslant 5)$,则在 H_0 成立时

$$P(A_1) = P(X=1) = \frac{1}{2} = p_1, \quad P(A_2) = P(X=2) = \frac{1}{4} = p_2,$$

$$P(A_3)=P(X=3)=\frac{1}{8}=p_3, \quad P(A_4)=P(X=4)=\frac{1}{16}=p_4,$$

$$P(A_5)=P(X\geqslant 5)=\sum_{k=5}^{\infty}2^{-k}=\frac{1}{16}=p_5,$$

由表中的数据知,在 100 次试验中,事件 $A_i(i=1,2,3,4,5)$ 出现的频数分别为:$f_1=$ 第 1 次就抽到白球的次数 $=43$,$f_2=$ 第 2 次才抽到白球的次数 $=31$,$f_3=$ 第 3 次才抽取白球的次数 $=15$,$f_4=$ 第 4 次才抽到白球的次数 $=6$,$f_5=$ 第 5 次和第 5 次以后才抽到白球的次数 $=5$.

注意到 $\sum\limits_{i=1}^{5}f_i=100=n$,将以上有关数据代入 χ^2 统计量的表达式,得到它的观察值是

$$\chi^2=\sum_{i=1}^{5}\frac{(f_i-np_i)^2}{np_i}=\frac{(43-50)^2}{50}+\frac{(31-25)^2}{25}$$

$$+\frac{(15-12.5)^2}{12.5}+\frac{(6-6.25)^2}{6.25}+\frac{(5-6.25)^2}{6.25}=3.2,$$

对 $\alpha=0.05$,自由度 $=5-0-1=4$,由 χ^2 分布表得

$$\chi_{\alpha}^2(k-r-1)=\chi_{0.05}^2(5-0-1)=\chi_{0.05}^2(4)=9.488,$$

现在 $3.2<9.488$,因此接受 H_0,认为试验结果与假设无显著差异,即认为盒中的白球与黑球个数相等.

例 16 实验中,每隔一定时间观察一次由某种铀所放射的到达计算器上的 α 粒子数 X,共观察了 100 次,得结果如下表:

i	0	1	2	3	4	5	6	7	8	9	10	11	$\geqslant 12$
f_i	1	5	16	17	26	11	9	9	2	1	2	1	0
A_i	A_0	A_1	A_2	A_3	A_4	A_5	A_6	A_7	A_8	A_9	A_{10}	A_{11}	A_{12}

其中 f_i 是观察到 i 个 α 粒子的次数.从理论上考虑知 X 应服从泊松分布

$$P(X=i)=\frac{\lambda^i}{i!}e^{-\lambda}, \quad i=0,1,2,\cdots, \quad \lambda>0,$$

试问总体 X 是否服从泊松分布$(\alpha=0.05)$.

解 由题意,需检验假设 H_0:总体 X 服从泊松分布

$$P(X=i)=\frac{\lambda^i}{i!}e^{-\lambda}, \quad i=0,1,2,\cdots, \quad \lambda>0,$$

因为 H_0 中参数 λ 未知,故须先估计 λ. 由极大似然法得 $\hat{\lambda}=\bar{x}$ $=\sum\limits_{i=1}^{11} if_i/100=4.2$. 把试验可能结果的全体分为两两不相容的事件 $A_0,A_1,\cdots,A_{12}$,则 $P(X=i)$ 有估计值

$$\hat{p}_i=\hat{P}(X=i)=\hat{P}(A_i)=\frac{4.2^i}{i!}e^{-4.2},\quad i=0,1,2,\cdots,11,$$

$$\hat{p}_{12}=\hat{P}(X\geqslant12)=\hat{P}(A_{12})=1-\sum\limits_{i=0}^{11}\hat{p}_i=0.002.$$

计算结果列表如下:

A_i	f_i	$\hat{p}_i$	$n\hat{p}_i$	$f_i-n\hat{p}_i$	$(f_i-n\hat{p}_i)^2/n\hat{p}_i$
A_0	1	0.015	1.5 ⎫	-1.8	0.415
A_1	5	0.063	6.3 ⎭		
A_2	16	0.132	13.2	2.8	0.594
A_3	17	0.185	18.5	-1.5	0.122
A_4	26	0.194	19.4	6.6	2.245
A_5	11	0.163	16.3	-5.3	1.723
A_6	9	0.114	11.4	-2.4	0.505
A_7	9	0.069	6.9	2.1	0.639
A_8	2	0.036	3.6 ⎫		
A_9	1	0.017	1.7 ⎪		
A_{10}	2	0.07	0.7 ⎬	-0.5	0.0385
A_{11}	1	0.003	0.3 ⎪		
A_{12}	0	0.002	0.2 ⎭		

其中有些 $n\hat{p}_i<5$ 的组予以适当合并,使得每组均有 $n\hat{p}_i\geqslant5$,如表中第四列花括号所示. 此处并组后有 $k=8$,但因在计算概率时,估计了一个参数 λ,故 χ^2 分布的自由度为 $k-r-1=8-1-1=6$.

对显著水平 $\alpha=0.05$,临界值 $\chi_\alpha^2(k-r-1)=\chi_{0.05}^2(6)=12.592$,因为组合并后有

$$\sum\limits_{i=1}^{8}\frac{(f_i-n\hat{p}_i)^2}{n\hat{p}_i}=6.2815<12.592,$$

所以接受 H_0,即认为总体 X 服从参数 $\lambda=4.2$ 的泊松分布.

扫一扫,阅读名人传记

习 题

1. 某车间有一台自动装米机,生产中规定每袋标准重量为100斤,设每袋米的重量 $X \sim N(\mu, 9)$. 某天从所包装的米中任意取16袋,测得这16袋的平均袋重为98.6斤. 假设总体的方差不变,问该装米机的工作是否正常($\alpha = 0.05$)?

2. 设某次考试的学生成绩服从正态分布,从中随机性抽取36位考生的成绩,算得平均成绩为66.5分,标准差为15分. 问在显著性水平0.05下,是否可以认为这次考试全体考生的平均成绩为70分? 并给出检验过程.

3. 设某厂生产的一种钢索,其断裂强度 $X(\text{kg/cm}^2)$ 服从正态分布 $N(\mu, 40^2)$. 从中选取一个容量为9的样本,得 $\bar{x} = 780 \text{ kg/cm}^2$. 能否据此认为这批钢索的断裂强度为 800 kg/cm^2($\alpha = 0.05$)?

4. 某食品厂用自动装罐机装罐头食品,每罐重量500克,为检查该机器的工作情况,从所装的罐头食品中任意抽取10罐,测得重量(单位:克)如下:
$$495, 510, 505, 498, 503, 492, 502, 512, 497, 506$$
假定每个罐头的重量 $X \sim N(\mu, \sigma^2)$,试在显著性水平 $\alpha = 0.05$ 下检验该装罐头机的工作是否正常?

5. 已知某种元件的使用寿命(单位:小时) X 服从正态分布 $N(\mu, 100^2)$. 按要求,这种元件的使用寿命不得低于1600小时才算合格. 今从一批这种元件中随机抽取49件,测得其平均值为1550小时. 试问这批元件是否合格($\alpha = 0.05$)?

6. 某地区5年前普查时曾经得到15岁男孩的平均身高为1.58米,现从该地区随机抽查36个15岁男孩,测得身高的平均值为1.61米,样本标准差 $s = 0.07$ 米. 设男孩身高服从正态分布,问5年来,该地区男孩的平均身高是否有显著变化($\alpha = 0.05$)?

7. 罐头的细菌含量按规定标准必须小于60,现从一批罐头中抽取36个,检验其细菌含量,经计算得 $\bar{x} = 61.5, s = 0.3$. 设罐头的细菌含量 X 服从正态分布,问这批罐头的质量是否符合标准($\alpha = 0.05$)?

8. 从甲、乙两厂生产的钢丝总体 X, Y 中各取50截1米长的钢丝作拉力强度试验,测得 $\bar{x} = 1208$ 千克,$\bar{y} = 1282$ 千克,设 $X \sim N(\mu_1, 80^2)$, $Y \sim N(\mu_2, 94^2)$,问甲、乙两厂钢丝的抗拉强度是否有显著差别($\alpha = 0.05$)?

9. 在漂白工艺中考查温度对针织品断裂强度的影响,今在70 ℃和80 ℃的温度时分别做8次和6次试验,测得各自的断裂强度 X 和 Y 的观测值,经计算得 $\bar{x} = 20.4, \bar{y} = 19.3167, s_1^2 = 0.866, s_2^2 = 1.0566$. 根据以往的经验,可以认为 X 和 Y 均服从正态分布,且方差相等. 在给定 $\alpha = 0.1$ 时,问70 ℃与80 ℃时的断裂强度有无显著差异?

10. 有甲、乙两种安眠药,以 X 表示失眠者服用甲药后睡眠时间的延长时数,以 Y 表示失眠者服用乙药后睡眠时间的延长时数,且 X, Y 分别服从正态分布 $N(\mu_1, \sigma_1^2), N(\mu_2, \sigma_2^2)$. 现在独立观察20个病者,其中10人服甲药,另外10人服乙药,由观察数据得到 $\bar{x}=2.35$(小时),$s_1^2=3.905$(小时^2),$\bar{y}=0.75$(小时),$s_2^2=3.2$(小时^2). 试问这两种药物的疗效有无显著差异($\alpha=0.05$)?

11. 某厂使用 A,B 两种不同的原料生产同一类型产品,分别在 A,B 一星期的产品中取样进行测试,取 A 种原料生产的样品 220 件,B 种原料生产的样品 205 件,测得平均重量和重量的方差分别为 $\bar{x}=2.46$(千克),$\bar{y}=2.55$ 千克,$s_1^2=0.57^2$(千克^2),$s_2^2=0.48^2$(千克^2),设这两个总体都服从正态分布,且方差相同. 问在显著性水平 $\alpha=0.05$ 下能否认为使用原料 B 的产品平均重量比使用原料 A 的要大?

12. 已知维尼纶纤度在正常条件下服从方差 $\sigma_0^2=0.044^2$ 的正态分布,某日随机抽取 6 根纤维,测得其纤度为 $1.35,1.50,1.56,1.48,1.44,1.53$,问该日纤度的总体方差是否仍为 0.044^2($\alpha=0.05$)?

13. 在第 12 题的条件下,问该日纤度的总体方差是否大于 0.044^2($\alpha=0.01$)?

14. 某药厂从某中药中提取某种有效成分,为了提高效率,改革提炼方法,现对同一品种的药材,用新、旧两种方法各做了 10 次试验,其得率分别为:

旧方法:

   $78.1, 72.4, 76.2, 74.3, 77.4, 78.4, 76.0, 75.5, 76.7, 77.3$

新方法:

   $79.1, 81.0, 77.3, 79.1, 80.0, 79.1, 79.1, 77.3, 80.2, 82.1$

设这两个样本分别来自正态总体 $N(\mu_1,\sigma_1^2),N(\mu_2,\sigma_2^2)$,并且相互独立. 试问新方法的得率是否比旧方法的得率高($\alpha=0.01$)?

(注:得率 $=\dfrac{药材中提取的有效成分的量}{提取的药材总量}\times 100\%$).

15. 用不同方法冶炼某种金属,分别抽样测得其杂质的含量(单位:百分率)如下:

旧方法:

   $26.9, 22.8, 25.7, 23.0, 22.3, 24.2, 26.1,$
   $26.4, 27.2, 30.2, 24.5, 29.5, 25.1.$

新方法:

   $22.6, 22.5, 20.6, 23.5, 24.3, 21.9, 20.6, 23.2, 23.4.$

设在两种方法下杂质含量均服从正态分布. 问在两种冶炼方法下,杂质含量的方差是否相同($\alpha=0.05$)?

16. 对两批同类电子元件的电阻进行测试,各抽 6 件,测得结果如下(单位:Ω):

   A 批:$0.140, 0.138, 0.143, 0.142, 0.144, 0.137,$
   B 批:$0.135, 0.140, 0.142, 0.136, 0.138, 0.140.$

已知元件的电阻服从正态分布,试在显著水平 $\alpha=0.05$ 下检验:

(1)两批电子元件的电阻方差是否相等?

(2)两批电子元件的平均电阻是否有显著差异?

17. 机器包装食盐,假设每袋盐的净重服从正态分布 $N(\mu, \sigma^2)$,规定每袋标准含量为 500 g,标准差不得超过 10 g. 某天开工后,随机抽取 9 袋,测得净重如下(单位:g):

$$497,507,501,475,515,484,488,524,491,$$

试在 $\alpha = 0.05$ 的显著水平下检验假设

(1) $H_0 : \mu = 500$; $H_1 : \mu \neq 500$; (2) $H_0 : \sigma \leqslant 10$; $H_1 : \sigma > 10$.

18. 为研究正常成年男、女血液红细胞的平均数之差别,检查某地正常成年男子 156 名,正常成年女子 74 名,计算得男性红细胞平均数为 $\bar{x} = 465.18$ 万/mm^3,子样标准差为 $s_1 = 54.80$ 万/mm^3;女性红细胞平均数 $\bar{y} = 422.16$ 万/mm^3,子样标准差为 $s_2 = 49.20$ 万/mm^3. 由经验知道正常成年男、女的血液红细胞数 X, Y 分别服从 $N(\mu_1, \sigma_1^2)$,$N(\mu_2, \sigma_2^2)$ 分布,试在 $\alpha = 0.1$ 的显著水平下检验假设

(1) $H_0 : \sigma_1^2 = \sigma_2^2$; $H_1 : \sigma_1^2 \neq \sigma_2^2$;

(2) $H_0 : \mu_1 = \mu_2$; $H_1 : \mu_1 \neq \mu_2$.

19. 投掷一枚硬币,直至出现正面为止,记录下抽取的次数,重复如此的试验 586 次,其结果如下:

投掷次数 i	1	2	3	4	5	6	$\geqslant 7$
频数 f_i	280	147	86	38	15	13	7

试问这枚硬币是否是均匀的($\alpha = 0.05$)?

20. 有一正四面体,将此四面体的四面分别涂为红、黄、蓝、白四种不同的颜色. 现作如下的抛掷试验:任意地抛掷该四面体,直到白色的一面与地面相接触为止,记录下抛掷的次数. 做如此的试验 200 次,其结果如下:

抛掷次数 i	1	2	3	4	$\geqslant 5$
频数 f_i	56	48	32	28	36

试问该四面体是否均匀($\alpha = 0.05$)?

扫一扫,获取参考答案

附 表

附表 1　常用分布表

分布名称	参数	概率分布或概率密度函数	数学期望	方差
退化分布		$P(X=C)=1$（C 为常数）	C	0
0-1分布（两点分布）	$0<p<1$	$P(X=k)=p^k(1-p)^{1-k}$ $k=0,1$	p	$p(1-p)$
二项分布 $B(n,p)$	$n\geqslant 1$ $0<p<1$	$P(X=k)=C_n^k p^k(1-p)^{n-k}$ $k=0,1,2,\cdots,n$	np	$np(1-p)$
几何分布	$0<p<1$	$p(X=k)=p(1-p)^{k-1}$ $k=1,2,\cdots$	$\dfrac{1}{p}$	$\dfrac{1-p}{p^2}$
超几何分布	M,N,n 为正整数，$M\leqslant N,n\leqslant N$	$P(X=k)=C_M^k C_{N-M}^{n-k}/C_N^n$ $k=0,1,2,\cdots,\min(n,M)$	$\dfrac{nM}{N}$	$\dfrac{nM}{N}\left(1-\dfrac{M}{N}\right)\left(\dfrac{N-n}{N-1}\right)$
泊松分布 $P(\lambda)$	$\lambda>0$	$P(X=k)=\dfrac{\lambda^k}{k!}\mathrm{e}^{-\lambda}$ $k=0,1,2,\cdots$	λ	λ
巴斯卡分布	$0<p<1$ r 为正整数	$P(X=k)=C_{k-1}^{r-1}p^r(1-p)^{k-r}$ $k=r,r+1,\cdots$	$\dfrac{r}{p}$	$\dfrac{r(1-p)}{p^2}$
均匀分布 $U(a,b)$	$a<b$	$f(x)=\begin{cases}\dfrac{1}{b-a}, & a<x<b\\ 0, & 其他\end{cases}$	$\dfrac{a+b}{2}$	$\dfrac{(b-a)^2}{12}$

续附表 1

分布名称	参数	概率分布或概率密度函数	数学期望	方差
正态分布 $N(\mu,\sigma^2)$	μ $\sigma>0$	$f(x)=\dfrac{1}{\sqrt{2\pi}\sigma}e^{-(x-\mu)^2/2\sigma^2}$ $-\infty<x<\infty$	μ	σ^2
指数分布	$\lambda>0$	$f(x)=\begin{cases}\lambda e^{-\lambda x}, & x>0\\ 0, & x\le 0\end{cases}$	$\dfrac{1}{\lambda}$	$\dfrac{1}{\lambda^2}$
Γ-分布 $\Gamma(\alpha;\beta)$	$\alpha>0$ $\beta>0$	$f(x)=\begin{cases}\dfrac{\beta^{\alpha}}{\Gamma(\alpha)}x^{\alpha-1}e^{-\beta x}, & x>0\\ 0, & x\le 0\end{cases}$	$\dfrac{\alpha}{\beta}$	$\dfrac{\alpha}{\beta^2}$
χ^2-分布 $\chi^2(n)$	n 为正整数	$f(x)=\begin{cases}\dfrac{1}{2^{n/2}\Gamma(n/2)}x^{\frac{n}{2}-1}e^{-\frac{x}{2}}, & x\ge 0\\ 0, & x<0\end{cases}$	n	$2n$
威布尔分布	$\eta>0$ $\beta>0$	$f(x)=\begin{cases}\dfrac{\beta}{\eta}\left(\dfrac{x}{\eta}\right)^{\beta-1}e^{-\left(\frac{x}{\eta}\right)^{\beta}}, & x>0\\ 0, & x\le 0\end{cases}$	$\eta\Gamma\left(\dfrac{1}{\beta}+1\right)$	$\eta^2\left\{\Gamma\left(\dfrac{2}{\beta}+1\right)-\left[\Gamma\left(\dfrac{1}{\beta}+1\right)\right]^2\right\}$
瑞利分布	$a>0$	$f(x)=\begin{cases}\dfrac{1}{a^2}xe^{-\frac{x^2}{2a^2}}, & x>0\\ 0, & x\le 0\end{cases}$	$\sqrt{\dfrac{\pi}{2}}a$	$\dfrac{4-\pi}{2}a^2$

续附表 1

分布名称	参数	概率分布或概率密度函数	数学期望	方差
β-分布 $\beta(p,q)$	$p>0$ $q>0$	$f(x)=\begin{cases}\dfrac{\Gamma(p+q)}{\Gamma(p)\Gamma(q)}x^{(p-1)}(1-x)^{q-1}, & x>0\\[2mm] 0, & x\leqslant 0\end{cases}$	$\dfrac{p}{p+q}$	$\dfrac{pq}{(p+q)^2(p+q+1)}$
对数 正态分布	α $\sigma>0$	$f(x)=\begin{cases}\dfrac{1}{\sqrt{2\pi}\sigma x}e^{-\frac{(\ln x-\alpha)^2}{2\sigma^2}}, & x>0\\[2mm] 0, & x\leqslant 0\end{cases}$	$e^{\alpha+\frac{\sigma^2}{2}}$	$e^{2\alpha+\sigma^2}(e^{\sigma^2}-1)$
柯西分布	α $\lambda>0$	$f(x)=\dfrac{1}{\pi}\dfrac{\lambda}{\lambda^2+(x-\alpha)^2}$ $-\infty<x<\infty$	不存在	不存在
t-分布 $t(n)$	n 为 正整数	$f(x)=\dfrac{\Gamma\left(\dfrac{n+1}{2}\right)}{\sqrt{n\pi}\Gamma(n/2)}\left(1+\dfrac{x^2}{n}\right)^{-(n+1)/2}$ $-\infty<x<\infty$	$0, n>1$	$\dfrac{n}{n-2}, n>2$
F-分布 $F(n_1,n_2)$	n_1,n_2 为 正整数	$f(x)=\begin{cases}\dfrac{\Gamma\left(\dfrac{n_1+n_2}{2}\right)\left(\dfrac{n_1}{n_2}\right)^{\frac{n_1}{2}}x^{\frac{n_1}{2}-1}}{\Gamma\left(\dfrac{n_1}{2}\right)\Gamma\left(\dfrac{n_2}{2}\right)\left(1+\dfrac{n_1}{n_2}x\right)^{\frac{n_1+n_2}{2}}}, & x>0\\[2mm] 0, & x\leqslant 0\end{cases}$	$\dfrac{n_2}{n_2-2}$ $n_2>2$	$\dfrac{2n_2^2(n_1+n_2-2)}{n_1(n_2-2)^2(n_2-4)}$ $n_2>4$

附表 2   标准正态分布表

$$\Phi(x) = \int_{-\infty}^{x} \frac{1}{\sqrt{2\pi}} \mathrm{e}^{-\frac{u^2}{2}} \mathrm{d}u = P\{X \leqslant x\}$$

x	0.00	0.01	0.02	0.03	0.04	0.05	0.06	0.07	0.08	0.09
0.0	0.5000	0.5040	0.5080	0.5120	0.5160	0.5199	0.5239	0.5279	0.5319	0.5359
0.1	0.5398	0.5438	0.5478	0.5517	0.5557	0.5596	0.5636	0.5675	0.5714	0.5753
0.2	0.5793	0.5832	0.5871	0.5910	0.5948	0.5987	0.6026	0.6064	0.6103	0.6141
0.3	0.6179	0.6217	0.6255	0.6293	0.6331	0.6368	0.6406	0.6443	0.6480	0.6517
0.4	0.6554	0.6591	0.6628	0.6664	0.6700	0.6736	0.6772	0.6808	0.6844	0.6879
0.5	0.6915	0.6950	0.6985	0.7019	0.7054	0.7088	0.7123	0.7157	0.7190	0.7224
0.6	0.7257	0.7291	0.7324	0.7357	0.7389	0.7422	0.7454	0.7486	0.7517	0.7549
0.7	0.7580	0.7611	0.7642	0.7673	0.7703	0.7734	0.7764	0.7794	0.7823	0.7582
0.8	0.7881	0.7910	0.7939	0.7967	0.7995	0.8023	0.8051	0.8078	0.8106	0.8133
0.9	0.8159	0.8186	0.8212	0.8238	0.8264	0.8289	0.8315	0.8340	0.8365	0.8389
1.0	0.8413	0.8438	0.8461	0.8485	0.8508	0.8531	0.8554	0.8577	0.8599	0.8621
1.1	0.8643	0.8665	0.8686	0.8708	0.8729	0.8749	0.8770	0.8790	0.8810	0.8830
1.2	0.8849	0.8869	0.8888	0.8907	0.8925	0.8944	0.8962	0.8980	0.8997	0.9015
1.3	0.9032	0.9049	0.9066	0.9082	0.9099	0.9115	0.9131	0.9147	0.9162	0.9177
1.4	0.9192	0.9207	0.9222	0.9236	0.9251	0.9265	0.9278	0.9292	0.9306	0.9319
1.5	0.9332	0.9345	0.9357	0.9370	0.9382	0.9394	0.9406	0.9418	0.9430	0.9441
1.6	0.9452	0.9463	0.9474	0.9484	0.9495	0.9505	0.9515	0.9525	0.9535	0.9545
1.7	0.9554	0.9564	0.9573	0.9582	0.9591	0.9599	0.9608	0.9616	0.9625	0.9633
1.8	0.9641	0.9648	0.9656	0.9664	0.9671	0.9678	0.9686	0.9693	0.9700	0.9706
1.9	0.9713	0.9719	0.9726	0.9732	0.9738	0.9744	0.9750	0.9756	0.9762	0.9767
2.0	0.9772	0.9778	0.9783	0.9788	0.9793	0.9798	0.9803	0.9808	0.9812	0.9817
2.1	0.9821	0.9826	0.9830	0.9834	0.9838	0.9842	0.9846	0.9850	0.9854	0.9857
2.2	0.9861	0.9864	0.9868	0.9871	0.9874	0.9878	0.9881	0.9884	0.9887	0.9890
2.3	0.9893	0.9896	0.9898	0.9901	0.9904	0.9906	0.9909	0.9911	0.9913	0.9916
2.4	0.9918	0.9920	0.9922	0.9925	0.9927	0.9929	0.9931	0.9932	0.9934	0.9936
2.5	0.9938	0.9940	0.9941	0.9943	0.9945	0.9946	0.9948	0.9949	0.9951	0.9952
2.6	0.9953	0.9955	0.9956	0.9957	0.9959	0.9960	0.9961	0.9962	0.9963	0.9964
2.7	0.9965	0.9966	0.9967	0.9968	0.9969	0.9970	0.9971	0.9972	0.9973	0.9974
2.8	0.9974	0.9975	0.9976	0.9977	0.9977	0.9978	0.9979	0.9979	0.9980	0.9981
2.9	0.9981	0.9982	0.9982	0.9983	0.9984	0.9984	0.9985	0.9985	0.9986	0.9986
3.0	0.9987	0.9990	0.9993	0.9995	0.9997	0.9998	0.9998	0.9999	0.9999	1.0000

注:表中末行系函数值 $\Phi(3.0), \Phi(3.1), \cdots, \Phi(3.9)$.

附表 3 泊松分布表

$$1-F(x-1) = \sum_{k=x}^{\infty} \frac{\lambda^k}{k!} \mathrm{e}^{-\lambda}$$

x	$\lambda=0.2$	$\lambda=0.3$	$\lambda=0.4$	$\lambda=0.5$	$\lambda=0.6$
0	1.0000000	1.0000000	1.0000000	1.0000000	1.0000000
1	0.1812692	0.2591818	0.3296800	0.323469	0.451188
2	0.0175231	0.0369363	0.0615519	0.090204	0.121901
3	0.0011485	0.0035995	0.0079263	0.014388	0.023115
4	0.0000568	0.0002658	0.0007763	0.001752	0.003358
5	0.0000023	0.0000158	0.0000612	0.000172	0.000394
6	0.0000001	0.0000008	0.0000040	0.000014	0.000039
7			0.0000002	0.0000001	0.0000003

x	$\lambda=0.7$	$\lambda=0.8$	$\lambda=0.9$	$\lambda=1.0$	$\lambda=1.2$
0	1.0000000	1.0000000	1.0000000	1.0000000	1.0000000
1	0.503415	0.550671	0.593430	0.632121	0.698806
2	0.155805	0.191208	0.227518	0.264241	0.337373
3	0.034142	0.047423	0.062857	0.080301	0.120513
4	0.005753	0.009080	0.013459	0.018988	0.033769
5	0.000786	0.001411	0.002344	0.003660	0.007746
6	0.000090	0.000184	0.000343	0.000594	0.001500
7	0.000009	0.000021	0.000043	0.000083	0.000251
8	0.000001	0.000002	0.000005	0.000010	0.000037
9				0.000001	0.000005
10					0.000001

x	$\lambda=1.4$	$\lambda=1.6$	$\lambda=1.8$	$\lambda=2.0$	
0	1.000000	1.000000	1.000000	1.000000	
1	0.753403	0.798103	0.834701	0.864665	
2	0.408167	0.475069	0.537163	0.593994	
3	0.166502	0.216642	0.269379	0.323323	
4	0.053725	0.078813	0.108708	0.142876	

续附表 3

x	$\lambda=1.4$	$\lambda=1.6$	$\lambda=1.8$	$\lambda=2.0$		
5	0.014253	0.023682	0.036407	0.052652		
6	0.003201	0.006040	0.010378	0.016563		
7	0.000622	0.001336	0.002569	0.004533		
8	0.000107	0.000260	0.000562	0.001096		
9	0.000016	0.000045	0.000110	0.000237		
10	0.000002	0.000007	0.000019	0.000046		
11		0.000001	0.000003	0.000008		
12				0.000001		

x	$\lambda=2.5$	$\lambda=3.0$	$\lambda=3.5$	$\lambda=4.0$	$\lambda=4.5$	$\lambda=5.0$
0	1.000000	1.000000	1.000000	1.000000	1.000000	1.000000
1	0.917915	0.950213	0.969803	0.981684	0.988891	0.993262
2	0.712703	0.800852	0.864112	0.908422	0.938901	0.959572
3	0.456187	0.576810	0.679153	0.761897	0.826422	0.875348
4	0.242424	0.352768	0.463367	0.566530	0.657704	0.734974
5	0.108822	0.184737	0.274555	0.371163	0.467896	0.559507
6	0.042021	0.083918	0.142386	0.214870	0.297070	0.384039
7	0.014187	0.033509	0.065288	0.110674	0.168949	0.237817
8	0.004247	0.011905	0.026739	0.051134	0.086586	0.133372
9	0.001140	0.003803	0.009874	0.021363	0.040257	0.068094
10	0.000277	0.001102	0.003315	0.008132	0.017093	0.031828
11	0.000062	0.000292	0.001019	0.002840	0.006669	0.013695
12	0.000013	0.000071	0.000289	0.000915	0.002404	0.005453
13	0.000002	0.000016	0.000076	0.000274	0.000805	0.002019
14		0.000003	0.000019	0.000076	0.000252	0.000698
15		0.000001	0.000004	0.000020	0.000074	0.000226
16			0.000001	0.000005	0.000020	0.000069
17				0.000001	0.000005	0.000020
18					0.000001	0.000005
19						0.000001

附表 4 t 分布表

$$P\{t(n) > t_\alpha(n)\} = \alpha$$

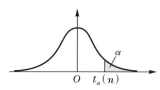

n	$\alpha=0.25$	$\alpha=0.10$	$\alpha=0.05$	$\alpha=0.025$	$\alpha=0.01$	$\alpha=0.005$
1	1.0000	3.0777	6.3138	12.7062	31.8207	63.6574
2	0.8165	1.8856	2.9200	4.3027	6.9646	9.9248
3	0.7649	1.6377	2.3534	3.1824	4.5407	5.8409
4	0.7407	1.5332	2.1318	2.7764	3.7469	4.6041
5	0.7267	1.4759	2.0150	2.5706	3.3649	4.0322
6	0.7176	1.4398	1.9432	2.4469	3.1427	3.7074
7	0.7111	1.4149	1.8946	2.3646	2.9980	3.4995
8	0.7064	1.3968	1.8595	2.3060	2.8965	3.3554
9	0.7027	1.3830	1.8331	2.2622	2.8214	3.2498
10	0.6998	1.3722	1.8125	2.2281	2.7638	3.1693
11	0.6974	1.3634	1.7959	2.2010	2.7181	3.1058
12	0.6955	1.3562	1.7823	2.1788	2.6810	3.0545
13	0.6938	1.3502	1.7709	2.1604	2.6503	3.0123
14	0.6924	1.3450	1.7613	2.1448	2.6245	2.9768
15	0.6912	1.3406	1.7531	2.1315	2.6025	2.9467
16	0.6901	1.3368	1.7459	2.1199	2.5835	2.9208
17	0.6892	1.3334	1.7396	2.1098	2.5669	2.8982
18	0.6884	1.3304	1.7341	2.1009	2.5524	2.8784
19	0.6876	1.3277	1.7291	2.0930	2.5395	2.8609
20	0.6870	1.3253	1.7247	2.0860	2.5280	2.8453

n	$\alpha=0.25$	$\alpha=0.10$	$\alpha=0.05$	$\alpha=0.025$	$\alpha=0.01$	$\alpha=0.005$
21	0.6864	1.3232	1.7207	2.0796	2.5177	2.8314
22	0.6858	1.3212	1.7171	2.0739	2.5083	2.8188
23	0.6853	1.3195	1.7139	2.0687	2.4999	2.8073
24	0.6848	1.3178	1.7109	2.0639	2.4922	2.7969
25	0.6844	1.3163	1.7081	2.0595	2.4851	2.7874
26	0.6840	1.3150	1.7058	2.0555	2.4786	2.7787
27	0.6837	1.3137	1.7033	2.0518	2.4727	2.7707
28	0.6834	1.3125	1.7011	2.0484	2.4671	2.7633
29	0.6830	1.3114	1.6991	2.0452	2.4620	2.7564
30	0.6828	1.3104	1.6973	2.0423	2.4573	2.7500
31	0.6825	1.3095	1.6955	2.0395	2.4528	2.7440
32	0.6822	1.3086	1.6939	2.0369	2.4487	2.7385
33	0.6820	1.3077	1.6924	2.0345	2.4448	2.7333
34	0.6818	1.3070	1.6909	2.0322	2.4411	2.7284
35	0.6816	1.3062	1.6896	2.0301	2.4377	2.7238
36	0.6814	1.3055	1.6883	2.0281	2.4345	2.7195
37	0.6812	1.3049	1.6871	2.0262	2.4314	2.7154
38	0.6810	1.3042	1.6860	2.0244	2.4286	2.7116
39	0.6808	1.3036	1.6849	2.0227	2.4258	2.7079
40	0.6807	1.3031	1.6839	2.0211	2.4233	2.7045
41	0.6805	1.3025	1.6829	2.0195	2.4208	2.7012
42	0.6804	1.3020	1.6820	2.0181	2.4185	2.6981
43	0.6802	1.3016	1.6811	2.0167	2.4163	2.6951
44	0.6801	1.3011	1.6802	2.0154	2.4141	2.6923
45	0.6800	1.3006	1.6794	2.0141	2.4121	2.6806

附表 5 χ^2 分布表

$$(P\{\chi^2(n) > \chi_\alpha^2(n)\} = \alpha)$$

n \ α	0.995	0.99	0.975	0.95	0.90	0.75	0.50	0.25	0.10	0.05	0.025	0.01	0.005
1	0.00004	0.00016	0.001	0.004	0.016	0.102	0.455	1.323	2.706	3.841	5.024	6.635	7.879
2	0.010	0.020	0.051	0.103	0.211	0.575	1.386	2.773	4.605	5.991	7.378	9.210	10.597
3	0.072	0.115	0.216	0.352	0.584	1.213	2.366	4.108	6.251	7.815	9.348	11.345	12.838
4	0.207	0.297	0.484	0.711	1.064	1.923	3.357	5.385	7.779	9.488	11.143	13.277	14.860
5	0.412	0.554	0.831	1.145	1.610	2.675	4.351	6.626	9.236	11.070	12.833	15.086	16.750
6	0.676	0.872	1.237	1.635	2.204	3.455	5.348	7.841	10.645	12.592	14.449	16.812	18.548
7	0.989	1.239	1.690	2.167	2.833	4.255	6.346	9.037	12.017	14.067	16.013	18.475	20.278
8	1.344	1.646	2.180	2.733	3.490	5.071	7.344	10.219	13.362	15.507	17.535	20.090	21.955
9	1.735	2.088	2.700	3.325	4.168	5.899	8.343	11.389	14.684	16.919	19.023	21.666	23.589
10	2.156	2.558	3.247	3.940	4.865	6.737	9.342	12.549	15.987	18.307	20.483	23.209	25.188
11	2.603	3.053	3.816	4.575	5.578	7.584	10.341	13.701	17.275	19.675	21.920	24.725	26.757
12	3.074	3.571	4.404	5.226	6.304	8.438	11.340	14.845	18.549	21.026	23.337	26.217	28.300
13	3.565	4.107	5.009	5.892	7.042	9.299	12.340	15.984	19.812	22.362	24.736	27.688	29.819
14	4.075	4.660	5.629	6.571	7.790	10.165	13.339	17.117	21.064	23.685	26.119	29.141	31.3719
15	4.601	5.229	6.262	7.261	8.547	11.037	14.339	18.245	22.307	24.996	27.488	30.578	32.801

续附表 5

α / n	0.995	0.99	0.975	0.95	0.90	0.75	0.50	0.25	0.10	0.05	0.025	0.01	0.005
16	5.142	5.812	6.908	7.962	9.312	11.912	15.338	19.369	23.542	26.296	28.845	32.000	34.267
17	5.697	6.408	7.564	8.672	10.085	12.792	16.338	20.489	24.769	27.587	30.191	33.409	35.718
18	6.265	7.015	8.231	9.390	10.865	13.675	17.338	21.605	25.989	28.869	31.526	34.805	37.156
19	6.844	7.633	8.907	10.117	11.651	14.562	18.338	22.718	27.204	30.144	32.852	36.191	38.582
20	7.434	8.260	9.591	10.851	12.443	15.452	19.337	23.828	28.412	31.410	34.170	37.566	39.997
21	8.034	8.897	10.283	11.591	13.240	16.344	20.337	24.935	29.615	32.671	35.479	38.932	41.401
22	8.643	9.542	10.982	12.338	14.041	17.240	21.337	26.039	30.813	33.924	36.781	40.289	42.796
23	9.260	10.196	11.689	13.091	14.848	18.137	22.337	27.141	32.007	35.172	38.076	41.638	44.181
24	9.886	10.856	12.401	13.848	15.659	19.037	23.337	28.241	33.196	36.415	39.364	42.980	45.559
25	10.520	11.524	13.120	14.611	16.473	19.939	24.337	29.339	34.382	37.652	40.646	44.314	46.928
26	11.160	12.198	13.844	15.379	17.292	20.843	25.336	30.435	35.563	38.885	41.923	45.642	48.290
27	11.808	12.879	14.573	16.151	18.114	21.749	26.336	31.528	36.741	40.113	43.195	46.963	49.645
28	12.461	13.565	15.308	16.928	18.939	22.657	27.336	32.620	37.916	41.337	44.461	48.278	50.993
29	13.121	14.256	16.047	17.708	19.768	23.567	28.336	33.711	39.087	42.557	45.722	49.588	52.336
30	13.787	14.953	16.791	18.493	20.599	24.478	29.336	34.800	40.256	43.773	46.979	50.892	53.672

续附表 5

α n	0.995	0.99	0.975	0.95	0.90	0.75	0.50	0.25	0.10	0.05	0.025	0.01	0.005
31	14.458	15.655	17.539	19.281	21.434	25.390	30.336	35.887	41.422	44.985	48.232	52.191	55.003
32	15.134	16.362	18.291	20.072	22.271	26.304	31.336	36.973	42.585	46.194	49.480	53.486	56.328
33	15.815	17.074	19.047	20.867	23.110	27.219	32.336	38.058	43.745	47.400	50.725	54.776	57.648
34	16.501	17.789	19.806	21.664	23.952	28.136	33.336	39.141	44.903	48.602	51.966	56.061	58.964
35	17.192	18.509	20.569	22.465	24.797	29.054	34.336	40.223	46.059	49.802	53.203	57.342	60.275
36	17.887	19.233	21.336	23.269	25.643	29.973	35.336	41.304	47.212	50.998	54.437	58.619	61.581
37	18.586	19.960	22.106	24.075	26.492	30.893	36.336	42.383	48.363	52.192	55.668	59.893	62.883
38	19.289	20.691	22.878	24.884	27.343	31.815	37.335	43.462	49.513	53.384	56.896	61.162	64.181
39	19.996	21.426	23.654	25.695	28.196	32.737	38.335	44.539	50.660	54.572	58.120	62.428	65.476
40	20.707	22.164	24.433	26.509	29.051	33.660	39.335	45.616	51.805	55.758	59.342	63.691	66.766
41	21.421	22.906	25.215	27.326	29.907	34.585	40.335	46.692	52.949	56.942	60.561	64.950	68.053
42	22.138	23.650	25.999	28.144	30.765	35.510	41.335	47.766	54.090	58.124	61.777	66.206	69.336
43	22.859	24.398	26.785	28.965	31.625	36.436	42.335	48.840	55.230	59.304	62.990	67.459	70.616
44	23.584	25.148	27.575	29.787	32.487	37.363	43.335	49.913	56.369	60.481	64.201	68.710	71.893
45	24.311	25.901	28.366	30.612	33.350	38.291	44.335	50.985	57.505	61.656	65.410	69.957	73.166

续附表 5

α ／ n	0.995	0.99	0.975	0.95	0.90	0.75	0.50	0.25	0.10	0.05	0.025	0.01	0.005
46	25.041	26.657	29.160	31.439	34.215	39.220	45.335	52.056	58.641	62.830	66.617	71.201	74.437
47	25.775	27.416	29.956	32.268	35.081	40.149	46.335	53.127	59.774	64.001	67.821	72.443	75.704
48	26.511	28.177	30.755	33.098	35.949	41.079	47.335	54.196	60.907	65.171	69.023	73.683	76.969
49	27.249	28.941	31.555	33.930	36.818	42.010	48.335	55.265	62.038	66.339	70.222	74.919	78.231
50	27.991	29.707	32.357	34.764	37.689	42.942	49.335	56.334	63.167	67.505	71.420	76.154	79.490

附表6 F分布表

$$P\{F(m,n) > F_\alpha(m,n)\} = \alpha$$

$\alpha = 0.10$

m \ n	1	2	3	4	5	6	7	8	9	10	12	15	20	24	30	40	60	120	∞
1	39.86	49.50	53.59	55.83	57.24	58.20	58.91	59.44	59.86	60.19	60.71	61.22	61.74	62.00	62.26	62.53	62.79	63.06	63.33
2	8.53	9.00	9.16	9.24	9.29	9.33	9.35	9.37	9.38	9.39	9.41	9.42	9.44	9.45	9.46	9.47	9.47	9.48	9.49
3	5.54	5.46	5.39	5.34	5.31	5.28	5.27	5.25	5.24	5.23	5.22	5.20	5.18	5.18	5.17	5.16	5.15	5.14	5.13
4	4.54	4.32	4.19	4.11	4.05	4.01	3.98	3.95	3.94	3.92	3.90	3.87	3.84	3.83	3.82	3.80	3.79	3.78	3.76
5	4.06	3.78	3.62	3.52	3.45	3.40	3.37	3.34	3.32	3.30	3.27	3.24	3.21	3.19	3.17	3.16	3.14	3.12	3.10
6	3.78	3.46	3.29	3.18	3.11	3.05	3.01	2.98	2.96	2.94	2.90	2.87	2.84	2.82	2.80	2.78	2.76	2.74	2.72
7	3.59	3.26	3.07	2.96	2.88	2.83	2.78	2.75	2.72	2.70	2.67	2.63	2.59	2.58	2.56	2.54	2.51	2.49	2.47
8	3.46	3.11	2.92	2.81	2.73	2.67	2.62	2.59	2.56	2.54	2.50	2.46	2.42	2.40	2.38	2.36	2.34	2.32	2.29
9	3.36	3.01	2.81	2.69	2.61	2.55	2.51	2.47	2.44	2.42	2.38	2.34	2.30	2.28	2.25	2.23	2.21	2.18	2.16
10	3.29	2.92	2.73	2.61	2.52	2.46	2.41	2.38	2.35	2.32	2.28	2.24	2.20	2.18	2.16	2.13	2.11	2.08	2.06
11	3.23	2.86	2.66	2.54	2.45	2.39	2.34	2.30	2.27	2.25	2.21	2.17	2.12	2.10	2.08	2.05	2.03	2.00	1.97
12	3.18	2.81	2.61	2.48	2.39	2.33	2.28	2.24	2.21	2.19	2.15	2.10	2.06	2.04	2.01	1.99	1.96	1.93	1.90
13	3.14	2.76	2.56	2.43	2.35	2.28	2.23	2.20	2.16	2.14	2.10	2.05	2.01	1.98	1.96	1.93	1.90	1.88	1.85
14	3.10	2.73	2.52	2.39	2.31	2.24	2.19	2.15	2.12	2.10	2.05	2.01	1.96	1.94	1.91	1.89	1.86	1.83	1.80

续附表 6

$\alpha = 0.010$

n＼m	1	2	3	4	5	6	7	8	9	10	12	15	20	24	30	40	60	120	∞
15	3.07	2.70	2.49	2.36	2.27	2.21	2.16	2.12	2.09	2.06	2.02	1.97	1.92	1.90	1.87	1.85	1.82	1.79	1.76
16	3.05	2.67	2.46	2.33	2.24	2.18	2.13	2.09	2.06	2.03	1.99	1.94	1.89	1.87	1.84	1.81	1.78	1.75	1.72
17	3.03	2.64	2.44	2.31	2.22	2.15	2.10	2.06	2.03	2.00	1.96	1.91	1.86	1.84	1.81	1.78	1.75	1.72	1.69
18	3.01	2.62	2.42	2.29	2.20	2.13	2.08	2.04	2.00	1.98	1.93	1.89	1.84	1.81	1.78	1.75	1.72	1.69	1.66
19	2.99	2.61	2.40	2.27	2.18	2.11	2.06	2.02	1.98	1.96	1.91	1.86	1.81	1.79	1.76	1.73	1.70	1.67	1.63
20	2.97	2.59	2.38	2.25	2.16	2.09	2.04	2.00	1.96	1.94	1.89	1.84	1.79	1.77	1.74	1.71	1.68	1.64	1.61
21	2.96	2.57	2.36	2.23	2.14	2.08	2.02	1.98	1.95	1.92	1.87	1.83	1.78	1.75	1.72	1.69	1.66	1.62	1.59
22	2.95	2.56	2.35	2.22	2.13	2.06	2.01	1.97	1.93	1.90	1.86	1.81	1.76	1.73	1.70	1.67	1.64	1.60	1.57
23	2.94	2.55	2.34	2.21	2.11	1.05	1.99	1.95	1.92	1.89	1.84	1.80	1.74	1.72	1.69	1.66	1.62	1.59	1.55
24	2.93	2.54	2.33	2.19	2.10	2.04	1.98	1.94	1.91	1.88	1.83	1.78	1.73	1.70	1.67	1.64	1.61	1.57	1.53
25	2.92	2.53	2.32	2.18	2.09	2.02	1.97	1.93	1.89	1.87	1.82	1.77	1.72	1.69	1.66	1.63	1.59	1.56	1.52
26	2.91	2.52	2.31	2.17	2.08	2.01	1.96	1.92	1.88	1.86	1.81	1.76	1.71	1.68	1.65	1.61	1.58	1.54	1.50
27	2.90	2.51	2.30	2.17	2.07	2.00	1.95	1.91	1.87	1.85	1.80	1.75	1.70	1.67	1.64	1.60	1.57	1.53	1.49
28	2.89	2.50	2.29	2.16	2.06	2.00	1.94	1.90	1.87	1.84	1.79	1.74	1.69	1.66	1.63	1.59	1.56	1.52	1.48
29	2.89	2.50	2.28	2.15	2.06	1.99	1.93	1.89	1.86	1.83	1.78	1.73	1.68	1.65	1.62	1.58	1.55	1.51	1.47
30	2.88	2.49	2.28	2.14	2.05	1.98	1.93	1.88	1.85	1.82	1.77	1.72	1.67	1.64	1.61	1.57	1.54	1.50	1.46
40	2.84	2.44	2.23	2.09	2.00	1.93	1.87	1.83	1.79	1.76	1.71	1.66	1.61	1.57	1.54	1.51	1.47	1.42	1.38
60	2.79	2.39	2.18	2.04	1.95	1.87	1.82	1.77	1.74	1.71	1.66	1.60	1.54	1.51	1.48	1.44	1.40	1.35	1.29
120	2.75	2.35	2.13	1.99	1.90	1.82	1.77	1.72	1.68	1.65	1.60	1.55	1.48	1.45	1.41	1.37	1.32	1.26	1.19
∞	2.71	2.30	2.08	1.94	1.85	1.77	1.72	1.67	1.63	1.60	1.55	1.49	1.42	1.38	1.34	1.30	1.24	1.17	1.00

续附表 6

$\alpha = 0.05$

m \ n	1	2	3	4	5	6	7	8	9	10	12	15	20	24	30	40	60	120	∞
1	161.4	199.5	215.7	224.6	230.2	234.0	236.8	238.9	240.5	241.9	243.9	245.9	248.0	249.1	250.1	251.1	252.2	253.3	254.3
2	18.51	19.00	19.16	19.25	19.30	19.33	19.35	19.37	19.38	19.40	19.41	19.43	19.45	19.45	19.46	19.47	19.48	19.49	19.50
3	10.13	9.55	9.28	9.12	9.01	8.94	8.89	8.85	8.81	8.79	8.74	8.70	8.66	8.64	8.62	8.59	8.57	8.55	8.53
4	7.71	6.94	6.59	6.39	6.26	6.16	6.09	6.04	6.00	5.96	5.91	5.86	5.80	5.77	5.75	5.72	5.69	5.66	5.63
5	6.61	5.79	5.41	5.19	5.05	4.95	4.88	4.82	4.77	4.74	4.68	4.62	4.56	4.53	4.50	4.46	4.43	4.40	4.36
6	5.99	5.14	4.76	4.53	4.39	4.28	4.21	4.15	4.10	4.06	4.00	3.94	3.87	3.84	3.81	3.77	3.74	3.70	3.67
7	5.59	4.74	4.35	4.12	3.97	3.87	3.79	3.73	3.68	3.64	3.57	3.51	3.44	3.41	3.38	3.34	3.30	3.27	3.23
8	5.32	4.46	4.07	3.84	3.69	3.58	3.50	3.44	3.39	3.35	3.28	3.22	3.15	3.12	3.08	3.04	3.01	2.97	2.93
9	5.12	4.26	3.86	3.63	3.48	3.37	3.29	3.23	3.18	3.14	3.07	3.01	2.94	2.90	2.86	2.83	2.79	2.75	2.71
10	4.96	4.10	3.71	3.48	3.33	3.22	3.14	3.07	3.02	2.98	2.91	2.85	2.77	2.74	2.70	2.66	2.62	2.58	2.54
11	4.84	3.98	3.59	3.36	3.20	3.09	3.01	2.95	2.90	2.85	2.79	2.72	2.65	2.61	2.57	2.53	2.49	2.45	2.40
12	4.75	3.89	3.49	3.26	3.11	3.00	2.91	2.85	2.80	2.75	2.69	2.62	2.54	2.51	2.47	2.43	2.38	2.34	2.30
13	4.67	3.81	3.41	3.18	3.03	2.92	2.83	2.77	2.71	2.67	2.60	2.53	2.46	2.42	2.38	2.34	2.30	2.25	2.21
14	4.60	3.74	3.34	3.11	2.96	2.85	2.76	2.70	2.65	2.60	2.53	2.46	2.39	2.35	2.31	2.27	2.22	2.18	2.13
15	4.54	3.68	3.29	3.06	2.90	2.79	2.71	2.64	2.59	2.54	2.48	2.40	2.33	2.29	2.25	2.20	2.16	2.11	2.07
16	4.49	3.63	3.24	3.01	2.85	2.74	2.66	2.59	2.54	2.49	2.42	2.35	2.28	2.24	2.19	2.15	2.11	2.06	2.01
17	4.45	3.59	3.20	2.96	2.81	2.70	2.61	2.55	2.49	2.45	2.38	2.31	2.23	2.19	2.15	2.10	2.06	2.01	1.96
18	4.41	3.55	3.16	2.93	2.77	2.66	2.58	2.51	2.46	2.41	2.34	2.27	2.19	2.15	2.11	2.06	2.02	1.97	1.92
19	4.38	3.52	3.13	2.90	2.74	2.63	2.54	2.48	2.42	2.38	2.31	2.23	2.16	2.11	2.07	2.03	1.98	1.93	1.88

续附表 6

$\alpha = 0.05$

$\diagdown$	1	2	3	4	5	6	7	8	9	10	12	15	20	24	30	40	60	120	∞
20	4.35	3.49	3.10	2.87	2.71	2.60	2.51	2.45	2.39	2.35	2.28	2.20	2.12	2.08	2.04	1.99	1.95	1.90	1.84
21	4.32	3.47	3.07	2.84	2.68	2.57	2.49	2.42	2.37	2.32	2.25	2.18	2.10	2.05	2.01	1.96	1.92	1.87	1.81
22	4.30	3.44	3.05	2.82	2.66	2.55	2.46	2.40	2.34	2.30	2.23	2.15	2.07	2.03	1.98	1.94	1.89	1.84	1.78
23	4.28	3.42	3.03	2.80	2.64	2.53	2.44	2.37	2.32	2.27	2.20	2.13	2.05	2.01	1.96	1.91	1.86	1.81	1.76
24	4.26	3.40	3.01	2.78	2.62	2.51	2.42	2.36	2.30	2.25	2.18	2.11	2.03	1.98	1.94	1.89	1.84	1.79	1.73
25	4.24	3.39	2.99	2.76	2.60	2.49	2.40	2.34	2.28	2.24	2.16	2.09	2.01	1.96	1.92	1.87	1.82	1.77	1.71
26	4.23	3.37	2.98	2.74	2.59	2.47	2.39	2.32	2.27	2.22	2.15	2.07	1.99	1.95	1.90	1.85	1.80	1.75	1.69
27	4.21	3.35	2.96	2.73	2.57	2.46	2.37	2.31	2.25	2.20	2.13	2.06	1.97	1.93	1.88	1.84	1.79	1.73	1.67
28	4.20	3.34	2.95	2.71	2.56	2.45	2.36	2.29	2.24	2.19	2.12	2.04	1.96	1.91	1.87	1.82	1.77	1.71	1.65
29	4.18	3.33	2.93	2.70	2.55	2.43	2.35	2.28	2.22	2.18	2.10	2.03	1.94	1.90	1.85	1.81	1.75	1.70	1.64
30	4.17	3.32	2.92	2.69	2.53	2.42	2.33	2.27	2.21	2.16	2.09	2.01	1.93	1.89	1.84	1.79	1.74	1.68	1.62
40	4.08	3.23	2.84	2.61	2.45	2.34	2.25	2.18	2.12	2.08	2.00	1.92	1.84	1.79	1.74	1.69	1.64	1.58	1.51
60	4.00	3.15	2.76	2.53	2.37	2.25	2.17	2.10	2.04	1.99	1.92	1.84	1.75	1.70	1.65	1.59	1.53	1.47	1.39
120	3.92	3.07	2.68	2.45	2.29	2.17	2.09	2.02	1.96	1.91	1.83	1.75	1.66	1.61	1.55	1.50	1.43	1.35	1.25
∞	3.84	3.00	2.60	2.37	2.21	2.10	2.01	1.94	1.88	1.83	1.75	1.67	1.57	1.52	1.46	1.39	1.32	1.22	1.00

续附表 6

$\alpha = 0.025$

m \ n	1	2	3	4	5	6	7	8	9	10	12	15	20	24	30	40	60	120	∞
1	647.8	799.5	864.2	899.6	921.8	937.1	948.2	956.7	963.3	968.6	976.7	984.9	993.1	997.2	1001	1006	1010	1014	1018
2	38.51	39.00	39.17	39.25	39.30	39.33	39.36	39.37	39.39	39.40	39.41	39.43	39.45	39.46	39.46	39.47	39.48	39.49	39.50
3	17.44	16.04	15.44	15.10	14.88	14.73	14.62	14.54	14.47	14.42	14.34	14.25	14.17	14.12	14.08	14.04	13.99	13.95	13.90
4	12.22	10.65	9.98	9.60	9.36	9.20	9.07	8.98	8.90	8.84	8.75	8.66	8.56	8.51	8.46	8.41	8.36	8.31	8.26
5	10.01	8.43	7.76	7.39	7.15	6.98	6.85	6.76	6.68	6.62	6.52	6.43	6.33	6.28	6.23	6.18	6.12	6.07	6.02
6	8.81	7.26	6.60	6.23	5.99	5.82	5.70	5.60	5.52	5.46	5.37	5.27	5.17	5.12	5.07	5.01	4.96	4.90	4.85
7	8.07	6.54	5.89	5.52	5.29	5.12	4.99	4.90	4.82	4.76	4.67	4.57	4.47	4.42	4.36	4.31	4.25	4.20	4.14
8	7.57	6.06	5.42	5.05	4.82	4.65	4.53	4.43	4.36	4.30	4.20	4.10	4.00	3.95	3.89	3.84	3.78	3.73	3.67
9	7.21	5.71	5.08	4.72	4.48	4.32	4.20	4.10	4.03	3.96	3.87	3.77	3.67	3.61	3.56	3.51	3.45	3.39	3.33
10	6.94	5.46	4.83	4.47	4.24	4.07	3.95	3.85	3.78	3.72	3.62	3.52	3.42	3.37	3.31	3.26	3.20	3.14	3.08
11	6.72	5.26	4.63	4.28	4.04	3.88	3.76	3.66	3.59	3.53	3.43	3.33	3.23	3.17	3.12	3.06	3.00	2.94	2.88
12	6.55	5.10	4.47	4.12	3.89	3.73	3.61	3.51	3.44	3.37	3.28	3.18	3.07	3.02	2.96	2.91	2.85	2.79	2.72
13	6.41	4.97	4.35	4.00	3.77	3.60	3.48	3.39	3.31	3.25	3.15	3.05	2.95	2.89	2.84	2.78	2.72	2.66	2.60
14	6.30	4.86	4.24	3.89	3.66	3.50	3.38	3.29	3.21	3.15	3.05	2.95	2.84	2.79	2.73	2.67	2.61	2.55	2.49
15	6.20	4.77	4.15	3.80	3.58	3.41	3.29	3.20	3.12	3.06	2.96	2.86	2.76	2.70	2.64	2.59	2.52	2.46	2.40
16	6.12	4.69	4.08	3.73	3.50	3.34	3.22	3.12	3.05	2.99	2.89	2.79	2.68	2.63	2.57	2.51	2.45	2.38	2.32
17	6.04	4.62	4.01	3.66	3.44	3.28	3.16	3.06	2.98	2.92	2.82	2.72	2.62	2.56	2.50	2.44	2.38	2.32	2.25
18	5.98	4.56	3.95	3.61	3.38	3.22	3.10	3.01	2.93	2.87	2.77	2.67	2.56	2.50	2.44	2.38	2.32	2.26	2.19
19	5.92	4.51	3.90	3.56	3.33	3.17	3.05	2.96	2.88	2.82	2.72	2.62	2.51	2.45	2.39	2.33	2.27	2.20	2.13

续附表 6

$\alpha = 0.025$

m \\ n	1	2	3	4	5	6	7	8	9	10	12	15	20	24	30	40	60	120	∞
20	5.87	4.46	3.86	3.51	3.29	3.13	3.01	2.91	2.84	2.77	2.68	2.57	2.46	2.41	2.35	2.29	2.22	2.16	2.09
21	5.83	4.42	3.82	3.48	3.25	3.09	2.97	2.87	2.80	2.73	2.64	2.53	2.42	2.37	2.31	2.25	2.18	2.11	2.04
22	5.79	4.38	3.78	3.44	3.22	3.05	2.73	2.84	2.76	2.70	2.60	2.50	2.39	2.33	2.27	2.21	2.14	2.08	2.00
23	5.75	4.35	3.75	3.41	3.18	3.02	2.90	2.81	2.73	2.67	2.57	2.47	2.36	2.30	2.24	2.18	2.11	2.04	1.97
24	5.72	4.32	3.72	3.38	3.15	2.99	2.87	2.78	2.70	2.64	2.54	2.44	2.33	2.27	2.21	2.15	2.08	2.01	1.94
25	5.69	4.29	3.69	3.35	3.13	2.97	2.85	2.75	2.68	2.61	2.51	2.41	2.30	2.24	2.18	2.12	2.05	1.98	1.91
26	5.66	4.27	3.67	3.33	3.10	2.94	2.82	2.73	2.65	2.59	2.49	2.39	2.28	2.22	2.16	2.09	2.03	1.95	1.88
27	5.63	4.24	3.65	3.31	3.08	2.92	2.80	2.71	2.63	2.57	2.47	2.36	2.25	2.19	2.13	2.07	2.00	1.93	1.85
28	5.61	4.22	3.63	3.29	3.06	2.90	2.78	2.69	2.61	2.55	2.45	2.34	2.23	2.17	2.11	2.05	1.98	1.91	1.83
29	5.59	4.20	3.61	3.27	3.04	2.88	2.76	2.67	2.59	2.53	2.43	2.32	2.21	2.15	2.09	2.03	1.96	1.89	1.81
30	5.57	4.18	3.59	3.25	3.03	2.87	2.75	2.65	2.57	2.51	2.41	2.31	2.20	2.14	2.07	2.01	1.94	1.87	1.79
40	5.42	4.05	3.46	3.13	3.90	2.74	2.62	2.53	2.45	2.39	2.29	2.18	2.07	2.01	1.94	1.88	1.80	1.72	1.64
60	5.29	3.93	3.34	3.01	2.79	2.63	2.51	2.41	2.33	2.27	3.17	2.06	1.94	1.88	1.82	1.74	1.67	1.58	1.48
120	5.15	3.80	3.23	2.89	2.67	2.52	2.39	2.30	2.22	2.16	2.05	1.94	1.82	1.76	1.69	1.61	1.53	1.43	1.31
∞	5.02	3.69	3.12	2.79	2.57	2.41	2.29	2.19	2.11	2.05	1.94	1.83	1.71	1.64	1.57	1.48	1.39	1.27	1.00

续附表 6

$\alpha = 0.01$

m\n	1	2	3	4	5	6	7	8	9	10	12	15	20	24	30	40	60	120	∞
1	4052	4999.5	5403	5625	5764	5859	5928	5982	6022	6056	6106	6157	6209	6235	6261	6287	6313	6339	6366
2	98.50	99.00	99.17	99.25	99.30	99.33	99.36	99.37	99.39	99.40	99.42	99.43	99.45	99.46	99.47	99.47	99.48	99.49	99.50
3	34.12	30.82	29.46	28.71	28.24	27.91	27.67	27.49	27.35	27.23	27.05	26.87	26.69	26.60	26.50	26.41	26.32	26.22	26.13
4	21.20	18.00	16.69	15.98	15.52	15.21	14.98	14.80	14.66	14.55	14.37	14.20	14.02	13.93	13.84	13.75	13.65	13.56	13.46
5	16.26	13.27	12.06	11.39	10.97	10.67	10.46	10.29	10.16	10.05	9.89	9.72	9.55	9.47	9.38	9.29	9.20	9.11	9.02
6	13.75	10.93	9.78	9.15	8.75	8.47	8.26	8.10	7.98	7.87	7.72	7.56	7.40	7.31	7.23	7.14	7.06	6.97	6.88
7	12.25	9.55	8.45	7.85	7.46	7.19	6.99	6.84	6.72	6.62	6.47	6.31	6.16	6.07	5.99	5.91	5.82	5.74	5.65
8	11.26	8.65	7.59	7.01	6.63	6.37	6.18	6.03	5.91	5.81	5.67	5.52	5.36	5.28	5.20	5.12	5.03	4.95	4.86
9	10.56	8.02	6.99	6.42	6.06	5.80	5.61	5.47	5.35	5.26	5.11	4.96	4.81	4.73	4.65	4.57	4.48	4.40	4.31
10	10.04	7.56	6.55	5.99	5.64	5.39	5.20	5.06	4.94	4.85	4.71	4.56	4.41	4.33	4.25	4.17	4.08	4.00	3.91
11	9.65	7.21	6.22	5.67	5.32	5.07	4.89	4.74	4.63	4.54	4.40	4.25	4.10	4.02	3.94	3.86	3.78	3.69	3.60
12	9.33	6.93	5.95	5.41	5.06	4.82	4.64	4.50	4.39	4.30	4.16	4.01	3.86	3.78	3.70	3.62	3.54	3.45	3.36
13	9.07	6.70	5.74	5.21	4.86	4.62	4.44	4.30	4.19	4.10	3.96	3.82	3.66	3.59	3.51	3.43	3.34	3.25	3.17
14	8.86	6.51	5.56	5.04	4.69	4.46	4.28	4.14	4.03	3.94	3.80	3.66	3.51	3.43	3.35	3.27	3.18	3.09	3.00
15	8.68	6.36	5.42	4.89	4.56	4.32	4.14	4.00	3.89	3.80	3.67	3.52	3.37	3.29	3.21	3.13	3.05	2.96	2.87
16	8.53	6.23	5.29	4.77	4.44	4.20	4.03	3.89	3.78	3.69	3.55	3.41	3.26	3.18	3.10	3.02	2.93	2.84	2.75
17	8.40	6.11	5.18	4.67	4.34	4.10	3.93	3.79	3.68	3.59	3.46	3.31	3.16	3.08	3.00	2.92	2.83	2.75	2.65
18	8.29	6.01	5.09	4.58	4.25	4.01	3.84	3.71	3.60	3.51	3.37	3.23	3.08	3.00	2.92	2.84	2.75	2.66	2.57
19	8.18	5.93	5.01	4.50	4.17	3.94	3.77	3.63	3.52	3.43	3.30	3.15	3.00	2.92	2.84	2.76	2.67	2.58	2.49

续附表 6

$\alpha = 0.01$

n \ m	1	2	3	4	5	6	7	8	9	10	12	15	20	24	30	40	60	120	∞
20	8.10	5.85	4.94	4.43	4.10	3.87	3.70	3.56	3.46	3.37	3.23	3.09	2.94	2.86	2.78	2.69	2.61	2.52	2.42
21	8.02	5.78	4.87	4.37	4.04	3.81	3.64	3.51	3.40	3.31	3.17	3.03	2.88	2.80	2.72	2.64	2.55	2.46	2.36
22	7.95	5.72	4.82	4.31	3.99	3.76	3.59	3.45	3.35	3.26	3.12	2.98	2.83	2.75	2.67	2.58	2.50	2.40	2.31
23	7.88	5.66	4.76	4.26	3.94	3.71	3.54	3.41	3.30	3.21	3.07	2.93	2.78	2.70	2.62	2.54	2.45	2.35	2.26
24	7.82	5.61	4.72	4.22	3.90	3.67	3.50	3.36	3.26	3.17	3.03	2.89	2.74	2.66	2.58	2.49	2.40	2.31	2.21
25	7.77	5.57	4.68	4.18	3.85	3.63	3.46	3.32	3.22	3.13	2.99	2.85	2.70	2.62	2.54	2.45	2.36	2.27	2.17
26	7.72	5.53	4.64	4.14	3.82	3.59	3.42	3.29	3.18	3.09	2.96	2.81	2.66	2.58	2.50	2.42	2.33	2.23	2.13
27	7.68	5.49	4.60	4.11	3.78	3.56	3.39	3.26	3.15	3.06	2.93	2.78	2.63	2.55	2.47	2.38	2.29	2.20	2.10
28	7.64	5.45	4.57	4.07	3.75	3.53	3.36	3.23	3.12	3.03	2.90	2.75	2.60	2.52	2.44	2.35	2.26	2.17	2.06
29	7.60	5.42	4.54	4.04	3.73	3.50	3.33	3.20	3.09	3.00	2.87	2.73	2.57	2.49	2.41	2.33	2.23	2.14	2.03
30	7.56	5.39	4.51	4.02	3.70	3.47	3.30	3.17	3.07	2.98	2.84	2.70	2.55	2.47	2.39	2.30	2.21	2.11	2.01
40	7.31	5.18	4.31	3.83	3.51	3.29	3.12	2.99	2.89	2.80	2.66	2.52	2.37	2.29	2.20	2.11	2.02	1.92	1.80
60	7.08	4.98	4.13	3.65	3.34	3.12	2.95	2.82	2.72	2.63	2.50	2.35	2.20	2.12	2.03	1.94	1.84	1.73	1.60
120	6.85	4.79	3.95	3.48	3.17	2.96	2.79	2.66	2.56	2.47	2.34	2.19	2.03	1.95	1.86	1.76	1.66	1.53	1.38
∞	6.63	4.61	3.78	3.32	3.02	2.80	2.64	2.51	2.41	2.32	2.18	2.04	1.88	1.79	1.70	1.59	1.47	1.32	1.00

续附表 6

$\alpha = 0.005$

n\m	1	2	3	4	5	6	7	8	9	10	12	15	20	24	30	40	60	120	∞
1	16211	20000	21615	22500	23056	23437	23715	23925	24091	24224	24426	24630	24836	24940	25044	25148	35253	25359	25465
2	198.5	199.0	199.2	199.2	199.3	199.3	199.4	199.4	199.4	199.4	199.4	199.4	199.4	199.5	199.5	199.5	199.5	199.5	199.5
3	55.55	49.80	47.47	46.19	45.39	44.84	44.43	44.13	43.88	43.69	43.39	43.08	42.78	42.62	42.47	42.31	42.15	41.99	41.83
4	31.33	26.28	24.26	23.15	22.46	21.97	21.62	21.35	21.14	20.97	20.70	20.44	20.17	20.03	19.89	19.75	19.61	19.47	19.32
5	22.78	18.31	16.53	15.56	14.94	14.51	14.20	13.96	13.77	13.62	13.38	13.15	12.90	12.78	12.66	12.53	12.40	12.27	12.14
6	18.63	14.54	12.92	12.03	11.46	11.07	10.79	10.57	10.39	10.25	10.03	9.81	9.59	9.47	9.36	9.24	9.12	9.00	8.88
7	16.24	12.40	10.88	10.05	9.52	9.16	8.89	8.68	8.51	8.38	8.18	7.97	7.75	7.65	7.53	7.42	7.31	7.19	7.08
8	14.69	11.04	9.60	8.81	8.30	7.95	7.69	7.50	7.34	7.21	7.01	6.81	6.61	6.50	6.40	6.29	6.18	6.06	5.95
9	13.61	10.11	8.72	7.96	7.47	7.13	6.88	6.69	6.54	6.42	6.23	6.03	5.83	5.73	5.62	5.52	5.41	5.30	5.19
10	12.83	9.43	8.08	7.34	6.87	6.54	6.30	6.12	5.97	5.85	5.66	5.47	5.27	5.17	5.07	4.97	4.86	4.75	4.64
11	12.23	8.91	7.60	6.88	6.42	6.10	5.86	5.68	5.54	5.42	5.24	5.05	4.86	4.76	4.65	4.55	4.44	4.34	4.23
12	11.75	8.51	7.23	6.52	6.07	5.76	5.52	5.35	5.20	5.09	4.91	4.72	4.53	4.43	4.33	4.23	4.12	4.01	3.90
13	11.37	8.19	6.93	6.23	5.79	5.48	5.25	5.08	4.94	4.82	4.64	4.46	4.27	4.17	4.07	3.97	3.87	3.76	3.65
14	11.06	7.92	6.68	6.00	5.56	5.26	5.03	4.86	4.72	4.60	4.43	4.25	4.06	3.96	3.86	3.76	3.66	3.55	3.44
15	10.80	7.70	6.48	5.80	5.37	5.07	4.85	4.67	4.54	4.42	4.25	4.07	3.88	3.79	3.69	3.58	3.48	3.37	3.26
16	10.58	7.51	6.30	5.64	5.21	4.91	4.69	4.52	4.38	4.27	4.10	3.92	3.73	3.64	3.54	3.44	3.33	3.22	3.11
17	10.38	7.35	6.16	5.50	5.07	4.78	4.56	4.39	4.25	4.14	3.97	3.79	3.61	3.51	3.41	3.31	3.21	3.10	2.98
18	10.22	7.21	6.03	5.37	4.96	4.66	4.44	4.28	4.14	4.03	3.86	3.68	3.50	3.40	3.30	3.20	3.10	2.99	2.87
19	10.07	7.09	5.92	5.27	4.85	4.56	4.34	4.18	4.04	3.93	3.76	3.59	3.40	3.31	3.21	3.11	3.00	2.89	2.78

续附表6

$\alpha=0.005$

m \ n	1	2	3	4	5	6	7	8	9	10	12	15	20	24	30	40	60	120	∞
20	9.94	6.99	5.82	5.17	4.76	4.47	4.26	4.09	3.96	3.85	3.68	3.50	3.32	3.22	3.12	3.02	2.92	2.81	2.69
21	9.83	6.89	5.73	5.09	4.68	4.39	4.18	4.01	3.88	3.77	3.60	3.43	3.24	3.15	3.05	2.95	2.84	2.73	2.61
22	9.73	6.81	5.65	5.02	4.61	4.32	4.11	3.94	3.81	3.70	3.54	3.36	3.18	3.08	2.98	2.88	2.77	2.66	2.55
23	9.63	6.73	5.58	4.95	4.54	4.26	4.05	3.88	3.75	3.64	3.47	3.30	3.12	3.02	2.92	2.82	2.71	2.60	2.48
24	9.55	6.66	5.52	4.89	4.49	4.20	3.99	3.83	3.69	3.59	3.42	3.25	3.06	2.97	2.87	2.77	2.66	2.55	2.43
25	9.48	6.60	5.46	4.84	4.43	4.15	3.94	3.78	3.64	3.54	3.37	3.20	3.01	2.92	2.82	2.72	2.61	2.50	2.38
26	9.41	6.54	5.41	4.79	4.38	4.10	3.89	3.73	3.60	3.49	3.33	3.15	2.97	2.87	2.77	2.67	2.56	2.45	2.33
27	9.34	6.49	5.36	4.74	4.34	4.06	3.85	3.69	3.56	3.45	3.28	3.11	2.93	2.83	2.73	2.63	2.52	2.41	2.29
28	9.28	6.44	5.32	4.70	4.30	4.02	3.81	3.65	3.52	3.41	3.25	3.07	2.89	2.79	2.69	2.59	2.48	2.37	2.25
29	9.23	6.40	5.28	4.66	4.26	3.98	3.77	3.61	3.48	3.38	3.21	3.04	2.86	2.76	2.66	2.56	2.45	2.33	2.21
30	9.18	6.35	5.24	4.62	4.23	3.95	3.74	3.58	3.45	3.34	3.18	3.01	2.82	2.73	2.63	2.52	2.42	2.30	2.18
40	8.83	6.07	4.98	4.37	3.99	3.71	3.51	3.35	3.22	3.12	2.95	2.78	2.60	2.50	2.40	2.30	2.18	2.06	1.93
60	8.49	5.79	4.73	4.14	3.76	3.49	3.29	3.13	3.01	2.90	2.74	2.57	2.39	2.29	2.19	2.08	1.96	1.83	1.69
120	8.18	5.54	4.50	3.92	3.55	3.28	3.09	2.93	2.81	2.71	2.54	2.37	2.19	2.09	1.98	1.87	1.75	1.61	1.43
∞	7.88	5.30	4.28	3.72	3.35	3.09	2.90	2.74	2.62	2.52	2.36	2.19	2.00	1.90	1.79	1.67	1.53	1.36	1.00

续附表6

α＝0.001

n＼m	1	2	3	4	5	6	7	8	9	10	12	15	20	24	30	40	60	120	∞
1	4053+	5000+	5404+	5625+	5764+	5859+	5929+	5981+	6023+	6056+	6107+	6158+	6209+	6235+	6261+	6287+	6313+	6340+	6366+
2	998.5	999.0	999.2	999.2	999.3	999.3	999.4	999.4	999.4	999.4	999.4	999.4	999.4	999.5	999.5	999.5	999.5	999.5	999.5
3	167.0	148.5	141.1	137.1	134.6	132.8	131.6	130.6	129.9	129.2	128.3	127.4	126.4	125.9	125.4	125.0	124.5	124.0	123.5
4	74.14	61.25	56.18	53.44	51.71	50.53	49.66	49.00	48.47	48.05	47.41	46.76	46.10	45.77	45.43	45.09	44.75	44.40	44.05
5	47.18	37.12	33.20	31.09	29.75	28.84	28.16	27.64	27.24	26.92	26.42	25.91	25.39	25.14	24.87	24.60	24.33	24.06	23.79
6	35.51	27.00	23.70	21.92	20.81	20.03	19.46	19.03	18.69	18.41	17.99	17.56	17.12	16.89	16.67	16.44	16.21	15.99	15.75
7	29.25	21.69	18.77	17.19	16.21	15.52	15.02	14.63	14.33	14.08	13.71	13.32	12.93	12.73	12.53	12.33	12.12	11.91	11.70
8	25.42	18.49	15.83	14.39	13.49	12.86	12.40	12.04	11.77	11.54	11.19	10.84	10.48	10.30	10.11	9.92	9.73	9.53	9.33
9	22.86	16.39	13.90	12.56	11.71	11.13	10.70	10.37	10.11	9.89	9.57	9.24	8.90	8.72	8.55	8.37	8.19	8.00	7.80
10	21.04	14.91	12.55	11.28	10.48	9.92	9.52	9.20	8.96	8.75	8.45	8.13	7.80	7.64	7.47	7.30	7.12	6.94	6.76
11	19.69	13.81	11.56	10.35	9.58	9.05	8.66	8.35	8.12	7.92	7.63	7.32	7.01	6.85	6.68	6.52	6.35	6.17	6.00
12	18.64	12.97	10.80	9.63	8.89	8.38	8.00	7.71	7.48	7.29	7.00	6.71	6.40	6.25	6.09	5.93	5.76	5.59	5.42
13	17.81	12.31	10.21	9.07	8.35	7.86	7.49	7.21	6.98	6.80	6.52	6.23	5.93	5.78	5.63	5.47	5.30	5.14	4.97
14	17.14	11.78	9.73	8.62	7.92	7.43	7.08	6.80	6.58	6.40	6.13	5.85	5.56	5.41	5.25	5.10	4.94	4.77	4.60
15	16.59	11.34	9.34	8.25	7.57	7.09	6.74	6.47	6.26	6.08	5.81	5.54	5.25	5.10	4.95	4.80	4.64	4.47	4.31
16	16.12	10.97	9.00	7.94	7.27	6.81	6.46	6.19	5.98	5.81	5.55	5.27	4.99	4.85	4.70	4.54	4.39	4.23	4.06
17	15.72	10.66	8.73	7.68	7.02	6.56	6.22	5.96	5.75	5.58	5.32	5.05	4.78	4.63	4.48	4.33	4.18	4.02	3.85
18	15.38	10.39	8.49	7.46	6.81	6.35	6.02	5.76	5.56	5.39	5.13	4.87	4.59	4.45	4.30	4.15	4.00	3.84	3.67
19	15.08	10.16	8.28	7.26	6.62	6.18	5.85	5.59	5.39	5.22	4.97	4.70	4.43	4.29	4.14	3.99	3.84	3.68	3.51

＋表示要将所列数乘以100.

续附表6

$\alpha=0.001$

m / n	1	2	3	4	5	6	7	8	9	10	12	15	20	24	30	40	60	120	∞
20	14.82	9.95	8.10	7.10	6.46	6.02	5.69	5.44	5.24	5.08	4.82	4.56	4.29	4.15	4.00	3.86	3.70	3.54	3.38
21	14.59	9.77	7.94	6.95	6.32	5.88	5.56	5.31	5.11	4.95	4.70	4.44	4.17	4.03	3.88	3.74	3.58	3.42	3.26
22	14.38	9.61	7.80	6.81	6.19	5.76	5.44	5.19	4.98	4.83	4.58	4.33	4.06	3.92	3.78	3.63	3.48	3.32	3.15
23	14.19	9.47	7.67	6.69	6.08	5.65	5.33	5.09	4.89	4.73	4.48	4.23	3.96	3.82	3.68	3.53	3.38	3.22	3.05
24	14.03	9.34	7.55	6.59	5.98	5.55	5.23	4.99	4.80	4.64	4.39	4.14	3.87	3.74	3.59	3.45	3.29	3.14	2.97
25	13.88	9.22	7.45	6.49	5.88	5.46	5.15	4.91	4.71	4.56	4.31	4.06	3.79	3.66	3.52	3.37	3.22	3.06	2.89
26	13.74	9.12	7.36	6.41	5.80	5.38	5.07	4.83	4.64	4.48	4.24	3.99	3.72	3.59	3.44	3.30	3.15	2.99	2.82
27	13.61	9.02	7.27	6.33	5.73	5.31	5.00	4.76	4.57	4.41	4.17	3.92	3.66	3.52	3.38	3.23	3.08	2.92	2.75
28	13.50	8.93	7.19	6.25	5.66	5.24	4.93	4.69	4.50	4.35	4.11	3.86	3.60	3.46	3.32	3.18	3.02	2.86	2.69
29	13.39	8.85	7.12	6.19	5.59	5.18	4.87	4.64	4.45	4.29	4.05	3.80	3.54	3.41	3.27	3.12	2.97	2.81	2.64
30	13.29	8.77	7.05	6.12	5.53	5.12	4.82	4.58	4.39	14.24	4.00	3.75	3.49	3.36	3.22	3.07	2.92	2.76	2.59
40	12.61	8.25	6.60	5.70	5.13	4.73	4.44	4.21	4.02	3.87	3.64	3.40	3.15	3.01	2.87	2.73	2.57	2.41	2.23
60	11.97	7.76	6.17	5.31	4.76	4.37	4.09	3.87	3.69	3.54	3.31	3.08	2.83	2.69	2.55	2.41	2.25	2.08	1.89
120	11.38	7.32	5.79	4.95	4.42	4.04	3.77	3.55	3.38	3.24	3.02	2.78	2.53	2.40	2.26	2.11	1.95	1.76	1.54
∞	10.83	6.91	5.42	4.62	4.10	3.74	3.47	3.27	3.10	2.96	2.74	2.51	2.27	2.13	1.99	1.84	1.66	1.45	1.00